百花人文

古雅精丽

聂菲 张曦 著 ｜ 辨藏中国古代家具

天津出版传媒集团

百花文艺出版社

图书在版编目（CIP）数据

古雅精丽：辨藏中国古代家具 / 聂菲, 张曦著. --
天津：百花文艺出版社, 2016.1
ISBN 978-7-5306-6664-7

Ⅰ. ①古… Ⅱ. ①聂… ②张… Ⅲ. ①家具-鉴定-
中国-古代 Ⅳ. ①TS666.2

中国版本图书馆 CIP 数据核字(2015)第 302742 号

选题策划：郭　瑛　　　　　　　装帧设计：郭亚红
责任编辑：郭　瑛　边　静

出版人：李勃洋
出版发行：百花文艺出版社
地址：天津市和平区西康路 35 号　　邮编：300051
电话传真：　+86-22-23332651（发行部）
　　　　　　+86-22-23332656（总编室）
　　　　　　+86-22-23332478（邮购部）
主页：http://www.baihuawenyi.com
印刷：天津市永源印刷有限公司
开本：720×970 毫米　　1/16
字数：283 千字　　图数：512 幅　　插页：4 页
印张：16.5
版次：2016 年 1 月第1 版
印次：2016 年 1 月第1 次印刷
定价：49.00 元

明式雕花高面盆架

采自:王世襄编著《明式
家具珍赏》

明　黄花梨簇云纹架子床

采自:聂菲《古董拍卖精
华·古典家具》

明式榉木灯挂椅

采自:王世襄编著《明式
家具珍赏》

明式黄花梨几何纹罗汉床

采自：聂菲《古董拍卖精
华·古典家具》

明式内翻马蹄足炕桌

采自：王世襄编著《明式家具珍赏》

明式鸡翅木小圆角柜

采自：中央工艺美术学院编《中央工艺美术学院院藏珍品图录·第二辑·明式家具》

明式紫檀木管脚枨方凳

采自：王世襄编著《明式家具珍赏》

宝座式镜台

采自：王世襄编著《明式家具珍赏》

明式黄花梨小座屏风

采自：董伯信著《中国古代家具综览》

清早期五屏式罗汉床

采自：聂菲《古董拍卖精华·古典家具》

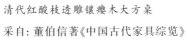

清代黄花梨圈椅

采自：仲夏、车夫《古玩鉴赏投资指南》

清代红酸枝透雕镶瘿木大方桌

采自：董伯信著《中国古代家具综览》

明式黄花梨南官帽椅
（两件）
采自：聂菲《古董拍卖
精华·古典家具》

清雍正　御制酸枝木嵌
瓷板面圆杌
采自：聂菲《古董拍卖
精华·古典家具》

清　酸枝木镶绣花鸟图曲屏风
采自：聂菲《古董拍卖精华·古
典家具》

清代黄花梨顶立柜
采自：聂菲《古董拍卖
精华·古典家具》

目 录

第一章　质朴浑厚:原始社会、商、西周时期初始家具

(史前至公元前771年)

第一节　原始社会家具

社会简况

我们现在居住的地球已经有很长很长的历史了,地质学家们把地球以往的历史分为五代,每个代又分为若干纪,迄今为止的最后一个纪叫作第四纪,已经有约三百万年的历史了。我们人类社会活动便是从这个时期开始的。我国是世界上文明发达最早的国家之一,也是人类起源的摇篮之一。北到辽宁,南至云南,均发现远古人类活动的遗迹。在数以若干万年计的原始社会时期,人们生产和生活水平都是极为低下的,在漫长的岁月里,人们从事生产劳动的基本工具是石器,社会成员之间关系是平等的,人们共同劳动,共同消费。考古学家把这个以石器进行生产的历史称为"石器时代"。人们使用石工具是以石头互相打击的方法制成石器的时代称为"旧石器时代",旧石器时代延续时间很长。从距今约一百七十万年元谋猿人起他们就已会制造和使用石器,到距今六十多万年北京猿人已会使用火,过着狩猎兼采集的生活。旧石器时代中期,我国境内大荔人、马坝人、许家窑人等已会人工取火。到旧石器时代晚期河套人、柳江人、山顶洞人等,他们发明弓箭、骨针、制作装饰品,产生了原始宗教观念。

到了距今约一万至四五千前,人们在长期生产实践中积累了经验,改进了石器工具,

从打制石器进而到磨制石器,考古学家称之为"新石器时代"。打砸的石块,再经过磨制加工,显然比打制石器更具有锋利性,从而促进了生产水平的提高。我国新石器时代遗址已发现七千处以上。按时代顺序大体已确定为新石器时代早、中期文化有:黄河中上游的裴李岗文化、磁山文化、仰韶文化、马家窑文化、黄河下游的大汶口文化,长江下游的河姆渡文化、青莲岗文化和长江中游的大溪文化、屈家岭文化。已确定为新石器时代晚期的文化有:黄河上游的半山、马厂文化和齐家文化,黄河中下游和长江中游的龙山文化以及长江下游的良渚文化,其中包括著名的山西龙山文化陶寺遗址。这时期使用的是磨光的石器,产生了原始手工业烧制彩陶,用木结构筑屋,形成规模较大、人口较多、布局严格的村落。

图1-1

图1-2

图1-3

原始古拙:家具起源与发展

在长期的社会生产实践中,我们祖先用劳动的双手创造了工具,以此获取生活资料,也用劳动的双手创造了家具工艺,创造了家具艺术。原始先民们远在使用石器工具的年代里,就使用自然石块堆成原始家具的雏形。早在距今7000至8000多年前的浙江省余姚县河姆渡新石时代遗址中木作工艺(图1-1、1-2、1-3)、干栏式建筑就十分突出(图1-4),特别是还发现一件迄今为止最早的漆木器(图1-5)。最近十多年来,在湖南距今7000至8000年湖南澧县八十垱新石器早期遗址出土了大量珍贵木耒、木铲、木锥、木杵、木钻和木牌等木制工具,其中木耒末端利用树杈加工成斜柄扶手,木铲刀上部有数道便于捆缚的系槽,木钻略用火烧烤呈圆锥形,木杵可用于加工食物,木牌上钻有小孔估计用

图1-4

图1-5

图 1-6

图 1-8

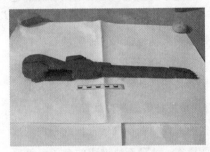

图 1-9

图 1-10

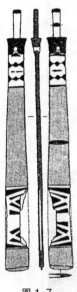

图 1-7

于记事或占卜。淤土中还出土了大量留有砍、凿等加工痕迹的木料与树干。八十垱遗址的发掘对深入研究中国新石器早期文明提供了重要的资料（图 1-6）[1]。1997 年在湖南邻近省份湖北荆州阴湘古城址大溪文化壕沟工厂内出土了距今五千年左右的漆器和木器（图 1-7），时代为屈家岭文化早期[2]。2009 年至 2010 在湖南澧县优周岗新石器遗址，揭示出一大批分属大溪文化、屈家岭文化和石家河文化的遗存，另有少量汤家岗文化遗存。这批遗存时代跨度大，文化内涵丰富，是研究澧阳平原新石器时代社会面貌的重要资料。其中木桨出土于 H61，木构件与芦席出土于 H78，皆属屈家岭文化中期，距今约五千年。 尤其木雕人面、木锥及木骨皆出自大溪文化灰坑 H87，时代当属大溪文化二期，距今六千年左右（图 1-8、1-9、1-10、1-11、1-12、1-13）[3]。这时在构筑房屋和修造水井中成熟的木工技术，特别是各种榫卯结构，为制造家具准备了技术方面的条件。这时期家具制作和家具装饰的实用意义往往大于审美意义，具有明确的功利性。原始家具制作和家具艺术伴随着石器时代原始石器工具的创造和原始木作技术的出现而产生，原始家具从一开始就是根植于人类赖以生存的社会生产实践活动中，家具制作起源于劳动，反过来又直接为劳动者生产、生活服务。

图 1-11

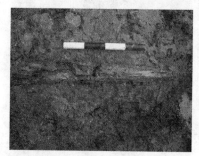

图 1-12

图 1-13

(一)石器与家具雏形

如前所述,漫长的石器时代,这一历史进程伴随着人们劳动度过了人类幼年时期。人类早期与石头的关系是十分紧密的,人类赖以生存和发展的最早武器、工具都离不开石器。于是乎中国古代有许多有关石头的记载和传说。比如在中国远古时代有一个美丽的传说"女娲补天"。《淮南子·览冥训》云:"往古之时,四极废,九州裂,天不兼覆,地不周载,火爁焱而不灭,水浩洋而不息。猛兽食颛民,鸷鸟攫老弱。于是女娲炼五色石以补苍天,断鳌足以立四极,杀黑龙以济冀州,积芦灰以止淫水。"这位女英雄炼五色石以补苍天,把苍天补好了。可以想象在远古时代人类赖以生存和发展的工具是多么离不开石头啊!征服自然人们必须依靠石器。当时人们用石工具狩猎,如在山西省汾河岸边丁村遗址,以及山西省雁北地区的许家窑遗址,发现大量石球,大的如柚子、小的如苹果,石球是原始人就地选取各种坚硬石块打制而成的,这是一种原始飞旋投掷的狩猎工具。人们还用三棱尖状器切开猎获的动物。如丁村人的大型三棱尖状器。人们开始将狩猎的禽兽放置地上操作,到后来人们将狩猎的禽兽放置在自然石板或石块堆成的台子上以方便操作,这种石块堆成的台子可算原始家具的雏形。于是原始家具的起源与那说不明道不清的石头结下了不解之缘。杨耀先生曾说过:"人类远在使用石器工具的年代里,就会使用自然石块堆成原始家具的雏形'π'。"[4]另外我们可以从甲骨文、金文中寻觅到初始家具形象的痕迹。可以说,没有石器就没有人类,没有石器就没有人类文明,也就没有家具的萌芽。

(二)原始木作工艺与原始木制家具

原始家具同样也与原始木作工艺有着千丝万缕的联系。中国古代劳动人民,早在距今七八千年前的新石器时代就能制造比较精细的石斧、石锛、石刀和一些骨制工具,并对木材进行加工,最早在狩猎实践中,曾学会了一种把木棒顶端劈开,夹上石片、甩臂投掷的方法,使射程略有增加。距今七千多年前的浙江省余姚县河姆渡遗址木作工艺就十分突出(图1-14)。除木耜(图1-15)、刀(图1-16)、杵(图1-17)、锛(图1-18)、桨(图1-19)、槌(图1-20)、纺轮(图1-21)、锯(图1-22)等木工具外,还发现了不少安装骨耜、石斧、石锛等工具的木制把柄,用分叉的树枝和鹿角加工成的曲尺形器柄(图1-23),叉头下部砍削出榫状的捆扎面,石斧当是捆绑在左侧,石锛则捆扎在前侧。河姆渡遗址中还盛行一种干栏式建筑,河姆渡遗址出土的许多建筑木构

图1-14

图1-15

图1-16

图1-17

图1-18

图1-19

件上常常凿卯带榫,其中带榫卯的木构件有:柱头和柱脚榫(图1-24)、梁头榫(图1-25)、双凹榫、柱头刀形榫、双叉榫、柱头透卯、销钉孔榫(图1-26)、带卯孔的转角立柱、企口板、直棂方木,尤其是发明使用了燕尾榫(图1-27)、带销钉孔的榫和企口板(图1-28),标志着当时木作技术的突出成就。而且许多构件有重复利用的迹象,说明使用木结构已有相当长的历史。后世常见的梁柱相交榫卯、水平十字搭交榫卯、横向构件相交榫卯以及平板相接的榫卯等都已具备,充分证明当时建筑结构已经经历了相当长的发展时期(图1-29、30)。年代相近的马家浜文化墓葬和良渚文化的许多遗址中,也发现了干栏式建筑遗迹。

图 1-20

图 1-21

图 1-22

图 1-23

图 1-24

图 1-25

图 1-26

图 1-27

图 1-28

图 1-29

图 1-30

古雅精丽：辨藏中国古代家具

最近几年在湖南澧县的彭头山遗址发现了距今九千年的原始木器符牌,其上留有榫眼的痕迹。这些在构筑房屋、制造木工具、修造水井中等等逐渐成熟的原始木工技术,特别是各种榫卯结构,为制造家具提供了工艺技术方面的条件和借鉴经验。

另外在长期的生产实践中,我们远古的先民们很早就掌握了漆器性能,用于髹饰器物和建筑物,起到装饰和防腐作用。从考古发现看,在距今七千多年的河姆渡文化遗存中第三层出土一件瓜棱状敛口圈足木碗,外表有薄层的朱红色涂料,剥落较甚,微显光泽,经鉴定是生漆,这是我国目前迄今所知最早的一件漆器。年代相近的马家滨文化墓葬,也曾发现过表面漆有黑红两色的木器。这时期生漆资源的运用、漆制日用器皿的出现为我国古代木制髹漆家具的出现,提供了保护和装饰的手段,同时也为漆木家具的制作提供外部条件。

随着原始社会生产力的发展,手工业逐渐从农业中分离出来,也为家具的出现打下了基础。山西省襄汾县陶寺遗址,属于山西龙山文化陶寺类型,在该遗存中,考古发掘了距今四千多年前的目前我国发现最早的木器家具,有案、俎、几、匣等。襄汾陶寺这批木制家具,相当于尧舜夏时期。《韩非子·十过》曾经记载:"尧禅天下,虞舜受之,作为食器,斩山林而财之,削锯修之迹,流漆墨其上,输之于宫以为食器。诸侯以为益侈……舜禅天下而传之于禹。禹作为祭器,墨染其外,而朱画其内,缦帛为茵,蒋席颇缘,觞酌有采,而樽俎有饰。"陶寺大批彩绘木器的出土,证实了尧舜夏时期,舜作黑漆食器,禹作内髹红漆、外髹黑漆的祭器以及制作木器和木器家具的传说。

这些木器家具虽然在地下埋藏了四千多年,木器严重残损,但是考古工作者还是依靠残存的彩绘颜料层得以剔剥出原来的形状,使得这批木制家具重见天日。这批家具中形状比较完整的一件实用彩绘木案,该案为长方形,案足为"冖"形。还有一俎为长方形,四足,体形很小,其上还置石刀和兽骨,很可能是明器,即给死人做的东西,称为"鬼器",是死者带到幽都阴世去的礼器,因人肉体已死,仅存魂魄,故器物不必实用,聊表尊心而已。而木案可能为实用器,实用器为"人器",是阳世之人祭祀死者之器。这些反映了前民们对生与死、阳与阴两个世界的不同认识。这批木家具是用木板经斫削成器。木案、木俎等木器家具的结构和造型,为后世的同类家具奠定了基础。

陶寺类型遗存中出土的这批家具,都施以红、白、黑、黄、蓝、绿等色的彩绘。所用颜料大多是天然矿物,如红色用朱砂,赭色用赤铁矿,黄色用石黄,石青、石绿则可能是孔雀石。但同时出土的木豆,彩绘已脱落,成卷筒状,很像漆皮脱落状,所以不排除漆绘。陶寺类型遗存出土的这些家具其装饰风格与彩陶类似。这时期家具装饰主要是为了实用的需要,实用的意义往往大于审美的意义。如为提高器物的使用价值,装饰的位置,一般都在

图 1-31

家具注意视线的接触面，家具上的彩绘装饰主要起表符作用。不过这时已经注意到了一些审美功能，如用色很丰富，已有红、白、黑、黄、蓝、绿等色。并注重颜色的搭配，在红彩底上白绘纹饰，色彩鲜艳，红、白分明。这是目前为止最早家具形制，但从这些家具成熟程度看，其年代还可以上溯，由此不难推断更为粗糙原始的木制家具，出现的时间应当更早，这些有待于今后考古新发现。这批木制家具的出土，为我国迄今出土最古的家具，不但填补了中国家具史远古时期的空白，还将我国家具历史至少提前了一千年或两千年。史学界有人认为陶寺遗址以及主要分布在晋西南汾、浍流域的陶寺类型龙山文化，很可能就是夏人的遗存。

(三)原始建筑室内陈设与古老家具"席"

中国古代建筑是以木结构为主发展起来的，人们居住一般由天然洞穴、半洞穴到地面居住。新石器时代由于有比较精细的石斧、石锛、石刀和一些骨制工具对木材加工，所以开始修建原始的木结构建筑(图 1-31)。考古发现这时期的建筑类型，其形式主要为半地穴居、地面建筑和架空居住面的干栏式建筑几种形式。它们的渊源当分别来自最初两种主要居住形式——穴居和巢居。随着生产力的提高，当时人们逐步积累了多样的营造经验，掌握了建造原始房屋的技术。如距今七千余年前的河姆渡诸文化层都发现了木构建筑遗迹，早期阶段尤为丰富。其中一种栽桩架板的干栏式建筑，构件主要有地龙骨，它由横木和竖桩组成，还有竖板和横板等。这种建筑形式是以桩木为基础，其上架设大、小龙骨以承托楼板，构成架空的建筑基座，上边再立柱、架梁、盖顶，成了高于地面的干栏式房屋（图 1-32）。遗迹的室内部分没有发现加工过的硬居住面、墙基或红烧土块，在室内而有芦席残片以及被人们丢弃的大量有机物堆积。从而说明当时的室内地板上均铺垫芦席编结物(图 1-33)。这样一来，房屋

图 1-32

的通风和防潮比较好,适于气候炎热和地势低下潮湿的南方地带居住。而在黄河流域的新石器文化房屋遗址中发现,为了使房内地面干燥,人们在建造房屋时把泥土的地面先加焙烤,或铺筑坚硬的"白灰面"。之后在上面再铺垫兽皮或植物枝叶等编织物。在距今四千多年前的山西省襄汾县陶寺类型居住遗址中也发现了很多小型房址,室内地面涂草拌泥,经压实或焙烧,多数再涂一层白灰面,并用白灰涂墙裙(图1-34)。河南龙山文化一些房子发现了白灰居住面的火土地,在外围还发现了用颜色勾描一圈宽带。这些地面上都铺垫有兽皮或植物枝叶等编织物。不论是南方还是北方原始建筑室内地板上铺垫芦席兽皮或植物枝叶等编织物。如湖南澧县优周岗新石器遗址大溪文化灰坑H87出土了芦席编织物,距今六千年左右(图1-35)。同时考古发掘证明中国编织工艺的确起源久远,早在周口店山顶洞人的遗址中就发现了一个磨制精致的骨针。1978年考古工作才在西藏高原卡若村发掘了距今五千三百年的新石器时代遗址,卡若遗址出土了磨制精细的骨针、骨锥和纺轮(图1-36)。骨针的发明,标志着人们已能缝制简单的织物。当时人们还用竹、藤、柳、草等天然材料编成的各种生活用品。它们起源应早于陶器,由于材料易腐烂,所以无法见到原始社会更多的编织遗物,但在半坡和庙底沟新石器遗址出土的陶器上,都发现过印有编织的席纹(图1-37)。特别是在吴兴钱山漾的新石器时代遗址中,出土了大量的竹编,太湖周围是古代所谓"厥贡篠簜"的地区,看来是原始社会竹编的重要生产地,

图1-33

图1-34

图1-35

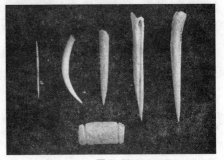

图1-36

在两百多件竹编遗物中，品种很多，其中就有竹席。这些竹编大都用刮光加工过的篾条，编出人字纹、梅花眼、菱形格、十字纹等花纹。原始编织业为地面铺垫物的制作准备了物质和技术上的条件，然而正是这些地面上的兽皮和植物编织物，成为后代室内离不开的必备家具"席"的前身，它是家具的原始形态之一。当时在日常生活中使用的器皿主要是陶器，人们席地而坐，这些器皿放置在地面上使用。席地而坐的习俗在中国历史上延续的时间很长。

图 1-37

(四)家具品类举要

1.石磨盘和石磨棒

磁山文化和裴李岗文化

1978 年河北武安磁山遗址出土。由较粗的同质青石制成。磨盘面平，呈鞋形，前端较尖，后端弧圆。盘底四角有四方形足。盘长 52 厘米、宽 21.5 厘米，棒长 33.5 厘米、最大径 5.5 厘米(图 1-38)。该器现藏河北省磁山文化馆。此外在公元前 5500—前 4900 年的裴李岗文化遗址中也出土了类似的石磨盘，盘长 63.5 厘米、宽 28 厘米，棒长 47.8 厘米(图 1-39)。该器现藏国家博物馆[5]。

图 1-38

磁山文化于 1973 年首次发现于河北武安县磁山而得名。主要分布在河北的中南部。据放射性碳素断代约为公元前 5400—前

图 1-39

5100 年。属于华北早期新石器时代文化。裴李岗文化 1978 年首先发现于河南新郑裴李岗遗址。这些遗址出土了许多石磨盘和石磨棒，它们是用来脱粟粒的生产工具。因为距今七千多年前磁山文化和裴李岗文化的先民已广泛种植粟这种农作物，这些地区也是世界上最早种植粟的区域。石磨盘的形状多呈柳叶形，最有趣的是大部分磨盘下都有足，或四足，或三足，少数没有足。其足是人们在磨制磨盘时留出的方形腿足，以至于盘足与盘身

古雅精丽:辨藏中国古代家具

连为一体。我们可以从石磨盘中看到原始家具的雏形。

图1-40

2.彩绘长方形木案

陶寺文化

1978年山西襄汾陶寺遗址2001号墓出土。通高17.5厘米、长99.5厘米、宽38厘米。木制。呈长方形，用木板经斫削成器，两短边和一个长边由等高的木板组成近似凹字形案足。案面和案足外侧涂绘。案面在红彩地上，用白彩绘出宽3-5厘米边框式图案，边框内绘白色几何勾连纹图案，惜已不清。所用颜料大多是天然矿物，如红色用朱砂，赭色用赤铁矿。出土时，案板已稍塌陷、变形，案上正中放折腹陶（温酒器）一件。表明木案主要是陈置酒器。高炜先生认为"从案的形制功能来看，或为商周铜禁之祖型。"该器现藏中国社会科学院考古研究所（图1-40）。

1978—1983年中国社会科学院等单位在山西省襄汾陶寺村南发掘了大面积的文化遗址，确立了中原地区龙山文化的陶寺类型，据放射性碳素断代约为公元前2500—前1900年。其中山西龙山文化陶寺类型大型墓葬中出土一批施以红、白、黑、黄、蓝、绿等色的彩绘木器，构成陶寺类型文化的一个特色。属于陶寺文化早期。这些木器的胎骨都已朽没，依靠残存的彩绘颜料层得以剔剥出原来的形状，已知有案、俎、几、匣、盘、斗、豆等多种器形，其中的彩绘木制家具最引人注目，是我国迄今出土最古的木制家具，其发现可以将木制家具的历史提前两千多年。

3.彩绘圆形木案

陶寺文化

陶寺遗址曾发现一种整体近似豆形，或如近世之独腿圆桌的木器，圆形台面，周边起棱，台面下正中有一细腰状木座。形体较大，通高25—30厘米、盘径57—85厘米、豆把底径30厘米。原简报称"木几"。高炜先生认为从大型木豆演变来的。在一座大型墓中，有两件这样的木"几"置于木俎、陶斝与大型木盘之间，每件台面上都放一件"V"字形石刀及猪排或猪蹄骨。按其位置与台面上放置厨刀、猪排等情形，用途与俎同，与几相去甚远。但从造型看，用于切割则不如俎牢固，重心亦不平稳，但台面周边有棱，宜盛入食器、食物之用，似又与食案有接近处[6]。其实，这是一件名副其实的食案，案面由三块木板拼接而成，四周起棱沿,俗称拦水线。台面下有一木足,与案面透榫而合,通体彩绘。现藏中国社会科学院考古研究所(图 1-41)。

图 1-41

4.木俎

陶寺文化

山西龙山文化陶寺早期 3015 大型墓出土。木俎的台面是一长方形厚木板,近两端各设两个榫眼,下接板状足,其形制与楚墓出土漆俎近似。一般长 50—75 厘米、宽 30—40 厘米、高 15—25 厘米。俎上出土时常入有"V"字形石刀或其他形制的石厨刀、猪排或猪蹄、腿。3015 墓出土木俎上斜立足 2 件石刀,一侧俎角有猪蹄骨。在一座中型墓中,俎上放有猪排,一件石刀的前端锋刃直插入俎面板中。出土情况将俎与"V"字形石刀的用途表现得确凿无疑(图 1-42)[7]。在 3015 墓和其他大型墓,曾见长方形木匣压在俎上,高炜先生认为这是木俎的一部分,即组成以俎面为隔板的上、下两房,且与信阳楚墓所出木俎台面两端增设立板的情形是一致的。其实这就是楚简所称"房俎"的起源。

结语

劳动创造了人类社会,原始社会是人类的第一社会形态。原始先民们用劳动的双手制作了石器、木结构房屋、木作技术、编织物,同时也用劳动的手创造了家具,创造了家具艺术。人类社会发展史、人类文明史以雄辩的客观史实证实了艺术起源于劳动的真理。原始家具艺术从一开始就是植根于人类赖以进行的生产活动之中,它产生于劳动,反过来又直接服务于人类。

我们怀着孩子般天真和纯洁的心情去回顾我们中华民族幼年时代的家具艺术创作,当然用我们今天目光看有些粗糙和幼稚,但它却是我国古代家具发展史上的童年,因为有了它,才会有以后色彩绚丽、浪漫神奇的低矮型家具,缤纷世界、华丽润妍的渐高家具,民族精粹、古雅精丽的明式家具,盛世风度、雍容华贵的清式家具。它是我国古典家具的源头,它将永远显示着不朽的魅力。

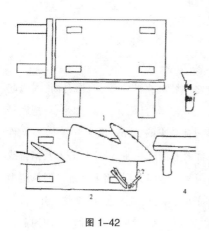

图 1-42

第二节　夏商西周时期家具

社会简况

在原始社会末期，已经产生了国家权力的萌芽。据古史传说，夏代是我国历史上第一个朝代，约自公元前 2070—前 1600 年，这时期处于奴隶社会的发生、逐步形成时期。古籍记载夏代的史料很少，关于夏文化的研究至今仍处于探索阶段。《墨子·耕柱》记载夏启铸九鼎，说明夏代已经有了铜器。但堪称 20 世纪末学术界盛事的夏商周断代工程自 1996 年正式启动以来，以自然科学和社会科学相结合进行多学科交叉研究手法，取得了"夏代基本年代框架的建立已有考古学依据"研究的突破性进展。继夏而起的商代，时期约公元前 1600 年至前 1046 年。商代是我国典型的奴隶制社会，表现为宗教迷信思想，同时崇尚武力。商代手工业有很大发展，手工业也分工很细，制作精良，创造了在世界文化史上都占有重要地位的青铜文化，所以考古界又称之为青铜时代。公元前 11 世纪周武王建立了强大的奴隶制国家，这时期中国奴隶制经济比商代有了更大的发展，成为我国奴隶社会的鼎盛时期。周吸取商灭亡教训，开始实行分封诸侯并与宗法制度相结合。周代有爵位等级制度，有位次的尊卑。《左传》记载："王及公、侯、伯、子、男、甸、采、卫、大夫，各居其列。"周代的这种等级制，反映在祭祖、服饰、器物、宫室、车马等的使用方面，都有严格的等级规定，不得僭越。周灭商后获得大批的手工业奴隶，为手工业的发展提供了条件，并出现了我国最早的关于工艺的专门著作《考工记》。据《考工记》所载，周代手工业的分工很细，6 种工艺就已分为 30 个工种，如"攻木之工"(木工)有七，"攻金之工"(金工)有六，"攻皮之工"(皮革工)有五，"设色之工"(画工)有五，"刮摩之工"(雕工)有五，"搏埴之工"(陶工)有二等，其总结了各种工艺制作的科学经验，反映了周代手工业的繁荣。

威严神秘:奴隶社会家具特点

商周时期手工业有很大的发展，分工细致，制作精良，创造了在世界文化史上占有重要地位的青铜文化，我们可以从许多青铜器的造型看到中国古典家具的雏形。商周时期，人们生活习俗仍是席地而坐，我们可以从殷墟妇好墓出土跽坐玉人看到当时起居方式，此玉人双手抚膝跽坐，两膝着地，小腿贴地，臀部坐在小腿及脚跟上。玉人头戴圆箍形冠，腰部近左侧佩一卷云状宽柄器(可能是一种武器)，身穿交领长袍，腹前悬长条"蔽膝"(因商代没有裤子，大都是腹前悬长布条)，这样便于跽坐，显然是一个上层奴隶主贵族的形

图 1-43

象(图 1-43)。为低矮型家具,这时期家具最大特点是兼有礼器的职能,它的主要功能为祭器,并在各个方面都有严格的规定,无不体现出奴隶社会的等级制度。而这时期家具装饰特点是威严、神秘、庄重,纹饰以饕餮纹为主,其次还有夔纹、蝉纹、云雷纹等,具有狞厉神秘的艺术风格,并带有浓厚的宗教色彩。这时期漆木镶嵌家具已经崭露头角。新石器时代出现的漆木器技术,为商周时期漆木器的发展打下了基础。商代漆器工艺已达到相当高的水平,西周漆器工艺技术已相当成熟。西周漆器的特点是常用镶嵌蚌泡作装饰,田野考古已发现了这时期的镶嵌漆木家具。

(一)家具兼有礼器职能

奴隶社会时期,由于生产力的提高,人们从使用石工具逐步过渡到使用青铜工具。人类物质文化进入到了一个新的历史时期——青铜时代。社会经济特别是手工业的发达,为家具的制作和发展提供了丰富的物质基础。这时家具突出时代特点是:质地以青铜器为主。并兼有礼器的职能,是礼器的组成部分。《周礼》《仪礼》《礼记》中对家具的品类、形制、数量、陈设、规格都有严格规定,无不体现奴隶社会的等级制度,而且不能逾制,说明家具已成为奴隶社会上层建筑的一部分。这时期青铜家具以置物类家具为主,有俎、禁等。

俎,一般皆出自地位在大夫、上卿之列的贵族墓内,禁出自王侯一类的大墓。俎是先秦贵族祭祀、宴享时陈放牲体类似几形的一种器物,也是切肉用的案子,属置物类家具。祭祀时,常与鼎、豆配套使用。俎之称俎,是指礼俎。以有文字记录又有实物可考的观点来看,礼俎形成于商代。俎在商代主要是祭器,可以从青铜器俎的造型看到中国家具的雏形。其造型特点是运用对称而又规整的格式、安定而庄重的直线,来服从于祭祀的要求。如青铜俎的四足造型运用板状腿构成足,前后二足之间出现了两个对称的在中国家具史上延续了几千年的壶门装饰,既具有对称规整的格式,又增添了板腿造型上的变化,构成了最高度的稳定感。其装饰特点是以饕餮纹、夔纹、云雷纹为主要装饰。图案也与造型相同,多采用对称的格式,很可能与商代流行"中剖为二"、"相接化一"的两分倾向世界观有关。兽面正面对称表现,产生一种庄严感,更强烈地衬托出殷代青铜家具威严、神秘、庄重的艺术特点。西周时期俎与鼎配套当成礼器来使用,《周礼·膳夫》载:"王日一举,鼎十有二物,皆有俎”。俎也有贵贱之分,如《礼记·燕义》曰:“俎豆牲体,存羞。皆有等差。所以明贵贱也。”因为俎一般皆出自地位在大夫、上卿之列的贵族墓内。所以传世和考古发掘的俎很少。西周懿孝时期的瘐壶铭文中有周王赐给瘐“彘俎”、“羊俎”的记载。“彘俎”是盛放猪牲的俎,“羊俎”是盛放羊牲的俎,说明西周时盛放不同牲体的俎各有专名。俎虽然属置物类家具,但更重要的是作为重要的礼器使用。俎使用于各种礼仪活动之中,《周礼》《仪礼》《礼记》等古文献均有记载,特别是《仪礼》对俎的使用颇为详细。因为俎为载牲之器,所以与鼎配套作礼器使用,且为奇数。天子、诸侯之礼应有大牢九鼎九俎。《仪礼·公食大夫礼》记载卿或上大夫之礼,应为七鼎七俎,下大夫用五鼎五俎。《仪礼·士婚礼》曰士礼用三鼎三俎。案与俎有着很深的渊源关系,《礼记·明堂位》:“俎,有虞氏以梡……”郑注:“梡,断木为四足而已。”孔疏云:“虞俎名梡,梡形四足如案,以有虞氏尚质未有余饰,故知四足如案耳。”我们可以从考古资料和文献记载中可以一睹商周时期俎的风采。如河南安阳大司空村商代墓出土的石俎(图 1–44),辽宁省义县出土周早期的双铃铜俎都是当时代表作(图 1–45)。我们可以从商周时期青铜俎和三联甗(图 1–46)的造型看到置物类家具的原始形态。

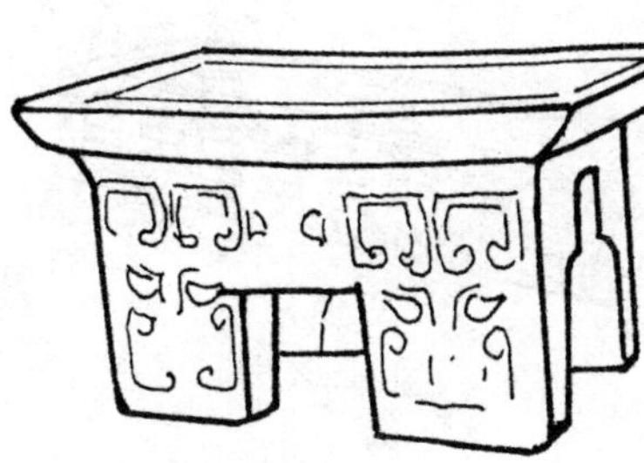

图 1–44

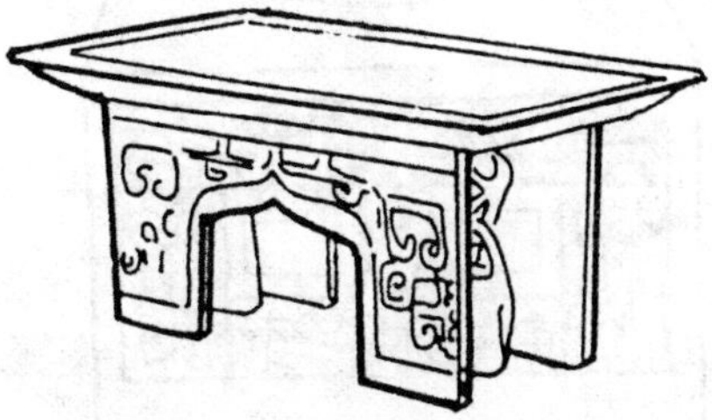

图 1–45

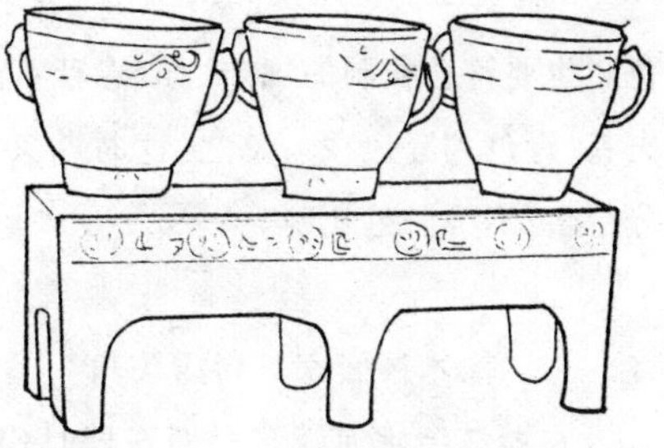

图 1–46

禁,为先秦贵族祭祀、宴享时陈放酒器与食器的一种案形器具,亦为置物类家具。《仪礼·士冠礼》曰:“两瓶,有禁”,郑玄注:“禁,承尊之器也,名之为禁者因为酒戒也。”禁也有等级之分。如《礼记·礼器》:“天子、诸侯之尊废禁,大夫、士棜禁。”郑玄注:“棜,斯禁也。谓之棜者,无足有似于棜,或因名云耳,大夫用斯禁,士用棜禁,如今方案,隋长局足,高三寸。”禁是承尊器的器具,其形状有无足和有足之分。祭祀时以质朴低下为贵,天子诸侯位尊反而不用禁,酒器直接摆放在地上,大夫、士位卑,酒器放在无足似箱型禁上。如陕西宝鸡斗鸡台出土西周早期夔龙纹青铜禁(图 1–47),美国纽约大都会博物馆收藏西周早期青

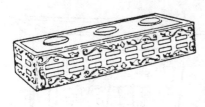

图 1-47

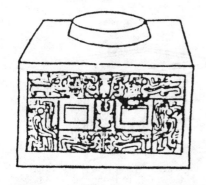

图 1-48

铜鸟纹禁(图1-48)。禁形象代表着后世箱、橱柜类型家具。

先秦时期凭几是凭倚顿颡用的器具，常设于座侧以凭倚身体，为置物类家具，亦为礼器。几的最早文献资料见于甲骨文和金文。于省吾先生在《甲骨文释林》一书中释几字曰："……均象几案形，其或一足高一足低者，邪视之则前足高后足低，其有横者，象横距之形，今俗称为横撑。……周代金文几字从几，宗周钟作几，弓镈作几，蚰匕作几，均象几形……"《孟子·公子丑下》："隐几而卧。"《说文》："几，踞几也，象形。"段注："……古人坐而凭几，象其高而上平可倚，有足。"《周礼·司几筵》："掌五几、五席之名物，辨其用，与其位。"郑注："五几，左右玉、雕、彤、漆、素。"天子用玉几，诸侯、卿、大夫等根据级别和场合使用不同的几，并与五席相配使用。

色彩也要符合礼制的规定。如《春秋·谷梁传》有"天子丹(朱红色)，诸侯黝垩(黑白色)，大夫苍(青色)"等记载。总之，这时期家具的材质、色彩、纹饰、使用都要严格按照等级与名分行事，不可僭越礼制。

(二)漆木镶嵌家具崭露头角

在浙江余姚河姆渡村新石器时代遗址第三文化层中，出土了一件漆木碗，这是我国目前发现最早的漆器之一，距今已有七千余年了。此外，在浙江余杭安溪乡瑶山古墓中还发掘了一件嵌玉高柄朱漆杯，说明我国良渚文化漆器已与玉石镶嵌工艺结合，距今已有四千多年历史。而商代漆器工艺已达到了相当高水平，不仅出现了髹漆与镶嵌宝石结合的工艺，还出现了在木胎上雕刻花纹髹涂漆色的方法。如河南安阳侯家庄商代墓葬出土了木抬架盘。通长2.3米。木制。长方形，四角附有四木柄，通体雕饰有花纹，两头形似饕餮，余者以波形线和圆形纹为饰，涂有彩色。木胎已朽，为木雕遗痕，类似抬运礼器用的"抬盘"。河南安阳侯家庄商代墓葬为商代后期的王陵区。该器在Ⅰ式大型墓二层台上发现，与木器和木抬架盘同时出土的有人殉，大概是搬运礼器和管理仪仗用人[8]。西周漆器已逐步成为一种新兴的手工业，从出土情况看，这个时期漆器工艺技术已相当成熟。西周漆器特点是常用镶嵌蚌泡作装饰，用蚌泡作镶嵌是周代漆器工艺一种非常流行的装饰手法。所谓漆镶嵌螺钿技术，就是将贝壳或螺蛳壳等制成各种形象嵌在雕镂或髹漆器物表面、使其形成天然彩色光泽的一种装饰技法，也称螺钿或螺甸。西周时期蚌泡镶嵌，实际是后世螺钿漆器的前身。在北京琉璃河燕国西周墓地中发掘出来一批精美漆器，其中出土了漆木俎，其上髹漆、外表用蚌泡和蚌片镶嵌。镶嵌蚌饰大多数磨成不足两毫米厚的薄片，镶嵌的图案工艺细

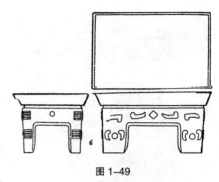

图1-49

致⁹。再如陕西长安县沣河西岸的张家坡西周墓地出土的漆俎，髹褐漆，上镶嵌各种蚌壳组成的图案，色彩斑斓，实为我国早期漆木器家具罕见的精品(图1-49)¹⁰。从而证实西周时期镶嵌漆木家具不仅崭露头角，而且已达到相当高水平，并把我国螺钿镶嵌漆木家具工艺时间上溯到西周。

图1-50

(三)狞厉神秘的家具装饰风格

只要见过商周时期青铜的人们，就会被青铜艺术所表现出的神秘、威严、庄重的气氛所震撼。而这时期家具装饰与同时代其他青铜器装饰风格一样，采用对称式构图，多以单独适合纹饰为主，有主纹也有地纹。以饕餮纹为主，其次还有夔纹、蝉纹、云雷纹等。

饕餮纹在考古界也称为兽面纹。饕餮的特点是以鼻梁为中线，两侧面作对称排列，上端第一道是角，角下有目，有的有耳和曲张的爪等(图1-50)。饕餮之名本于《吕氏春秋·先识览》："周鼎著饕餮，有首无身，食人未咽，害及其身，以言报更也。《左传》谓饕餮是"缙云氏有不才子"，而《史记·五帝本纪》集解引贾玄曰："缙云氏，姜姓也，炎帝之苗裔，当黄帝时在缙云之官也。"蚩尤姜姓，亦炎帝之苗裔，故蚩尤很可能是缙云氏之"不才子"饕餮，传说"天下之民以比三凶"(《左传·文公十八年》)。宋罗泌《路史·蚩尤传》注云："蚩尤天符之神，状类不常，三代

图 1-51

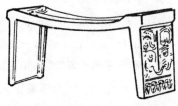

图 1-52

图 1-53

彝器,多著蚩尤之像,为贪虐者之戒。其像率为兽形,傅以肉翅。"宋人将青铜器上表现兽的头部或以兽的头部为主的纹饰都称饕餮纹。

龙纹一般包括夔纹和夔龙纹,宋以后将青铜器表现一足类似爬虫的物象称之为夔,这是引用古籍中"夔一足"的记载。实际上一足的动物是双足动物的侧面描写(图1-51)。

饕餮纹和夔龙纹等纹样一般装饰在家具的面板或板足等处。如容庚《商周彝器通考》中收录商代晚期兽面纹铜俎[11]。周身饰蝉纹、饕餮纹和夔纹。面为长方形,案下两端有壁形足(图1-52)。还有西周早期的蝉龙纹俎。面板为长条形。中部微凹,四足圆柱形。周身刻有蝉龙纹(图1-53)。

饕餮纹和夔龙纹等纹样有着强烈的狞厉神秘感,它的形成具有一定的社会原因,与当时社会生活、思想意识密不可分。这时期装饰艺术的社会意义,其宗教意义往往大于审美意义,家具装饰风格所表现出的审美要求,必须服从宗教意义。

原始社会末期以来,至商、西周时期大规模氏族部落吞并,战争频繁,经常屠杀、掠夺、奴役成为社会的基本动向,社会是通过血与火的交融而向前迈进的。吃人的饕餮正好是这个时代的象征,它对异氏族是威严、恐吓的图案,又是本氏族的保护神祇,它体现了当时人们对自然认识和意识形态领域中浓厚迷信鬼神的观念。这时青铜器包括青铜器家具多作为祭祀"礼器",献给祖先或铭记武力征伐胜利。饕餮纹和夔龙纹等纹样所采取的既对称而又规整的形式,突出表现的是一种神秘威吓中的畏怖、恐惧、残酷和凶狠感,这些主要是为了服从于祭祀的要求,从而达到精神统治的目的。这种超人的力量与原始宗教神秘观念的结合,使这个时期青铜艺术包括家具装饰具有磅礴凝重的力量感和狞厉神秘的艺术风格。

(四)家具品类举要

1.妇好三联铜甗

商代晚期

1976 年河南安阳小屯村殷墟妇好墓出土。通高 68 厘米、长 103.7 厘米、宽 27 厘米。铜制。古代炊器,由两部分组成,上部是蒸食物的甑,下部是煮水的鬲,通过中间的箅以通蒸气。器由长方案形鬲和三件甑组成,因其形似三件甗连为一体,故名"三联甗"[12]。由长方形六足甗架和 3 件大甑组成,长方形六足甗架如同长方形案一般,案面有三个侈领圈形灶孔,用以置甑。三甗连为一体。案壁四周饰夔纹带,间以涡纹和垂叶纹。石器时代已有陶甗,商代出现了铜甗,或上下一体,或上下两体可开可合。三联甗多处刻有"妇好"铭文,妇好为武丁之妃,三联甗当为商代后期王室器物。此器形制独特实用,纹饰精美,是商代家具中具有代表性的一种庋具,我们可以从其看到案、桌的原始造型。现藏国家博物馆(图 1-54)。

2.石俎

商代晚期

1962 年安阳大司空村 53 号商墓出土。石制。面板为平面,四边刻有高于面心的拦水线,有四足支撑着案面,周身雕有纹饰,特别是四足雕刻有对称的云雷纹和饕餮纹,具有商代艺术典型风格[13]。现藏国家博物馆。

3. 饕餮纹铜俎

西周早期

1979 年辽宁义县花儿楼窖藏出土。铜制。高 14.3 厘米、长 33.6 厘米、宽 17.7 厘米、板壁厚 0.2 厘米,重 2.5公斤。铜制。面板作长槽凹形,下为相对的倒凹字形板足,中为壶门装饰(图 1-55),

图 1-54

板足空当两端各吊扁形小铜铃一个，板足饰精致细云雷纹和饕餮纹，铜铃制作精巧(图1-56)。其形式为我国青铜器著录之罕见[14]。先秦时俎大多为木制，因此，传世和出土青铜俎极少，所以此器显得特别珍贵。现藏辽宁省博物馆。

图 1-55

4.夔纹铜禁

西周早期

1925年陕西宝鸡戴家湾出土。铜制。高23厘米、长126厘米、宽46.6厘米。长方体无足承尊器。长方体，似箱型，四壁皆镂空有栏，面有三大椭圆形孔，应为承酒之器。禁体周壁作镂空夔纹和蝉纹。此禁形体巨大，似为承卣之禁。因为青铜酒器中，卣的圈足正是椭圆形[15]。禁大约出现在商末周初，一直延续到春秋。夔纹禁是我国古典家具箱形结构的前身。现藏天津历史博物馆(图1-57)。

图 1-56

5.连方座禁铜簋

西周早期

簋是商周时期盛入煮熟的黍、稷、稻、粱等饭食的器具，簋是重要礼器，特别是西周时代，它和列鼎配合使用。从西周时期早期开始，簋圈足下连铸无足方形禁座。此天亡簋陕西岐山礼村出土，通高24.2厘米、口径21厘米、宽18.5厘米。侈口鼓腹，腹较深，四个兽首耳，下有方珥，圈足连方座形禁，实为无足禁。它是西周早期的标准式样，也是目前所见最早的西周铜器之一。"天亡"则是器物铭文中提到的器物所有者名字，因此用作器名。这件簋最珍贵之处是内底所铸的77个字。记述的是周武王灭商以后，在辟雍内的明堂为其父周文王以及上帝举行祭典的事，以及簋的主人何以得到赏赐并铸此簋纪念的过程。现藏国家博物馆(图1–

图 1-57

58）。1981年湖南桃江连河冲金泉出土马纹铜簋，通高30.6厘米，座长20厘米。小侈口束颈，鼓腹饰四卧马，圈足下连方座形禁，禁四角饰四立马，同类装饰的器物少见。现藏湖南省博物馆(图1-59)。

图1-58

结语

奴隶制是人类社会由低级向高级发展过程中一个必经阶段。商周时期是中国典型的奴隶制社会。商周时家具仍是我国古代家具的初级阶段，其造型纹饰原始古拙，质朴浑厚。这时期家具除青铜家具、石制家具，还有漆木镶嵌家具。其中尤以西周时期漆木镶嵌蚌壳装饰最为精美，开后世漆木螺钿镶嵌家具之先河。商代统治者崇尚武力，特别迷信鬼神，以至于当时人们思想意识中存在着浓厚鬼神观念，商代家具装饰纹样往往也带有明显时代特点，其宗教意义往往大于审美意义，家具造型和纹饰均有一种庄重、威严、凶猛之感。至西周统治者，在思想观念有所不同，提出"德"的观念，重现实，强调

图1-59

"礼治"，礼的等级和秩序反映在周代各个方面，其中包括家具制作使用都要适应礼治需要，家具制作式样和使用都有固定的规格，在装饰上则显著地反映出秩序感。家具在这个时期具有特殊的意义。当如今的人们欣赏商周时期家具艺术时，才会摆脱当时思想束缚，去领略其中更多美的内涵。

注释：

1 裴安平：《洞庭湖地区新石器早期文化研究又获重大突破》，《中国文物报》，1998年2月8日。

2 湖北荆州博物馆研究员刘德银提供，另见《考古年鉴》1997年。

3 澧县优周岗遗址发掘者、湖南省考古文物研究赵亚峰先生提供资料。

4 杨耀：《明式家具研究》，中国建筑工业出版社，1986年。

5 安志敏：《裴李岗、磁山和仰韶文化——试论中原新石器文化的渊源及发展》，《考古》1979年第4期。

6 中国社会科学院考古研究所山西工作队等：1978-1980年山西襄汾陶寺墓地发掘简报，《考古》1983年第1期；高炜、高天麟、张岱海：《关于陶寺墓地的几个问题》，《考古》1983年第6期。报告称其为"豆"。

7 高炜：《陶寺龙山文化木器的初步研究》，《夏鼐先生考古五十年纪念论文集(二)》，科学出版社，1986年。

8 北京大学历史系考古教研室商周组：《商周考古》，文物出版社，1979年。

9 殷玮璋：《记北京琉璃河遗址出土的西周漆器》，《考古》1984年5期。

10 中国科学院考古研究所：《沣西发掘报告》，文物出版社，1962年。《考古学报》1980年第4期。

11 容庚:《商周彝器通考》,哈佛燕京学社出版,1941 年。

12 中国社会科学院考古研究所:《殷墟妇好墓》,文物出版社,1980 年。

13 中国科学院考古研究所安阳发掘队:《1962 年安阳大司空村发掘简报》,《考古》1964 年第 8 期。

14 辽宁义县文物保管所孙思贤等:《辽宁义县发现商周铜器窖藏》,《文物》1982 年第 2 期。

15 马承源:《中国青铜器》,上海古籍出版社,1988 年。

第二章　恢诡谲怪:春秋战国、秦汉时期低矮型家具

(公元前 770 年至公元 220 年)

第一节　春秋战国时期家具

社会简况

经过一千多年漫长的发展过程,奴隶社会在西周末年开始走向崩溃,周天子失去了控制诸侯的能力,王室衰微,诸侯争霸,列国战争频繁,形成一个大动乱、大转变的时代,史称春秋时期。经过长期兼并战争,最后剩下齐、楚、燕、赵、韩、魏、秦等七个强国,兼并战争仍在进行,史称战国时期。春秋战国时期,是我国奴隶制逐步衰落、瓦解,封建制逐步建立、发展时期。由于从奴隶制桎梏下解放出来的生产者提高了积极性,所以社会生产得到进一步发展,突出表现为铁器的使用,从春秋时期冶铁的发展,到战国时期铁工具的普遍使用,从而增强了人们征服自然的能力,所以考古界又称这时期为铁器时代。当时手工业经营,有官营、私家经营和独立个体手工业者经营三大类,随着社会生产发展,社会分工日益细密,社会经济很快呈现出空前繁荣景象。

家具概述

春秋战国时期各国兼并战争不断进行,人们谋求政治变革,建立新的制度,从而促进了当时社会生产的迅速发展。由于社会生产力极大提高,从而促进了社会经济和手工业

的广泛发展,这些为家具发展提供了经济基础。随着社会经济的发展,各诸侯国、各地区经济形成了各自区域性特点,并出现了前所未有的经济繁荣以及区域性经济文化横向联系的局面,随之又出现了社会思潮和文化艺术的空前繁荣,所谓"诸侯异政,百家异说"的时代出现了,"百家争鸣"的生动景象,昭示着这个时期的时代特点。百家蜂起、诸子争鸣的文化环境,为家具艺术风格的形成和家具工艺的制作提供了良好文化氛围,使得这个时期家具工艺发展进入到一个崭新阶段,成为汉代低矮型家具代表时期的前奏。

始于原始社会的席地坐卧习惯仍是这时期主要生活习俗,这种习俗又是形成低矮型家具的基本因素。换言之,这时期席地起居习俗是家具必须适应的基本条件,家具总体特点是呈低矮格局。

春秋战国时期家具品类不断增多且不断创新。这时期家具品类虽部分保留了奴隶社会时期家具形式单调、一物多用、功能交错的特点,但中国以后出现的坐卧类家具、置物类家具、储藏类家具、支架类家具、屏风类家具在这时都已初具规模。青铜家具在制作工艺上采取了先进技术,漆木家具也进入到了一个空前繁荣时代,特别是楚地漆木家具更是精美绝伦。考古发掘资料表明,这时期出现了可供坐卧的床,如河南信阳楚墓和湖北包山楚墓分别出土了的彩漆木床,它们是我国目前迄今为止出土最早的卧具。还出土了陈放器皿的几案,几案在原始社会时期就有出现,但大量出土仍在春秋战国时期。出土了可以灵活分割室内空间的屏风,说明家具开始具有观赏价值。还有盛放衣物的箱笥和铺地的竹席等。支架类家具是搁置或支撑东西的家具统称。衣架在先秦时《礼记·内则》称之为"椸枷",是搭衣物的用品。这些家具大多随用随置,没有固定位置。古人以筵辅地,以席设位,根据不同场合而作不同的陈设。

这个时期家具装饰艺术除保留商代中心对称单独适合纹样和周代连续带状二方连续图案传统装饰方法外,还产生了重叠缠绕、上下穿插、四面延展的四方连续图案。漆饰家具纹样一般以黑为地,配以红、绿、黄、金、银等多种颜料。雕刻手法也被广泛运用于家具的装饰中,有浮雕和透雕等,且与髹漆同时并用,雕刻技艺精湛,开后世家具雕刻之先河。还常在家具上配以青铜器扣件、竹器、玉石镶嵌饰件,漆几上嵌玉石,漆木床上配用竹屉、竹栏杆。楚式家具常配用竹器,是因为楚地气候炎热,竹器比较清凉和透气,且楚地又产青竹。

中国古代建筑的梁架式木结构在这时期已初步完成。人们在构筑房屋和修造棺椁中成熟的木工技术,特别是各种榫卯结构,为家具制造的提高创造了技术方面条件。这时期木制家具榫卯构造较常见有明榫、暗榫、透榫、半榫、燕尾榫等。一般明榫用于壁板交角处,暗榫、半榫、透榫用于看面,燕尾榫用于面板拼接。除榫卯结合方法外还有用胶结合、竹木钉结合、绑扎结合等方法。木制家具制作方法多为整木斫削或刳凿而成,所以非常厚实牢固。

总而言之,这时期家具工艺进入了一个新的发展阶段。

轻巧灵动:青铜家具新特征

郭沫若先生曾对这时期青铜工艺进行过精辟概述:"自春秋中叶至战国末年,一切器物呈现出精巧的气象……器制轻便适用而多样化,质薄,形巧。花纹多全身施饰,主要为精细之几何图案,每以现实性的动物为附饰物,一见即觉其灵巧。"[1]这时期青铜家具出现了前所未有的新特征。家具功能在改变,这时期青铜家具与商、西周相比,有明显变代,商代青铜家具以祭祀用器为主,具有宗教性意义。周代家具以礼器为主,具有人事定义。而春秋战国时期家具虽然仍旧带有礼器特征,但已逐渐失去祭祀和礼器职能,向生活日用器物方面发展。

这个时期青铜家具除承前代青铜家具禁、俎等部分传统品类外,还出现了新品种青铜案,而且不论造型还是装饰都与前代相比有很大发展,在家具制作工艺上有较大的创新。在制作上,由商周时期浑铸,发展到分铸,又采用焊接、镶嵌、蜡模等新技术和新方法,使青铜家具式样更加丰富多彩,玲珑精巧,其技艺达到历史的最高水平。青铜工艺制作技术改进,加工方法种类繁多,从而大大加强了它的装饰艺术表现力,丰富了它的工艺形象。如焊接方法的应用,既便利铸制过程,也可以丰富器体造型,提高青铜器艺术效果。金银错,是一种错嵌金银青铜器装饰,在铜器上刻成浅槽图案,后用金银丝或金银片镶嵌(压入)槽内,用错石(厝石)再磨错平滑,厝石就是细砂岩,金银错是春秋战国时期青铜工艺装饰的一种新创造。鎏金是将金箔剪成碎片,放入坩埚加热,然后以1:7的比例加入水银,即熔化成为液体,这种液体也称为金泥,再将金泥蘸以盐、矾等物涂在铜器上,经炭火温烤,使水银蒸发,金泥则固着于铜器上,称为鎏金。最值得一提的是失蜡法的运用。失蜡法制作简便,无须分块,用蜡制成器形和装饰,内外用泥填充加固后,待干,倒入铜溶液,蜡液流出,有蜡处即为铸造物。这样制作的器物表面光滑,层次丰富,可制作出复杂的空间立体镂空装饰效果,失蜡法的创造是我国古代金属铸造史上的一项伟大发明。如1978年河南省淅川县下寺2号春秋楚墓出土云纹禁,禁四周围着的龙,以及立体框边、错综结构的内部支条均是用失蜡法铸造的,尚可见蜡条支撑的铸态。说明当时的铸造技术十分先进,有学者认为,此器是目前所知的中国最早的用失蜡法熔模工艺铸造的产品。

由于青铜家具采用模印方法产生装饰花纹,所以四周衔接具有整体效果,统一而不单调,繁复而不凌乱。在青铜家具装饰题材上,逐渐摆脱了宗教神秘气氛,使传统动物纹更加抽象化,出现反映社会现实生活题材。这时期青铜家具造型附件既是装饰,也是整体造型的一个部分。如淅川下寺2号墓出土的禁附饰足,为富有生趣的动物虎足,尤为生动。而1997年河北省平山县战国中山王墓中出土的错金银嵌龙形方案,其案面下的4足为梅花鹿足,栩栩如生。这些青铜家具上的造型附件,既起到装饰作用,又是整个造型、功能中的有机组成部分。此外,还常在漆木家具上配以青铜器扣件,或镶嵌竹器、玉石等饰件,既增加了木制家具的牢固实用性,又增加了木制家具的装饰性。如漆木案上的四隅常常包镶铜角,两边也常加青铜铺首衔环和装铜制蹄足等。

总之,春秋战国时期青铜家具品类在工艺造型上与同时期青铜器一样有着共同时代特征,那就是轻巧灵动。其造型曲折、圆润规整,寓变化于简练之中,镂空纹饰、轻薄器壁,给人轻巧、灵活、挺秀之感,充分展示出这个时期家具工艺的新风格,这种新特征代替了商周青铜家具神秘威严的特征,标志着我国青铜家具装饰艺术进入到了一个新的时期。但是,由于漆器的兴起,漆木家具逐步替代了青铜家具。

以礼而序:楚式家具与特点

时至春秋战国时期,社会经济不断进步,给各种手工艺发展创造了条件,尤其是漆器工艺有了突飞猛进的发展。漆器具有轻便、坚固、防腐、耐酸、耐热等优点,其胎质轻巧,制作方便,适于造型,便于使用,而且漆彩丰富、光泽绚丽,利于装饰美化,所有这些条件都优于青铜器,从而深得人们的青睐。

值得一提的是,先秦家具的出土情况呈现两大倾向:一是春秋战国时期是中国漆木家具早期发展的黄金时期,或由于地处南方,有漆源的地利,或由于地下水丰富,有保存的条件,先秦时期漆木家具实物遗存,主要出自楚文化地域墓葬;二是楚地出土家具基本上为实用器。难怪乎有学者提出"楚式家具"[2]这一概念,是基于以下几点:其一,楚地家具本身已初具规模,具有明显的楚文化特征,自成一系;其二,数量众多,品类齐全,几乎囊括了春秋战国时期漆木家具的所有种类,具有典型代表性;其三,在制作方法和使用流行上有一定的地域范围和时代限定;其四,造型、纹饰、色彩独具特色,其上承先秦漆木家具之风骚,下启汉代漆木家具之绚丽,它代表了先秦家具的工艺水平,是形成我国漆木家具体系主要源头。

楚地漆木家具在春秋战国时期十分发达的原因很多,由于各地区社会经济发展不平衡和地域不同,当时漆器生产,以南方楚国最为发达,楚地具有山林茂密、气候温和、雨水充沛、盛产漆树和木材等优越的自然条件,使得髹漆工艺十分发达。至战国时期,楚国十分重视漆树栽培和生产,设有专职官员进行管理,漆工艺在楚文化中占有重要地位,楚式漆木家具在这时期得到长足发展,这是一个重要的原因。楚人在接受北方中原先进文化影响包括青铜文化影响的同时,又充分吸收自身文化的积极因素,包括南方蛮夷文化,推陈出新,也是另一个重要原因。楚式漆木家具艺术在中国先秦漆艺史上占有重要地位,恐怕是与这两方面有利条件分不开。

考古资料表明,湖北江陵楚墓、荆门包山楚墓、当阳楚墓、湖南长沙楚墓、河南淅川下寺楚墓、信阳楚墓等地出土春秋战国时期漆器,数量大,品种多,造型美,髹饰精,代表着这个时期漆器技艺工艺水平。而用于寝卧起坐的全套漆木家具在楚系墓葬中被发掘出来,且多为实用品,品类规模俱全,施漆涂彩,难以置信的是这些在地底埋藏了两千数百年之久的漆床、漆几、漆案、漆箱、漆架、漆屏风等,依然闪耀着令人目眩神迷的色彩。

从统计数字看,楚系墓葬出土的家具以战国中期尤为突出,战国早期就有相当规模,至战国中期已形成了独特的艺术风格。出土家具的墓葬多见于楚系墓葬均在大夫、上卿诸侯之列的墓内。出土家具楚系墓葬所流行的地区,皆以楚都江陵为中心,主要分布在湖北江汉平原楚国心腹地带,北到河南南部,南至湖南中部。漆木家具是当时贵族日常生活中必备的日用品,可以说,这时漆木家具呈现出是一个飞跃发展的态势,开始步入中国古代家具发展的新纪元(见表一)。

表一　楚系贵族墓葬出土重要家具

墓　葬	时　代	墓主及身份	家　具	出　处
1971 年长沙浏城桥 M1	战国早期	大夫	案 1、几 2、俎 7、竹笥 1、竹席 4	湖南省博物馆:《长沙浏城桥一号墓》,《考古学报》1972 年第 1 期。
1975 年江陵雨台山楚墓	战国早、中期		M354:几 4,M65:竹笥 11,M163 等:俎 5,M354:几 4,M65:竹笥 11,M163:俎 5	湖北省荆州地区博物馆:《江陵雨台山楚墓》,文物出版社,1984 年。
1978 年湖北随州曾侯乙墓	战国早期	诸侯	禁 1、案 3、几 1、支架 2、俎 10、竹席多块、竹笥 18	湖北省博物馆:《随县曾侯乙墓》,文物出版社,1980 年。
1992 年湖南长沙马益顺巷 M1	战国中期		案 1、几 2	湖南省博物馆等:《长沙楚墓》,文物出版社,2000 年。
1957 年河南信阳 M1	战国中期	大夫	案 10 、几 3、俎 50、床 1、禁 1、支架 1、竹席 6、书写工具箱 1	河南省文物研究所:《信阳楚墓》,文物出版社,1983 年。

墓　葬	时　代	墓主及身份	家　具	出　处
1957年河南信阳M2(盗)			案4、几2、木俎28、禁1、陶俎1、床1	河南省文物研究所：《信阳楚墓》,文物出版社,1983年。
1978年湖北荆州江陵天星观M1(盗)	战国中期	邸阳君	案7、几3、屏风5、竹席残片	湖北省荆州地区博物馆：《江陵天星观1号楚墓》,《考古学报》1982年第1期。
2000年湖北荆州江陵天星观M2(盗)	战国中期		禁2、案8、俎21、几、座屏5	湖北省荆州博物馆：《荆州市天星观二号楚墓》,文物出版社,2003年。
1965年湖北江陵望山M1	战国中期	邵固	案1、俎20、屏风1、禁1、几1	湖北省文物考古研究所：《江陵望山沙冢楚墓》,文物出版社,1996年。
1965年湖北江陵望山M2(盗)	战国中期		案5、俎19、几2、小座屏2、竹笥8、彩漆竹席	湖北省文物考古研究所：《江陵望山沙冢楚墓》,文物出版社,1996年。
1982年湖北江陵马山砖厂M2	战国中期		屏风1、竹席残片	荆州地区博物馆：《江陵马山砖厂二号楚墓发掘简报》,《江汉考古》1987年第3期。
1973年湖北江陵藤店M1	战国中期		案1、竹席残片	荆州地区博物馆：《湖北江陵藤店一号墓发掘简报》,《文物》1973年第9期。
1958年湖北鄂城百子畈楚墓	战国中期		M3:竹笥2 M4:案1、几1	湖北省鄂城县博物馆：《鄂城楚墓》,《考古学报》1963年第2期。

古雅精丽:辨藏中国古代家具

墓　葬	时　代	墓主及身份	家　具	出　处
1975 年绍兴凤凰山木椁墓	战国中期		案 1、竹席残片	绍兴县文管会：《绍兴凤凰山木椁墓》，《考古学报》1976 年第 6 期。
1975 年湖南湘乡牛形山 M1	战国中期	大夫	案 1、几 4、竹席残片	湖南省博物馆：《湖南湘乡牛形山一、二号大型战国木椁墓》，《文物资料丛刊》1979 年第 3 期。
1975 年湖南湘乡牛形山 M2	战国中期		几 1、竹席残片、竹笥残片	湖南省博物馆：《湖南湘乡牛形山一、二号大型战国木椁墓》，《文物资料丛刊》1979 年第 3 期。
1957 年长沙子弹库 M17	战国中期		几 2	周世荣、文道义：《57 长子、17 号墓清理简报》，《文物》，1960 年第 1 期。
1979 年湖南临澧九里楚墓	战国中期	大夫	案 1、几 1	湖南省博物馆常德地区文物工作队：《临澧九里楚墓发掘报告》，《湖南考古辑刊》第 3 期。
1958 年湖南省常德德山 M25	战国中期		几 1	湖南省博物馆：《湖南常德德山楚墓发掘报告》，《考古学报》1963 年第 9 期。
2002 年湖北枣阳市九连墩 M1（盗）	战国中、晚期	大夫	案、禁、俎、木雕小座屏、支架	湖北省文物考古研究所：《湖北枣阳市九连墩楚墓》，《考古学报》2003 年第 7 期。
2002 年湖北枣阳市九连墩 M2	战国中、晚期		案、禁、俎、几、座屏、竹席、笥、支架	湖北省文物考古研究所：《湖北枣阳市九连墩楚墓》，《考古学报》2003 年第 7 期。

墓　葬	时　代	墓主及身份	家　具	出　处
1952 年长沙扫把塘 M138	战国晚期		案 1、竹席残片	高至喜：《记长沙、常德出土弩机弓矢的几个问题》，《文物》1964 年第 6 期。
1986 年湖北包山 M1	战国晚期	左尹邵 𨒪	床门 2、床栏 4、几 1、竹席 1	湖北省荆沙铁路考古队：《包山楚墓》，文物出版社，1991 年。
1986 年湖北包山 M2			案 5、几 2、床 1、禁 2、俎 7、竹笥 69、竹席 2、草席 2	湖北省荆沙铁路考古队：《包山楚墓》，文物出版社，1991 年。

一、以礼而制：家具与陈设

楚式家具种类在春秋战国时期已初具规模,这时期家具的主要特点突出,往往一物多用,兼有礼器职能,具有深刻的社会内涵。

1.用俎之制

春秋战国时期是中国历史上大变革大动荡时期, 新的生产力和生产技术不断出现。这时期家具制作工艺在继承商、西周艺术风格基础上,呈现出新的艺术风格,楚式俎就是在这种环境下应运而生。笔者曾对楚系墓葬出土楚式俎进行过系统研究。[3] 这个时期少数青铜俎和大部分漆木器俎主要出土于楚系墓葬,楚式俎在春秋早期已成熟,至战国时期更独具特色。如果向上溯源,无论形式或规制,楚式俎仍是承商、西周以来的俎发展起来的,至战国时期,楚式俎在造型或装饰上才真正形成自己的独特风格。

楚式俎出土地区,目前发现最早的属春秋早期偏晚的俎。从楚式俎流行区域看,楚墓所出俎主要分布在湖北江汉平原的楚国中心地带, 北到淮河以南的信阳和淅川下寺,南到湘江中下游的长沙,东到安徽的寿县等地,且主要出土于楚国的腹心地区,而在边陲之地很少见。

春秋时期俎出土地区:

湖北江汉地区共 33 件。分别出土于当阳赵家塝 M2、M3、M4,金家山 M1、M2、M7、M9、M247、M252,赵巷 M4,曹家岗 M3 等。

河南淅川共 1 件,出土于下寺 M2(见表二)。

表二　春秋楚墓出土俎

| 墓葬 | 时代 | 墓主及墓葬类型 | 俎 | | | | 同墓礼器随葬品 | 出处 | 备注 |
			质地	数量	位置	形式			
当阳赵家塝 M2	春秋早期晚期	甲类墓	漆木	4	头箱	I	鼎1、罐4、篮2	湖北省宜昌地区博物馆：《当阳赵家湖楚墓》，文物出版社，1992年。	
当阳金家山 M9	春秋中期		漆木	5	头向一端椁内空隙处	I	鼎2、篮3、铜1	高应勤、王家德：《当阳金家山九号春秋楚墓》，《文物》1982年第4期。	随葬器放在南椁档与棺南端空隙之中，置五层木俎上
当阳金家山 M252	春秋中期		漆木	5			陶豆、盂、罐	湖北省宜昌地区博物馆：《当阳金家山春秋楚墓发掘简报》，《文物》1989年第11期。	
当阳赵家湖赵家塝 M3	春秋中期	甲类墓	漆木	5			铜鼎1、篮2；陶鼎2、篮4等	湖北省宜昌地区博物馆：《当阳赵家湖楚墓》，文物出版社，1992年。	
当阳赵巷 M4	春秋中期	大夫	漆木	3	头向一端椁内空隙处	Ib	漆篮6、豆6、壶2	宜昌地区博物馆：《湖北当阳赵巷4号春秋墓发掘简报》，《文物》1990年第10期。	有人殉、被盗
当阳金家山 M2	春秋中期	乙类墓	漆木	3				同上	

墓葬	时代	墓主及墓葬类型	俎				同墓礼器随葬品	出处	备注
			质地	数量	位置	形式			
当阳金家山 M7	春秋中期	甲类墓	漆木	3	头向一端椁内隙空处			湖北省宜昌地区博物馆：《当阳赵家湖楚墓》，文物出版社，1992年。	被盗
当阳曹家山 M3	春秋中期	甲类墓大夫	漆木	2	同上		铜礼器、舟 1；陶鼎 1、豆 4、罐 4	同上	被盗
当阳金家山 M1	春秋中期	乙类墓	漆木	1		Ⅰa		同上	
当阳赵家塝 M4	春秋中期	甲类墓大夫	漆木	1	头向一端椁内隙空处		铜鼎 1、簋 2、豆 6；陶鼎 9	同上	
当阳金家山 M247	春秋中期		漆木	1		Ⅰ	铜鼎、盉	同上	
下寺 M2	春秋晚期	卿大夫	铜器	1		Ⅰb	鼎 19	河南省文物研究所、河南省丹江库区考古发掘队、淅川县博物馆：《淅川下寺春秋楚墓》，文物出版社，1991年。	被盗

战国时期俎出土地区：

湖北江汉地区已知数共 84 件。分别出土于望山 M1、M2，楚系曾侯乙墓，包山 M2，雨台山楚墓、天星观 M2 等（九连墩 1、2 号墓简报没有俎的统计数）。

河南信阳共 78 件，分别出土于信阳长台关 M1、M2。

湖南长沙共 7 件，出土于长沙浏城桥 M1。

安徽寿县共 1 件，出土于寿县楚幽王墓（见表三）。

有学者整理出如下楚墓遣策中涉及的俎名[4]：

一枉梐（椸）、一昃椸、一猪椸、一割椸、一大房、一小房、一房（几）、五皇槃（俎）。（包山 2 号墓 266 号简）[5]

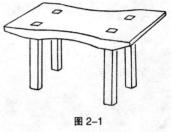

图 2-1

一牛椸、一豕椸、一羊椸、一酓（肴）椸、一大房、四皇俎、一房柜（几）。（望山二号墓 45 号简）[6]

一酓（肴）梐（椸），斮（漆）[彫]，二。（长台关一号墓 2—011 号简）

一椸（长台关一号墓 2—017 号简）

一椸（长台关一号墓 2—020 号简）

一椸（长台关一号墓 2—025 号简）

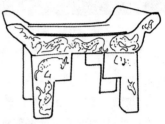

图 2-2

一椸，斮彫（雕）。（长台关一号墓 2—029 号简）

一房榙（机）（长台关一号墓 2—08 号简）

皇胫（俎）二十又五，□胫二十又五，纯□缘。一□胫。（长台关一号墓 2—026 号简）

一胫、一□胫。（长台关一号墓 2—027 号简）[7]

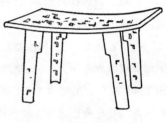

图 2-3

自新石器时期陶寺木俎到春秋战国时期的楚俎，俎的形制经历了不断分化、融合与演变的过程，战国中期的楚俎已趋成熟与规范。楚系俎有木制和青铜质地之分，仍以漆木为主，一般髹漆彩绘，形制较多。与楚简及古文献对应主要为"梡俎"和"房俎"2 式。

Ⅰ式"梡俎"。《礼记·明堂位》："季夏六月，以禘礼祀周公于太庙……俎用梡、嶡。……俎，有虞氏以梡，夏后氏以嶡，殷以椇，周以房俎。"郑玄注："梡，断木为四足而已。"可见四足形俎称"梡"，有分柱形四足Ⅰa（图 2-1），曲尺形四足Ⅰb（图 2-2）。见于春秋战国各个阶段。春秋时期俎新出现的曲尺形四足（图 2-3、4），是承商、西周壸门装饰凹形足发展而来的，圆柱形四足俎，其四足与前相比较细长。当阳金家山 9 号春秋中期楚墓所出 5 件木俎，当阳赵巷 4 号春秋墓所出 3 件彩绘动物纹漆俎都是这个时期的代表作。

Ⅱ式"房俎"。倒凹字形板足，两板足间又以横枨加固。又可分 2 亚式：

Ⅱa 面两端带立板俎。有的立板上端伸出锥状柱，木制。包山 2 号 266 简记作"一大房"（图 2-5），信阳 1 号楚墓也出土一件（图 2-6）。"大房"《诗·鲁颂·閟宫》曰："笾豆大

图 2-4 图 2-5 图 2-6

房。"毛传:"大房,半体之俎也。"郑笺:"大房,玉饰俎也。其制足间有横,下有柎,似乎堂后有房然。"这种带立板俎形制很大,通常一墓一件,与简策记"一大房"数量上符合,且嵌石英石子,分为上下部分好似堂房之制,均与文献"大房"记载相符,这种俎应为遣策所记"大房"俎。值得探讨的是,江陵望山 M1:T140 和望山 M2:B28 也出土形制、大小同相同的俎,唯面板两端的立板是安在下面做足的,形成四板足。有学者认为"对比其他楚墓所出,疑此二俎的立板原是安在面板两端上面的,整理时插接反了。尤其望山 M1:T140,两长边足明显短于两端足,为拉平成足,报告绘图者只好将两长边足上端的榫头加长,以至于露出一大截在卯眼外,极不协调。且两端足下段成锥状,与 E 型俎两立板上端有锥状柱完全相同。望山 2 号墓 45 简也记有'一大房'"[8](图 2-7)。见于战国中期。

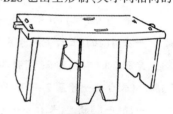

图 2-7

Ⅱb 面不带立板俎。包山遣策记"一小房"(图 2-8)。俎面不带立板还有一种器形较小的,信阳 2—026 号简记作"皇胫(俎)二十又五"。此式俎,望山 2 号墓出 4 件,遣策记为"四皇俎"(图 2-9);包山 2 号墓出 5 件,遣策记"五柴(俎)"(图 2-10)。见于战国中期。

图 2-8

从楚俎的发展来看,战国楚式俎在形制上虽是春秋时期的延续,但更多是春秋时期的发展,与春秋时期相比,战国楚式俎具有自身特点:(1)同一座墓出土俎数明显增多,俎数差别体现了墓主身份;(2)明器俎和实用器俎同出一座墓,尺度相差很大,小型俎面或用作

图 2-9

折俎,或用作明器。大型俎面高或作载全牲、或半牲之用。如包山 M2 有高 19.6 厘米、长 34 厘米、宽 14.4 厘米的小俎明器,也有高 103.6 厘米、长 80 厘米、宽 40 厘米大俎实用器;(3)俎质地有铜、木制,还有陶制。或髹漆或素地。纹饰从素面或以兽面纹为主发展到黑、红、银灰等色所绘的几何纹、卷云纹各种纹样,如望山 M2 出土漆俎上绘有银灰色几何纹;(4)从原来器类单一,发展到五

图 2-10

六种形制,特别是足变化较大,出现了许多新式样;(5)制作结构由暗榫发展到明榫、暗榫、透榫、燕尾榫等榫卯并用,如望山 M2 面两端带立板俎就用了多种榫卯结构。

载牲于俎是指礼俎。《国语·周语中》:"禘郊之事,则有全烝;王公立饫,则有房烝;亲戚宴飨,则有肴烝。"以整牲载俎祭祀称全烝,禘礼用全蒸,必以大俎载,"今所见楚俎甲组中的桄、橛器形皆较大,牛俎长达 164 厘米"[9]。以半体载俎称房蒸,俎谓房俎,《国语·周语》韦昭注:"房,大俎。"故又称大房。将牲体解节折载俎则称肴蒸,俎谓折俎,《仪礼·乡饮酒礼》:"宾升自西方,乃设折俎。"贾公彦疏:"凡解牲体之法,有全烝其豚。解为二十体,体解即此折俎是也。"据学者统计"包山 2 号墓甲组俎为四橛三房,鼎有'牛镛'、'豕镛'之名;望山 2 号墓甲组俎为四橛二房,简名称'牛橛、豕橛、羊橛。'知甲组俎实是用牢牲,可称大牢之俎,俎数当在五以上。乙组俎多为五件一套的小俎,有的一墓多达十套(长台关 1 号墓),或可视作宴享时盛肉块的折俎。有的俎面小至 16×8(厘米)左右(长沙浏城桥 1 号墓),恐只能视作明器"[10]。

楚人用俎之制亦是遵从周礼的。奴隶社会维护社会稳定与规范的制度都集中体现在礼制上,在先秦时期家具的特点是兼有礼器的职能,这些在前章已经提到。俎虽属置物类家具,也为重要的礼器,并用于各种礼仪活动中。俎之称俎,是指礼俎。《说文·且部》:"俎,礼俎也,从半肉在且上。"有趣的是,甲骨文、金文中的俎字竟非常形象和贴切地表现出"从半肉在且上"的内涵,作"🅰"(矢簋)。王国维先生指出"古文'🅰'字与篆文'且'字,象自上观下之形。"[11]《仪礼》中的《公食大夫礼》《乡饮酒礼》《士婚礼》《士冠礼》《乡射礼》《大射礼》《燕礼》《少牢馈食礼》等中对俎的使用有详细记载。因为所葬之俎是为载牲之器,所以葬数为奇数。天子、诸侯之礼应有大牢九鼎九俎。《仪礼·公食大夫礼》记载卿或上大夫之礼,应为七鼎七俎,下大夫用五鼎五俎。《仪礼·士婚礼》曰士礼用三鼎三俎。楚人是非常谙熟西周以来的中原礼制的,这方面史籍也多有记载。特别是楚国上层贵族恪守周礼为学术界所共识。春秋战国时期漆木器俎基本上只有在楚墓中多有发现,楚人用俎之制亦是遵从周礼。

其一，从数量来看，楚墓中俎随葬数多为奇数，如"荆门包山M2随葬7件木俎，正好与所葬大牢七鼎六簋相配。长沙浏城桥M1出7俎，也可与所葬七鼎六簋相配。曾侯乙墓共出10俎，3俎在东室，7俎在中室，该墓所葬大牢九鼎一套，大牢七鼎一套，中室7俎也可与大牢七鼎相配。信阳长台关M1出木俎50件，Ⅰ式25件，Ⅱ式25件，该墓所出铜少牢五鼎一套，两式木俎均为少牢五鼎之倍数。这些现象绝非偶然，应当反映了楚人用俎之制亦是遵从周礼，正合'鼎俎奇'之数。"[12]而80临九M1出土了方豆2件、木俎19件等成套漆木礼器也符合礼制。礼俎在器类与数量上表现出明显的差异，春秋时期当阳赵家湖甲类墓所出俎数比乙类墓数相对多一些。春秋时期与战国时期相比，春秋时期贵族墓俎数最多不超过5件，大体成一、三、五的奇数组合，且器类比较单一，战国时期贵族墓（卿、大夫）俎数十件，俎数的这种差别应该是墓主身份的体现，同时说明早期用俎处在发展阶段，更加恪守周礼，俎数仍依奇数递差，此因时代不同所致。

　　其二，从楚式漆俎形态发展来看，受中原文化影响十分强烈。如湖北当阳赵家塝2号墓春秋早期漆俎，当阳金家山9号墓、当阳赵家塝3号墓、当阳曹家岗3号墓、湖北当阳赵家塝3、4号墓春秋中期漆俎，特别是当阳赵巷4号墓出土了保存完整的春秋中期漆俎，更可以看出其形态的细微变化，甚至河南下寺2号墓出土春秋晚期俎和长沙浏城桥战国早期楚墓出土木俎，其形态上与商、西周时俎均有明显承接关系，可看春秋楚式俎中常见的曲尺形足俎，当是从商、西周时俎足间壸门装饰的形制演变而来，有明显模仿痕迹。到战国中期以后楚式漆俎与春秋中、晚期漆俎相比，才形成了自身特点。当阳赵家湖楚墓所出漆俎不论在造型和纹饰均脱胎于青铜器。有学者认为，当阳赵巷漆俎中鹿和凤鸟的图案组成，是以饕餮为主题商代艺术中一种有趣转换[14]。

　　其三，从墓葬规格来看，楚墓中有鼎并不一定有俎，有俎则大多有鼎，只有士级以上加牲之祭才能设俎。春秋时期出俎的墓多有一至三件鼎（铜、陶），墓主身份应是有田禄可造祭器的上士。至战国时期，楚地士墓很少见俎，成套的礼俎多见于地位位在大夫、卿、诸侯之列的中上等贵族墓内。这时期用俎形制、质地、数量都有区别，用铜俎的墓规格比较高，如寿县楚幽王墓及淅川下寺楚令尹墓，且一墓一件。"房俎"，在湖北楚墓中也只见于包山楚墓、九连墩楚墓等高规格的贵族墓中，此俎器形较大，通常一墓一件。[15]随葬俎的墓葬中铜礼器一应俱全，诸侯、卿大夫一级墓葬中出土铜俎。如诸侯一级楚幽王墓有九鼎八簋，因被盗，推测有三套正鼎，出土青铜俎。曾侯乙墓出土大牢九鼎一套、大牢七鼎一套，出土了大型编钟和漆俎。卿大夫一级如下寺M2被盗，出土青铜俎，现存鼎19件，除牲牢鼎一套，还应有正鼎七、五各一套。大夫一级如当阳赵巷M4用漆木器代青铜礼器，漆簋6件、漆豆6件、漆壶2件和漆俎。浏城桥M1有七鼎六簋和漆俎。信阳M1有少牢五鼎一套，

古雅精丽:辨藏中国古代家具

还有成组的乐器,望山 M2 墓有成组青铜礼器、仿铜陶礼器和漆俎。包山 M2 有人器大牢七鼎六簋,鬼器少牢五鼎一套和漆俎。当阳赵家湖甲类墓和乙类墓除被盗墓外均有青铜礼器和漆俎,部分铭文表明其功用为祭祀与宴享礼仪活动而设。这些墓主人身份有诸侯或下大夫一级楚上层贵族,而在同时期其他区域墓葬中很少发现俎,说明楚系上层贵族仍在恪守周礼。

周礼其实质是等级制度,在楚系墓葬中,特别是春秋时期楚王、卿、上大夫一级贵族墓里以奇数的列鼎和俎表示身份、地位。除"鼎俎奇"之制外,还有合于周制的墓地制度、饰棺制度及夫妻、父子均不同制等周制。这也是楚人称霸中原、南统越人等需要所致,显然是为了维护他们的统治。进入春秋晚期和战国以后,由于中原各国僭风日炽、礼崩乐坏现象日趋严重,多少对楚国有些影响,有些大夫一级墓葬,由于贵族用礼隆杀不同,而导致用俎之制而异用礼制。

总之,楚式俎的形成和发展与楚国政治、经济、文化联系是密不可分的。楚式俎从中原文化孕育中脱颖而出,创造了一种鲜明地域性特色的艺术风格,为后世中国古代家具的发展奠定了基础。

表三　战国楚墓出土俎

墓葬	时代	墓主及墓葬类型	俎				同墓礼器随葬品	出处	备注
			质地	数量	位置	形式			
浏城桥 M1	战国早期	大夫	漆木	7	东边箱	I Ⅱ 1	鼎 7、簋 6	湖南省博物馆:《长沙浏城桥一号墓》,《考古》学报 1972 年第 1 期。	
曾侯乙墓	战国早期	诸侯	漆木	10	东室中室		9 鼎一套、7 鼎一套	湖北省博物馆:《曾侯乙墓》,文物出版社 ,1989 年。	
江陵雨台山楚墓	战国早、中期		漆木	5				湖北省荆州地区博物馆:《江陵雨台山楚墓》,文物出版社,1984 年。	保存好的只有两件,其中圆形 1 件可能是案。

墓葬	时代	墓主及墓葬类型	俎				同墓礼器随葬品	出处	备注
			质地	数量	位置	形式			
长台关 M1	战国中期	大夫	漆木陶	50	右侧室	Ⅱa1 Ⅱb	5鼎一套，成组乐器	河南省文物研究所编：《信阳楚墓》，文物出版社，1986年。	
长台关 M2	战国中期	大夫	漆木陶	28	前室	Ⅱ Ⅱb	车马兵器，成组乐器	同上	被盗
望山 M1	战国中期	邵固	漆木	20	头箱	Ⅱa1 Ⅱb	鼎、敦、壶一套	湖北省文物考古研究所：《江陵望山沙冢楚墓》，文物出版社，1996年。	
望山 M2	战国中期		漆木	19	头箱	Ⅱa1 Ⅱb	成组青铜礼器和仿铜陶礼器	同上	被盗
九连墩 M1	战国中期	大夫	漆木				成组青铜礼器和漆礼器	湖北省文物考古研究所：《湖北枣阳市九连墩楚墓》，《考古学报》2003年第7期。	被盗
九连墩 M2	战国中期	大夫	漆木			Ⅱa1	成组青铜礼器和漆礼器	湖北省文物考古研究所：《湖北枣阳市九连墩楚墓》，《考古学报》2003年第7期。	

古雅精丽：辨藏中国古代家具

墓葬	时代	墓主及墓葬类型	组				同墓礼器随葬品	出处	备注
			质地	数量	位置	形式			
天星观 M1	战国中期	邸阳君				Ⅱa2		湖北省荆州地区博物馆：《江陵天星观1号楚墓》,《考古学报》1982年第1期。	被盗
天星观 M2	战国中期		漆木	21		Ⅱa3	成组青铜礼器和仿铜陶礼器	湖北省荆州博物馆：《荆州市天星观二号楚墓》,文物出版社,2003年。	被盗
包山 M2	战国晚期	左尹邵𩱰	漆木	7	东室	Ⅱa1 Ⅱb	鼎7、簋6、6鼎一套	湖北省荆沙铁路考古队：《包山楚墓》,文物出版社,1991年。	
楚幽王墓	战国晚期	诸侯王	青铜	1		Ⅰ	鼎9、簋8,推测有三套	李景聃：《寿县楚墓调查报告》,《田野考古报告》,1936年8月。	多次被盗

2.唯楚有禁

截至目前为止,先秦时期漆禁和部分铜禁几乎全部出自楚文化地域墓葬,难怪乎有学者提出:东周时代"唯楚有禁"之说。考古资料表明,在东周各区域文化中,楚国的铜禁、漆禁颇具特色,诸如器类及其形制、组合状态等无不别具一格。笔者曾对楚禁的分布与源流、楚禁的形制及发展序列、楚禁的使用礼制、楚简中涉及禁的称谓及其形制的对应等问题进行过探讨 [17]。

文献所载之禁的称谓和使用,屡见于《仪礼》。《仪礼·士冠礼》云:"尊于房户之间,两甒有禁。玄酒在西,加勺,南枋。"郑玄注:"禁,承尊之器也,名之为禁者,因为酒戒也。"由《仪礼》的记述和郑玄注释可知,禁是先秦贵族用于陈置酒器的一种案形器座,且它通常

图 2-11   图 2-12

是用于婚、冠、宴、丧、射和祭祀等各种礼仪场合,实为礼器之一。由于禁在使用场合和使用者身份与地位的差异,它又被铸成不同的形制,被冠以不同称谓。文献中所载之早期禁,归纳起来有两种形式:第一种为无足禁,为大夫一级的贵族所用。如1901年陕西宝鸡斗鸡台出土西周初期长方箱型无足铜禁,现存美国纽约大都会博物馆(图2-11)。1926年陕西宝鸡斗鸡台戴家沟出土铜禁(图2-12)。第二种为有足禁,为士一级的下层贵族所用。有足禁的早期实物目前不见,但西周早期出现的一种有座有足的铜簋,其座为禁,可以窥见早期有足禁的端倪。它正如马承源先生所言:“西周方座簋之座即禁与器合铸。”[18](图2-13)这种禁与器身合铸的形制一直延续到战国早期。楚国完全继承了这种遗风,如曾侯乙墓出土了这种形制的铜簋8件(图2-14)。

图 2-13

图 2-14

有足禁被用于承壶祭礼的形象资料,如有的学者所考证的那样,还见诸象形文字和铜器铭刻中。见诸古文字者如:《说文·丌部》:释丌,“下基也。荐物之丌。象形。”如“奠”字《说文·丌部》释:“奠,置祭也。从酋。奠,酒也,下其丌也。礼有奠祭者。”《金文编》收录了奠字的各种写法,弔向簋为“奠”,孟郑父簋为“奠”“奠”字,秦公镈为“奠”字,从形、义两方面再现了上古禁取酒壶供奉祖先的祭奠之仪。”[19]见诸于铜器刻纹者如:山西长治分水岭12号战国早期墓出土一件线刻鎏金残铜匜,其上刻有长条形有足禁,上置壶形容器三件。河南陕县后川2041号东周墓出土一件线刻残铜匜,刻纹相同(图2-15、2-16)[20]。江苏六合县和仁战国墓出土铜匜和长沙黄泥坑5号战国墓出土铜匜,其上均刻有长条形有足禁,上置瓮形容器和勺(图2-17、2-18)[21]。陕西凤翔高王寺战国铜器窖藏出土铜壶、成都百花潭中学10号战国墓出土铜壶和故宫博物院藏战国宴乐狩猎水陆攻战纹铜壶,其

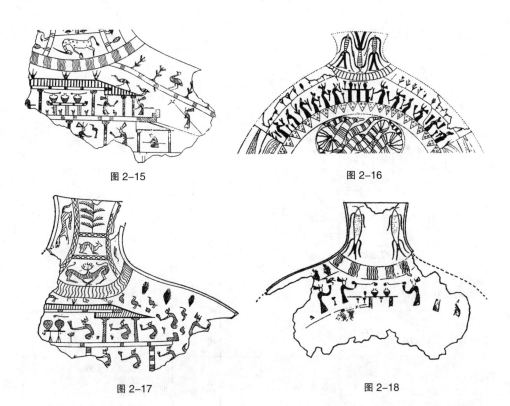

图 2-15

图 2-16

图 2-17

图 2-18

上均刻有禁的图案(图 2-19、2-20)[22]。

西周时期,由于礼制的需要,贵族用禁比较
普遍,但因铜禁与其他铜容器相比体积较大,耗
铜甚多,故漆木禁更为普及。由于北方气候干
燥,随葬漆禁难以保存,这就是我们为什么不见
黄河流域地区的西周或春秋时期漆禁的原因。
大约到了西周中晚期至春秋初期,楚国漆器工
艺在蛮夷开化之后,受到中原先进文化的影响,
后又发挥楚地多竹木、多漆源的自然优势,迅速
发展并形成了有自身特色的漆工艺。迄今为止,
东周时期的铜禁和木禁目前只见于楚地,多出
自湖北的江陵、荆门、随县枣阳和河南的淅川、
信阳、新蔡等地的楚系高级贵族墓葬中,楚禁的
形制及其发展序列见表四。

图 2-19

图 2-20

表四　楚系墓葬出土禁

名称	墓圹长×宽（米）	椁棺重数	墓主人身份	时代	禁					同墓部分酒器	图片
					质量	数量	足	形式	位置		
1978年下寺M2	二级台阶 9.10×6.47	一椁二棺的痕迹（两棺并列于墓室西部）	令尹墓，卿大夫	春秋晚期早段	铜	1	有足	A型I式	北棺的东部	在禁之东，置有镈、缶2件	图2-21
1978年曾侯乙墓	21×16.5	由底板、墙板、盖板共171根长条方木垒起，分东、北、中、西四室。	诸侯	战国早期	木铜	铜1 / 木1 / 木2	有足 / 有足 / 有足	A型II式 / B型I式 / B型II式	中室	联禁铜壶1双，铜勺1件，铜大尊缶2件，木勺2件	图2-22、23
1965年望山M1	五级台阶 16.1×13.6	一椁二棺外椁分三室	下大夫	战国中期	木	1	无足	I式	边箱	在椁上分别置1件陶方壶，木勺2件	图2-24
1965年望山M2	三级台阶 11.84×9.4	一椁三棺外椁分三室	下大夫	战国中期	木	1	有足	B型III式	头箱	漆木勺4件，头箱出土铜壶2件和陶壶4件	
1957年信阳M1	四级台阶 14.5×12.5	一椁二棺外椁分七室	大夫	战国中期	木	1	有足	B型III式	前室	前室出土残木方壶1个，方木框2个，木勺2件	
1957年信阳M2	七级台阶 14.5×12.1	二椁二棺外椁分七室	大夫	战国中期	木	2	无足	III式	右后室	右后室出土木方壶2件，木勺2件	
1978年天星观M1	十五级台阶 41.2×32.2	二椁二棺外椁分七室	邸阳君系楚之封君	战国中期	木	1 / 3	有足 / 无足	B型III式 / II式	北室南室	北室出土木方壶2件。南室出土漆木勺5件，铜壶盖2件	图2-25、26
2000年天星观M2	残存二级台阶残长9.1×残宽8	二椁二棺外椁分四室	卿上大夫	公元前350年至公元前330年之间	木	2	无足	I式	西室	漆木勺6件，不明器盖漆木1件。漆木樽2件出自南室。	图2-27
1994年新蔡M1001	七级台阶 25.25×23.75（有车马坑，有陵寝建筑）	二椁二棺外椁分五室	"平夜君成"系楚国之封君，上卿	公元前340年左右	木	11残片			东室	东室出土漆木壶、漆木勺	

名称	墓圹长×宽(米)	椁棺重数	墓主人身份	时代	禁					同墓部分酒器	图片
					质量	数量	足	形式	位置		
1986年包山M2	十四级台阶 34.4×31.9 (有腰坑)	二椁三棺外椁分五室	大夫	战国中期晚段	木	2	无足	Ⅱ式	东室	东室出土漆木壶2件、漆木勺2件	图2-28
2002年九连墩1号	十四级台阶	二椁二棺外椁分四室	大夫	战国中、晚期	木				东室	铜方壶、木勺	
2002年九连墩2号	十四级台阶	二椁二棺外椁分五室	大夫	战国中、晚期	木				东室、西室	铜方壶、漆扁壶、木勺	

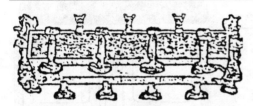

图 2-21

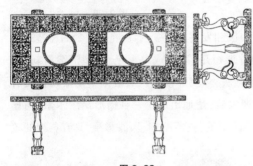

图 2-22

图 2-23

图 2-24

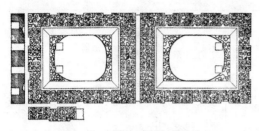

图 2-25

图 2-27

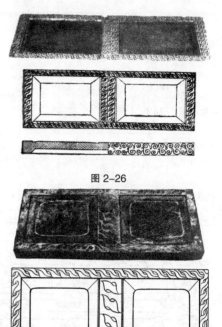

图 2-26

图 2-28

楚禁的特点与源流。东周楚式禁,与其他楚系器物一样,深深地融入楚国文化与艺术的精髓之中。从现知的实物资料看,春秋晚期早段至战国早期有足铜禁和木禁比较流行,其在传承西周有足禁形制的基本风格外,已有所突破和发展。其一,春秋晚期铜禁的铸造采用新型失蜡法,铸造十分轻巧,禁足由西周禁方形短足,演变成兽形足,造型活泼清新;其二,战国早期铜禁一改西周铜禁整体铸造的方法,分块焊接;其三,战国早期漆禁仍具有仿铜禁的痕迹和漆工艺特点;其三,战国早期以后,楚地出现了一种栅形足漆木禁,与栅形足漆几、俎的形制相似,以便承受禁面酒器的重量,整器雕刻、髹漆彩绘,具有典型的楚艺术风格。

战国早期至战国中期晚段,楚地还流行无足禁,即文献言之梡禁。不过,在战国中期的楚国贵族墓葬之中,无足铜禁基本上被楚地的漆木禁所替代,其形制除保留西周禁面板厚实的特点外,其造型、髹饰和雕刻都具有浓烈的楚漆工艺清新活泼的特色。其一,人们往往将一块整板斫制成以中间为线、两侧各凿出长方形斜槽一周的禁面,形成两个隆起的台面,有的禁面绘出两个圆圈纹。其既保留了西周禁承酒器的特点,又不失漆工艺制作方法;其二,无足禁通常髹漆彩绘加雕刻,甚至于嵌镶石片。如新蔡葛陵楚禁,禁面雕饰有阴刻卷云纹,周边还嵌镶有白石片,装饰雅致;其三,有些无足禁,制作十分粗糙,其上或置陶方壶,或置木壶,而不是青铜礼器,当是专供殉葬用的明器。

战国中期晚段以后,楚墓中就再没有出土过禁了。禁为什么消失呢?据郑注,禁之形"如今方案,隋长局足,高三寸",郑玄以汉代"方案"释禁,说明至汉代,人们不知道禁为何物了。有学者认为东汉郑玄所注:"禁,承尊之器,名之为禁者,因为酒戒也","这就是禁名的由来",认为禁的产生与消失是因为周朝统治者戒酒的缘故 [23]。也有学者认为郑注"名之为禁者,因为酒戒也"的解释是牵强附会的,《礼记》《仪礼》中有许多关于使用禁的规定,其目的是为了突出贵族身份地位,哪有什么戒酒的影子? [24] 严格说,禁真正消失的原因,是进入战国以后,整个社会发生了天翻地覆的变革,各国礼崩乐坏、僭越礼制日益严重,至战国晚期,先秦时许多礼器也随之退出历史舞台,禁及相配的酒器日益被更加实用的其他漆木器所替代。

楚禁的使用等级与礼制的关系。《礼记·礼器》曰:"天子诸侯之尊废禁,大夫、士棜禁,此以下为尊也。"楚禁的使用基本上是符合周制的,禁或棜几乎全部出自大夫级以上的贵族墓葬中,如天星观 M1 墓主人"邸阳君"系楚之封君,新蔡 M1001 墓主人"平夜君成"为楚国之封君,包山 M2、信阳 M1 与天星观 M1 墓主人身份相当于卿。但是楚禁也有不符周制的情况。如下寺 M2 墓主人为令尹墓,相当于上卿,曾侯乙墓墓主人身份为诸侯,其墓葬中出土了有足禁,与礼制不符,为什么会出现这种情况,推测有以下缘由:

其一,用禁之礼制见于《礼记·礼器》:"有以下为贵者,至敬不坛,扫地而祭。天子诸侯之尊废禁,大夫、士棜禁,此以下为贵。"这里说,为了表示以下为贵,天子诸侯行祭礼时干脆把尊放在地上,大夫、士用棜禁。《仪礼·特牲馈食礼》曰:"壶棜禁馔于东序",贾公彦疏曰:"棜之与禁,因物立名,是以大夫尊以厌饫为名,士卑以禁戒为称,复以有足无足立名。至祭,则去足名为棜,禁不为神戒也。"这是讲祭神时,放祭物之禁专用无足之棜,不称斯禁,是因为要尊神,不能为神设戒。这些所包含着维护上下有序的陈设之礼,主要讲的是统治阶层祭祀大典时用禁之礼。而诸侯、上卿贵族丧葬用禁之制并没有论及,若以丧葬礼常制加一等论,诸侯、上卿丧葬用禁之制当另论。此外,有足铜禁还出现在西周高级贵族墓葬之中可为佐证。而楚系诸侯、上卿丧葬用禁之制,实为礼经的阐释注入了实例。

其二,春秋战国时期,由于中原各国僭风日炽、礼崩乐坏现象日趋严重,对楚国也有影响,楚人用禁之制僭越礼制,楚人用禁之制在周礼的基础上有所变革和创新,具有自己的风格特点,这也可从楚人用鼎、用俎之制不完全遵从周礼中看到 [25]。如真是如此,那么,下寺 M2 和曾侯乙墓的用禁情况就可能是越制的行为。

楚禁的组合特点与礼制的关系。从上述古文献可知用禁之制,古代举行盛大礼仪活动中的"两壶斯禁",多与双壶双酒相配,尊者处尊位,均以禁承两壶置显处,一酒一玄酒,加勺。其中禁是承酒器的坐具,壶或尊缶是盛酒器用的器具,勺是挹取壶内酒浆的用具。

楚贵族墓中,有的铜禁或漆木禁上面直接承陈两壶或两尊缶等酒器,并与勺同出;有的在木禁面上漆绘或刻凿出左右两个置壶的圆圈或台面,做出置两壶的形制,同出者往往加木勺。从这些组合特点看,说明楚禁基本上是符合周礼制度的。有学者对此进行了专门研究[26]。从出土实物看,楚禁与酒器壶或尊缶、勺同出的例子很多,"这与古代礼仪多用双酒有关。楚墓中成对随葬壶、尊缶,并配置承两壶的禁,还附带流双勺,这正是楚人用壶(禁)制度的最好注脚,说明楚人在礼仪活动中也是遵从周制。"[27]

总之,楚禁是楚墓中出土器类最少的礼器类别,但是楚禁与楚俎、楚鼎等一样,是楚系墓葬中出土的重要礼器之一,其形制和使用兼具礼器的重要职能,也是人们研究先秦礼制的重要组成部分。

3.几案兼有礼器功能

从近年来考古发掘的情况看,目前为止发掘出楚墓有五千多座,其中千余座出土了漆器,出漆案、漆几的墓葬有几十座墓之多。笔者曾对楚系墓葬出土楚式几和案进行过系统研究[28]。

案,在先秦时期是进陈干果和食物的矮足盘面具。《说文·木部》曰:"案,几属也。"《周礼·玉人》:"案十有二寸,枣栗十有二列,诸侯纯九,大夫纯五,夫人以劳诸侯。"注:"枣栗实於器乃加於案。聘礼曰,夫人使下大夫劳以二竹篚方,玄被纁裹,有盖,其实枣烝栗择,兼执之以进。"案和盘的区别在于案下有矮足。《急就篇》颜师古注曰:"无足曰盘,有足曰案"。出于楚墓的矮足盘面具,有正方形、长方形和圆形之分。其中长方形漆案最具特色,以食案的功能而论,此式案面非常平整,造型轻巧,案板不厚,上置盛满食物的餐具,为防止食物汤水外溢,案周起拦水线沿,食案低矮轻巧与"席地而坐"相适应。案面常用金、银、黑、黄色,绘制的旋涡圆圈纹呈四方连续图案,色调明快。四隅嵌有铜角,两侧嵌有铺首衔环,蹄状矮足。在信阳楚墓、天星观楚墓、包山楚墓、湘乡牛形山楚墓等均有发现(图2-29)。信阳楚简谓:"二盛具,其木器:一漆案,□铺首,纯有环。"包山楚简书:"一飤桱,金足。"所记特征与实物正合,并指明其为盛食具。此式食案面通常彩绘数列圆涡纹,与文献所称案上枣栗排列有序的情况一致。圆形案,如江陵雨台山楚墓所出,圆形

图2-29

三足。《说文·木部》曰："樇，圜案也。"上有用过的痕迹，背面髹红漆（图2-30）。

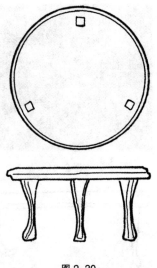

图2-30

凭几，先秦设于座侧以凭倚身体，亦属礼器。几在先秦文献中多有记载，《礼记·曲礼》："大夫七十而致事，若不得谢，则必赐之几杖。"老人居则凭几，行则携杖，以赐几杖为敬老之礼。包山遣策书"一凭几"，与折叠床记於一简，与杖、笥、枕、席同出。《周礼·春官宗伯·司几筵》曾记载先秦所谓"五几"之制，"掌五几五席之名物，辨其用，与其位。凡大朝觐，大飨射，凡封国命诸侯，王位设黼依……左右玉几。祀先王、昨席，亦如之。诸侯祭祀席……右雕几……筵国宾于牖前，亦如之左彤几。甸役，则设熊席，右漆几。凡丧事，设苇席，右素几。"注："五几，左右玉、雕、彤、漆、素。"文中指出先秦礼仪活动中不同场合以五席与玉几、雕几、彤几、漆几、素几五种古几相配使用。对于五几之名，汉儒认为多与古几之设饰有关，显然是指古几的设饰、颜色而言。有学者对近年来春秋战国时期楚墓中出土的漆几进行统计，并从装饰、绘色上体现了这五种几的区别[29]。

玉几，板足。如信阳二号墓出土的嵌玉几。几四周均匀镶着20块约为1.5立方厘米的白玉。非常精美。这种造型也是所见最早的一件。此类造型显著特点是由三块木板合成，中横一板，两侧各立一板，以榫眼相连，从侧看恰似"H"形。但形制多样，有的侧立板顶部向内卷曲，有的髹饰纹饰，有的镶嵌玉石。"H"形漆玉几，其造型厚重古拙，可以看出其艺术风格从厚重庄严青铜艺术向绚丽轻巧漆器艺术发展的过渡时期特点。

雕几，一般为栅形直足，每边有四根圆柱式足呈并列状，均衡而对称。有的栅形加斜撑足。如长沙浏城桥楚墓所出雕几，通体髹黑漆，发亮，长方形几面用一块整木雕成，浅刻云纹、两端刻兽面纹，兽面纹甚为精美生动，刀法娴熟。几下两边各有栅形柱状足6根，其中4根直立承担托几面，下插入方形榫中。另两根从足座枏木交叉于几面腹下形成的斜撑（"撑"同"掌"——编者注），不但造型轻盈秀丽，而且使几足更加牢固。这种做法是目前所见最早的一件。在信阳1、2号楚墓中也各出土一件雕几，整个几面全部浮雕兽面纹，刀法极为熟练，十分精美（图2-31）。

漆几，"《周礼》的漆几并非指用漆制作或漆髹几身，而是指其物黑。《周礼·春官·巾车》'漆车，藩蔽'，郑玄注云:'漆车，黑车也。'漆含黑意甚明。"[30]信阳楚墓出土过髹黑色漆几。

图 2-31

素几，"在先秦古文献中，素色通常是指白色而言，《国语吴语》有"白折、白旗、素甲、白羽"。《周礼·春官·巾车》有'素车'，郑玄注云：'以白物涂白之也。'"[31] 楚墓中出土过白色饰几。

彤几，即朱红色几，这种几在楚系墓中常出现，如随县曾侯乙墓就出土过这样的几。该几的特征突出的色彩是朱红色。

若按几的形制划分，变化就更多了，其中单足几和栅形几最为突出。单足几是一种古老的凭几，一般几面较窄，面板下凹。两端底部各装一圆柱形足，成"S"形曲线。下有拱形座。信阳楚墓、江陵雨台山楚墓、九店楚墓（图 2-32）、长沙楚墓中均有发现。如长沙扫把塘 M136 出土了一件，单足"S"形曲线，足与拱形座相接，均用套榫结合，具有一定稳定感（图 2-33）。栅形几，两侧栅形几足内收为曲线，下有拱形横枨。以湖北九店东周楚墓栅形几最为典型（图 2-34）。两短边和一长边起沿，是其中另一种形式，一般先秦几主要是用来凭倚的，但这种起沿的几，可能是《释名·释床帐》中所说的"庋物"几，用以置文书、什物等。汉代"庋物"几足皆作曲栅形足，可能是从此发展而来的，长沙马益顺巷楚墓出土过这种形式的几（图 2-35）。

凭几使用时的授受礼十分讲究。《仪礼·士昏》：

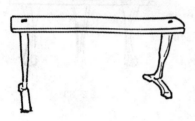

图 2-32

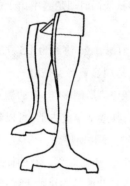

图 2-33

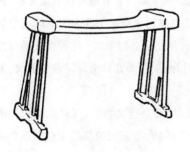

图 2-34

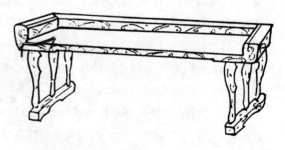

图 2-35

图 2-36

"主人拂几授校,拜送。"注:"拂,拭也,拭几者尊宾新之也。校,几足。"又《仪礼·聘礼》:"公升侧受几于序端,宰夫内拂几三,奉两端以进。公东南向,外拂几三,卒振袂中摄之,进西向。"从文献可知,其一,凡授几,卑者以两手执几两端,尊者则以两手於几间执之,安徽马鞍山东吴朱然墓出土漆案"卑者授几图"可以为证,卑者跪于地上,双手执几两端,从而说明至迟魏晋时期人物还恪守凭几的授受礼(图2-36);其二,受几,卑者受其足,尊者受于手间;其三,拂几,卑於尊者则内拂几,尊於卑者则外拂几。

综观楚式漆案、漆几的造型特点和艺术风格归纳如下:

第一,功能设计合理。一件家具,首先是为满足人们生活中某种使用要求。春秋战国时期家居习俗为"席地而坐",即"跽坐",跽坐时两膝着地,以臀部靠住脚跟,上身挺直,以示庄重,所以人们的视线和身体所及高度与器物的装饰面都决定了案和几为低型家具体系,其比例尺度科学合理,漆案高度多在 10—20 厘米之间,具有三方面特征:其一,案面较薄,造型轻巧,只摆放一些食品和食具;其二,案面四沿高起,构成了"拦水线",其目的是为防止汤水外溢;其三,按其使用功能,在墓葬中与床、几、席等坐卧具同出,也有和篓等杂器同出。漆几高度一般在 30—40 厘米之间,可适宜于人们"隐几而坐"。

第二,装饰精美。漆案、漆几装饰手法有彩绘、浮雕和阴刻几种,其中以彩绘为主,当面图案适合二方连续纹饰或四方连续纹样,题材以植物纹、自然景观变化而来的如意纹为主,纹样布局不拘一式,构图疏密有致,繁简相宜。

4.古老折叠床

床在先秦与汉代皆有坐卧功能,早在甲骨文中就已有床的形象,《说文》:"床栈也。"《方言·卷五》注:"床版也。"包山楚墓出有编联的苇秆,遣策书:"一凵(收)牀,又(有)策(簧)。"此苇帘应即作床版之用[32]。考古发掘证实,河南信阳楚墓和湖北包山楚墓出土的漆木折叠床,是我国已知最早的卧具实物资料。两张床造型大体相同,分床身、床栏、床足三部分组成,周围有栏杆,栏杆为方格形,两边栏杆留有上下床的地方。信阳 1 号楚墓床身是用纵三根、横六根的方木棍做成的长方框,铺竹床屉,六足,通体髹黑漆(图2-37)。包山 2 号楚墓所出床与信阳楚墓出土的床大体相同,只是包山楚墓所出为一架铰接和榫接非常精致的折叠式床,足为栅形足(图2-38)。

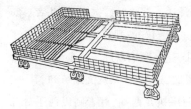

图 2-37

图 2-38

图 2-39

图 2-40

此外,楚墓中还出土了其他漆木家具,春秋时期楚墓出现了储藏物品的竹笥、木箱等。如江陵九店东周墓出土了竹笥。战国时期箱子种类增加,有带足和不带足之分。如湖北随州曾侯乙墓出土漆绘有足木箱(图 2-39),曾侯乙墓还出土 5 件漆木长方形衣箱,分箱体、箱盖两部分,箱身和盖都由一块整木剜凿而成(图 2-40)。竹笥在这时期墓中大量出现(图 2-41)。楚墓还出土了支架类家具。如湖北随州曾侯乙墓出土两件彩绘木衣架(图 2-42)。

二、工官专司:家具制作与工艺

春秋战国时期漆器工艺十分发达,从漆器铭文上可以看到,漆器制造业是楚国手工业生产的一个重要部类,并且有官员专司。1954 年长沙杨家湾 6 号楚墓出土漆耳杯 20 个,每个底部都有"市攻"二字戳印(图 2-43)[33]。"市"字与《鄂君启节》"市"字写法类同,裘先生认为"市攻"当读为"市工",意即市所属的工官或工匠[34]。楚人不断向江南扩张,至战国中期,长沙已成为楚人开发江南的重要基地和手工艺、商业贸易中心。据《史记·循吏列传》记载,楚国称市官为"市令",其应为一市的行政长官,而"市工则系一市主管手工业生产的官员"[35]。从杨家湾楚墓漆耳杯上的"市攻"印文得知,南楚的官市兼营包括漆器制造业在内的手工业,而且设有兼管漆器生产的工官——"市工"。现藏旧金山亚洲艺术博物馆长沙楚墓出土廿九年漆樽,上针刻铭文释为:"廿九年,大(太)后□告(造),吏丞向,右工帀(师)象,工大人台"(图 2-44)。李学勤先生认为针刻铭文说明了漆樽的制作时间、主管职官和工匠的名字[36]。所记监造"吏丞"、"工师"、"工六人"铭文,可能为胎工、刮摩工、扣工、髹工、画工、镌工等六工。说明当时漆器制作工艺分工很细。这时期漆器胎质非常丰富,有木胎、雕木胎、卷木胎、夹纻胎(用漆灰和麻布制成)、皮胎等。漆木家具的实用性决定其耐用负重、厚实的需要,所以胎骨在材料使用上一般以木制为主。用材一般采用优质和易加工的树木为原材料。楚国地域,适合家具用材的树种有紫檀、梓木、樟木、杉木、柏木、楠木等。而家具木胎的制作方法主要是斫削或剜凿而成。家具的表面、横枨等斫削而成,如漆案、漆几看面一般为整木斫削,条撑及腿足亦取斫削加工而成,而箱等为剜凿而成。

图 2-41

楚式漆木家具榫卯结构十分丰富, 有明榫、暗榫、长期透榫、半榫、燕尾榫等。

榫:俗谓之"榫头"。

卯:榫头的孔眼,也叫卯眼。

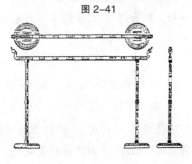

图 2-42

燕尾榫:两块平板直角相接,为防止受拉力时脱开,榫头做成梯台形。用于面板拼接处。

明榫:平板角接合用燕尾榫而外露的称明榫。用于壁板交角处。

暗榫:平板角接合用燕尾榫而不外露的称"暗榫",或叫"闷榫"。用于看面。

透榫:直榫外露的称"透榫"。也叫"通榫"。用于家具的表面。

半榫:卯榫眼不凿穿,直榫不外露,故榫舌一般为透榫的2/3。

置物类家具如几、案、俎足的榫为透榫,一面与器物面板相接,另一端与横枨嵌合。储藏类家具箱、笥等均以子母口套合而成。最有特色的是包山楚墓所出折叠床,采用铰接技术使床折叠自如,在这里,楚国工匠娴熟榫卯技艺表现得淋漓尽致。

扣件已开始在漆器家具上使用。所谓扣就是在漆器家具边缘、足部或其他部分包镶金属边、银边或青铜等。这种金属与漆器相结合的工艺,一方面使得漆器家具更加坚

图 2-43

图 2-44

固耐用、方便实用，另一方面又起到装饰作用。如山西长治分水岭春秋墓出土的漆箱铜铺首(图2-45)，河南信阳1号楚墓出土漆案，其上安铺首和镶曲尺铜饰件等，这些扣件可以使漆器家具更加牢固和不易变形。

图2-45

楚式漆器家具，通常以黑漆为底，红漆或彩漆纹饰。髹漆红色多为朱砂，因为楚国拥有丰富朱砂资源，其他矿物颜料也很充裕。髹漆讲究，大漆经过精制加工，以至于家具表面漆色纯正光亮。

三、尚赤崇黑：家具艺术与风格

楚式家具产生的历史背景，正好处于先秦重要的开创时期。当时远古巫术宗教观念在迅速褪色，理性的、人间的意趣日渐蔓延。就审美观念说，主要表现为以孔子为代表的儒家美学，以庄子为代表的道家美学和具有深奥哲学思想的《周易》美学。诸子蜂起，百家争鸣，在此基础上诞生的诸子学说，其中包含了深刻的工艺思想。然而"先秦工艺思想受哲学思想的支配，而这种哲学作为内省的智慧，主要注意力放在一种社会需要和人格道德上，因此，中国工艺思想也就不可避免地带有强烈的政治和社会伦理色彩，沉积着文人士大夫的特定价值观念和审美意识。"[37] 楚式家具就是在这种文化背景下应运而生的。楚地漆木家具是中国悠悠七千年漆工艺史上一颗璀璨的明珠。漆木家具制作工序繁复、造价高昂，春秋战国时期主要流行于楚国贵族阶层，并有取代铜器家具之势，可见其国力之雄厚。祖先崇拜的传统风俗奠定了漆木家具艺术尚赤崇黑的鲜丽主调，道学与巫风的融会孕育出漆木家具艺术恢诡谲(jué)怪的造型及飘逸生动的图案。早期漆木家具仿青铜礼器的特点，反映先秦时期"礼"制的无所不在，战国漆木家具逐渐走出青铜家具造型及装饰风格的窠臼，表现出楚人对木制材料的深刻感悟与非凡巧工，突出南方席地起居的生活方式以及"饭稻羹鱼"，"瑶浆蜜勺(zhuó)"的饮食特点，成为展现楚人浪漫情韵和艺术风韵的物质载体。透过这些附丽于漆木家具的造型和图案，人们可以感受到中国南方正处于远古的浪漫激情与理性觉醒交织的时空过程。这种浪漫情感的抒发，折射出一种蕴藏着理性而富有奇特想象力的艺术魅力，这恰恰正是楚式家具艺术风格的基本特色。

(1)造型优美。家具造型，一般是基于其使用功能，指适应制作条件，运用物质材料所构成的具有三度空间的物质实体，也称"家具形体"。春秋战国时期的工匠们不仅从实用出发，考虑使用上特定要求，设计出既实用又婉转流畅、妩媚优美的家具形态。如漆几在当时是席地而坐供人伏凭的小家具，所以设计漆几较低矮，且几面微凹，两端略翘，有的几面靠身体一面略有弧度便于凭倚，最富于曲线变化的要数束腰的"S"形足凭几，以湖南长沙楚墓出土束腰形几最为典型，运用曲线表现大的轮廓，承足的横枨座比足宽，符合力学设计要求，具有安定感，真可谓变化中求统一，简洁圆润，造型优美，绝无矫揉造作之弊。

图 2-46

（2）色彩绚丽。楚式漆木家具用色绚丽多彩，黑、红、金、银、黄、绿、蓝、赭、灰等各色油漆常见于漆木家具的装饰上。先秦所谓殷人尚白，西周尚赤，楚人由于对祖先崇拜的缘故亦尚赤，所以漆木家具以红色为主调，配以黑色形成强烈对比。一般以黑色发亮的漆为底色，上施楚民族最喜爱红色为主的纹饰，再辅以其他色彩，正黑、正红两色对比鲜明，暖色块与大块冷色共用，十分醒目，以强烈视觉刺激造成祭祀的热烈气氛，成为楚式漆木家具艺术主要特征和民族风格。色彩有平涂、堆彩等多种方法，有些家具还运用了描金方法，如湖南湘乡牛形山 1 号楚墓出土漆几，用金色填云雷纹，可谓锦上添花，这也说明了当时人们已熟练地掌握了调配金、银颜料的高超技巧（图 2-46）。

（3）装饰精美。楚式漆木家具装饰手法繁多，有髹涂、描绘、堆饰、锥画、雕镂、填嵌等多种工艺。初步统计如下（表五）：

表五　楚式漆木家具髹饰工艺

髹饰种类	髹饰工艺	典型器物
髹涂	将漆涂于漆胎上的一种最古老的髹漆方法，漆木家具一般不施纹饰，只是单涂一种漆。	长沙浏城桥 M1 几

髹饰种类	髹饰工艺	典型器物
彩绘	彩绘是漆木家具最基本的装饰手段，占有很大的比重。它是一种用毛笔蘸漆或油在器物上画花纹的装饰方法。包括线描、平涂、堆漆和渲染。彩绘所用的颜色有红、黑、褐、灰黑、金、黄等，但楚式漆木家具皆以红、黑两色为主色。	 湘乡牛形山 M1 案
针刻	针刻纹，在战国时期已出现。它是一种用金属针在尚未完全干透的漆膜上镌刻各种阴线花纹的漆饰方法，包括刻字，它是一种古老的漆工艺装饰技法。有的在刻纹中再用彩笔勾点。西汉时期称"锥画"。	 旧金山亚洲艺术博物馆藏长沙楚墓出土廿九年漆樽
填嵌	一种将玉、石等自然美材利用漆的黏性粘贴于漆面上的一种装饰方法。它是"百宝嵌"的前身。	 湖北枣阳九连墩 M2 房俎
雕镂	战国时期楚墓常见的一种髹饰手法。它是一种在漆胎上雕刻出花纹图案再髹漆且具有立体感的髹漆技法。雕刻有平雕、透雕、圆雕等多种手法。战国早、中期漆木家具上雕刻纹饰发达，多在雕刻纹饰上再髹漆彩绘，如楚式雕几、雕禁、雕屏最为典型。	 湖北江陵望山 M1 漆座屏 随县曾侯乙墓透雕漆木禁

楚式漆木家具装饰方法,既保留了商代中心对称单独适合纹样和周代二方连续图案的传统装饰方法,还产生以重叠缠绕、上下穿插、四面延展的四方连续图案。所谓单独纹样,是一种与四周无关联,不重复,连续而独立存在的装饰纹样。二方连续,是一个纹样单位能向左右连续或上下连续成一条带状般的图案,它的特点是排列反复,节奏感强。四方连续,是一个纹样单位能向四周重复地连续和延伸扩展的图案,给人以扑朔迷离的感觉,这种纹饰结构在漆木家具上得到广泛运用。家具上的图案多根据器物形状而采取适合器形的图案纹样,构图疏密有致、节奏鲜明。如俎、几、案等边缘多用二方连续纹饰表一定方向性,而在鲜目的案面、几面、俎面多装饰四方连续图案。

楚式漆木家具装饰纹饰特征,表现为传统与创新并存,既有蟠螭纹、蟠虺纹、龙凤纹、云纹、几何纹、花草纹等,还有龙、凤、虎、鹿、猴、鱼、牛等动物纹样,其中尤以动物类纹饰与自然景观、植物图案和人物故事纹相结合更具特色。以凤鸟纹为例,它是五彩的怪鸟,是龙、虎、蛇、燕、鹳、鸡等飞禽走兽的复合体,是一切优美禽兽纹样最集中和最典型的代表。这类纹样不仅在过去的青铜文化中大量存在,更在楚文化的装饰艺术中得到了充分的体现。从美学的角度看,艺术装饰的任何形式都是一种"有意味的形式"或"表现性的形式",它与人们的内心情感在结构上是具有一致性的[38]。凤鸟纹之所以得到楚人的钟爱,这与楚人崇凤传统有关,楚地处南国,道学与巫风的融会孕育出了楚人的浪漫情调,楚地流传着各种有关凤鸟的神话传说,《庄子·逍遥游》记载"鲲鹏展翅"扶摇直上九万里。通观楚漆木家具上的凤鸟纹,千姿百态,变化万端,较之青铜时代的凤鸟图形,更为活泼、流畅、自由、奔放,展现出一个划时代的新风格。云纹和变形云纹在战国中期以后就已流行,加之楚人好鬼神,俊逸飘洒,依附于漆木家具上的云纹加凤鸟纹正好成为楚人浪漫激情抒发的对象。至迟从春秋晚期开始,漆木家具上的凤鸟纹就在具象和抽象之间反复演进,或具象凤鸟纹,或云凤变形纹,或几何云凤纹,既包含了自然形象的美,又包含了理性抽象的美,形成一种既现实又浪漫的艺术风格,为楚人所喜闻乐见。此外,楚式家具还常以云气、花叶草茎、水波火光等大自然景观为题材,进行重新组合、夸张、抽象和变形,使之流利生动而构成适合家具装饰的新图案。信阳楚墓雕花漆几两端卷草纹简直化作成一种纯粹迂回转曲的线条,长沙楚墓雕刻云纹几和江陵楚墓云纹几面甚至被描绘成飞扬流动与上下萦回的自然景观。还有那说不完,道不尽的,昂首长啸的凤鸟纹,飘逸缠绕的蟠龙纹,单纯洗练的几何纹,流云飘动的卷云纹,诡异浪漫的神话传说……各类装饰相互穿插交织在一起,常常使人流连不已。

崇尚自然,"顺物自然",是老庄工艺思想的核心;尽夸张、想象、比喻之能事,是屈子的浪漫主义情调,追求自然旋律美是楚式家具艺术的表现形式。楚国工匠们鬼斧神工,在极为有限的漆木家具空间内,高度浓缩了自然界万物生生不息的壮观场面,从而将它变成了神话世界般绚烂的艺术世界,可以说楚式漆木家具是楚文化中最能够彰显其思想的艺术品之一。

(四)巫文化因素

春秋战国时期的南方,原始氏族社会结构仍有更多的保留,文化艺术便依旧强有力地保持和发展着远古传统,仍弥漫于炽烈情感的原始巫术文化体系之中。南国楚地,湖泽棋布,大江浩瀚,地域时令的不同,也养育了善感而富于想象的民族,孕育了弥漫着神话色彩的巫术文化,由此发展起来的楚文化是我们民族浪漫主义艺术的摇篮。楚地巫风特盛,为史家所公认。《汉书·地理志》曰:楚"信巫鬼,重淫祀"。王逸《楚辞章句》云:"昔楚国南郢之邑,沅、湘之间,其俗信鬼而好祠。"巫书《山海经》的主要作者便是楚巫。《楚辞·九歌》从头至尾是巫在酣歌恒舞,其功能正如《国语·楚语》所云,在于"上下说于鬼神,顺道其欲恶"。《楚辞·招魂》是巫作法的唱记号,其目的是:"魂兮归来,返故居些"。信鬼重祀乃楚族之大习俗,尤其在墓葬文化中反映更为强烈。楚人认为人死之后,确信存在一个"神鬼世界",这些神鬼除给人降落灾福,还会造福于人,认为阳世之人与阴间之魂因某种媒介,如坟墓、祭祀而会产生矛盾,会招致其鬼为厉作祟,所以要驱鬼除邪、尊奉祖先。说明楚人确信人死之后,其灵魂还会到另一个世界继续生存,因此要为之随葬必要的生活用品,家具就是其中的一种。在制作这些随葬家具过程中,楚国工匠往往善于运用当时人们的情感追求和欣赏习俗,运用楚民族历史发展中长期形成的各种艺术表现手法,来反映人们的思想意识,这也是楚人信巫好祀在丧葬文化上的直接反映。

1.象征性图案

为了防止鬼灵作祟、祈求安宁和幸福,楚人往往在随葬的漆木家具上装饰各种象征图案,其巫文化含义非常浓厚。

改组重装众生万物纹饰,旨在正义战胜邪恶,起到避邪、保佑死者的作用。如望山1号墓所出座屏支架,雕刻有蛇、鹿、青蛙、凤鸟,且大部分凤鸾在啄抓蛇,其深层次的文化含义不言而喻。因为楚人以为飞禽、爬虫、走兽,无论善恶,都有与人相通的灵性。出于图腾崇拜的遗风,楚人莫不尊凤。《艺文类聚》卷90《鸟部上》引《庄子》云:"老子叹曰:'吾闻南方有鸟,其名为凤'"。楚人深信祝融是自己的先祖,而祝融正是凤的化身。一般有图腾信仰的民族,无不有巫术信仰,而且图腾信仰总是与巫信仰交织在一起的,他们惯于用象征借代手法,来表达自己的观念和理想。当他们利用形象使自己的图腾战胜邻族图腾时,相信其中必定有某种魔力,使邻族永世臣服。而吴人和越人的图腾是龙,龙是原始社会图腾崇拜的产物,最初当是起源于对蛇的图腾崇拜,后加上爬行动物特点,形成龙这个神物。整个座屏从图像构成看,是鸟做噬蛇状,蛇似乎已被镇住不能动弹,在这里,蛇已作为一种被制服的对象,楚人常通过这种巫术来表达自己的愿望与爱恶。对善灵予以颂扬,对恶灵予以贬斥或诅咒,这种"寓褒贬,别善恶"的比兴作风正是屈原作品的特色。

图2-47

龙凤纹图案,旨在引灵魂升天。在楚式家具上以龙凤纹为题材最为多见,龙凤云纹考古界称之为"楚艺术母体"图案。对龙楚人受中原文化影响,也崇尚之。乘龙可以登天,如1973年长沙子弹库楚墓所出"人物御龙帛画",画贵族男子乘龙舟。在楚人的心目中,只要借助龙与凤的力量,才无所不达(图2-47、2-48)。屈原《九歌》中的诸神祇中,大司命"乘龙兮辚辚,高驼兮冲天",东君"架龙辀兮乘雷,载云旗兮委蛇";湘君"驾飞龙兮北征,遭吾道兮洞庭。"可知龙是楚人赖以登天入地的神物,可导引人的灵魂飞向天界。《大招》云:"魂乎归来,凤皇翔只",其意是引魂升天(图2-49)。如湘乡牛形山楚墓出土漆几用棕、红、黄漆绘声绘色将变形龙凤纹相交于云雷纹、云气纹之中,填上金色,其可谓柔媚之中蕴蓄着超现实、超自然的生命力。楚人对凤的钟爱已如前所述,楚辞《大招》呼唤着魂乎归来,凤凰翔

图2-48

只,偏不说其他动物,显然对鸟有亲近之感。因为楚人具有喜爱龙、凤的巫学根基,在楚人心目中,只要借助龙与凤的力量,可无所不达。

图2-49

楚人以鹿为瑞兽,鹿的图案也常出现在楚式家具上。《楚辞·天问》说:"弯女采薇,鹿何祐?北至回水,萃何喜?"鹿性格温柔,楚人以示吉祥和长寿。古说楚有仁鹿庙。宋刘斧《青锁高议》后集卷9"九鹿记"条略云:楚云梦泽有仁鹿山、仁鹿谷、仁

鹿庙。鹿曾谏楚王以爱民行仁义、助楚人赶走吴军立下汗马之功而不领王恩等等之事,说明鹿为楚人袭敌、御凶,给楚人带来了吉祥、安稳的家园,并视为保护神(图2-50)。楚墓常出土的梅花鹿、避邪镇墓兽等,头上都插有鹿角,楚人插鹿角以示崇敬的习俗,一直延续到西汉时期,如马王堆3号墓道有头插鹿角"偶人"。鹿是楚人所崇敬的神灵偶像。将鹿雕刻在各种家具上,起御凶吉祥之意。楚墓所出其他器物也

图2-50

常见类似题材,凤鸟被雕刻得形体高大,英姿勃发,踩在小小的虎身上,或做噬蛇状,二者形成鲜明对比、凤龙相斗、鸟蛇相斗,成为楚国美术作品中一个屡见不鲜的主题,这是楚人心态露骨的表现。

雕刻兽面纹,旨在避邪和保佑死者的作用。如长沙楚墓所出雕刻几两端刻有兽面,最突出的是似镇墓兽的眼睛。事实上,镇墓兽造型是从青铜器饕餮纹发展而来的,饕餮纹又源于原始图腾。楚人迷信死者的灵魂升天,为了保护死者的灵魂,仿造神秘威严的饕餮纹,制作镇墓兽之类的怪兽,"镇妖辟邪"。楚墓随葬镇墓兽,在家具上雕刻此类怪兽,是楚人护祐死者灵魂的心态表现。如果说楚艺术是巫学艺术,那是不足为奇的。

为达人神沟通为己所用的目的,尤以楚式祭祀俎最具代表性,充分利用俎上面的图案进行渲染,是楚人惯用的手法。楚人祭神一般都有具体对象,如包山M2所祭祀的"五神"和卜筮祭祷简,记载了祭祀具体对象,具有很强的针对性。楚人对这些神持积极态度,更加会利用俎来充当沟通人界与神界的媒介。包山M2俎,通体涂黑,用白粉绘纹,俎的上部为各种变形的云气纹,下部为变形的兽面纹,显然是一种抽象的神灵形象,与商周时期饕餮、夔纹意义有共同之处,是一种无法辨认的动物图案,所以从精神上而且也从外形上具有强烈的神秘感。俎上陈放的牲肉,毫无疑问是"祭献物",俎下部所绘兽面,即应是接受"祭献"的神灵。

2.出土位置

从一些家具出土的位置来看,一般均放在重要的地方。如楚式俎虽然属于置物类家具,但更重要的是作为一种祀器,当然楚人更注重借助俎的神秘力量,不但在俎的装饰上或造型上表达楚人某种心意和愿望,而且注重摆放的地方。从楚墓所出俎存放位置来看,主要放置在墓葬头箱或头向一端椁内空隙处,一般与鼎同出,显示俎在墓葬中的特殊

地位。死者的头向,楚人迷信灵魂升天将从这里开始,所以重要器物一般放置在靠头向的一端(见本章表二、表三)。楚旧地长沙,马王堆汉墓出土的黑地棺头挡绘一位老妪徐徐而出已露半身,应为死者即将升天的灵魂(图2-51)。

3.同墓随葬品

与家具同出的随葬品,一般伴随出土木俑、镇墓兽、羽人、立鸟、卧鹿等"鬼器"。 楚人好巫信鬼,迷信某些神物能噬食鬼魅,守护死者免受侵害,因而将这些当成辟邪压胜的神物。如望山1号墓出土了彩绘双头镇墓兽1件,天星观1号墓出土了彩绘双头镇墓兽1件,天星观2号出土木雕虎座立鸟1件、羽人1件;马砖2号墓出土镇墓兽1件,木俑26件。楚式家具还与陶礼器("鬼器")并存,江陵马山砖厂2号墓出土鼎4件、敦1件、壶1件,望山1号墓也出土了陶礼器鼎、敦、壶。可以看到楚墓中随葬明器与实用器常常并存。丧礼用明器,为使神、人异道互不相伤,明器为"鬼器",是死者带到幽都阴世去的礼器,因人肉体已死,仅存灵魂,故器物不必实用,聊表尊心而已;实用器为"人器",是阳世祭祀死者之器。这些反映了楚人对生与死、阳与阴两个世界的不同认识。

4.墓主身份

一般出土楚式家具的墓主人地位都比较高,至少是士以上的墓葬,出土青铜家具的墓主人地位更高,出土房俎和禁的仅只在个别楚系大墓中被发现。这些楚墓葬具都在一椁重棺以上,或二椁一棺,甚至三棺以上。基本上都出土铜礼器和陶礼器,且出土镇墓兽、木俑、虎座鸟架鼓等典型器物。如江陵望山1号墓台阶为五级,二椁一棺;江陵天星观1号墓十五级台阶,椁七室、棺三层。《礼记·檀弓上》:"天子之棺四重"。郑玄注:"诸公三重,诸侯再重,大夫一重,士不重。"《荀子·礼论》:"天子棺椁七重,诸侯五重,大夫三重,士再重。"《庄子·杂篇·天下》:"天子棺椁七重,诸侯五重,大夫三重,士再重。"综合以上史料来看,天子用二椁五棺,大夫用一椁二棺,士用一椁一棺,关于诸侯用棺椁重,史料说法不一。天星观1号墓棺制似应低于诸侯而高于士大夫,当为上卿之制。2002

图2-51

年湖北枣阳九连墩 1、2 号楚墓，为夫妻墓，墓坑同为 14 级台阶，同为两椁两棺，外椁同为 5 室，1、2 号墓分别出土器物 617 件（套）、587 件（套）。两个墓均出土有车马坑，其中 1 号墓发现了目前所见楚国最大的车马坑（图 2-52）。按传统认识应属典型的"大夫"级墓葬 [39]。其他高级楚随葬家具，其墓主皆非一般庶民，都是具有大夫以上秩位的官吏贵族。

图 2-52

　　总而言之，为了显示王侯的权贵地位，生前楚国贵族在室内常设家具以用之，造成建筑、室内装饰以及家具组群配置上的一种艺术效果；死后又赋之以浓烈的巫文化色彩，镇墓避邪、保佑死者灵魂升天，使死者亡灵能丰衣足食，继续生活在理想、舒适的"另一世界"里，从而使家具艺术又积淀了一种文化要素，蒙上一层神秘色彩。当然，如何通过家具这一物质对象来研究凝结于其中的文化内蕴，将是今后家具史鉴赏的一个重要课题。

家具品类举要

1. 透雕夔龙纹铜禁

春秋

　　1978 年河南淅川下寺 2 号楚墓出土。器体呈长方形。禁面的四边和四壁饰多层透雕蟠龙纹，其上攀附十二条大龙，器下有十只爬行虎为足。禁四周围着的龙，以及立体框边、错综结构的内部支条是用失蜡法铸造的，尚可见蜡条支撑的铸态。此器造型庄重，以透雕为主饰，玲珑剔透，层次丰富，尤显富丽，它代表了春秋时期楚式家具的装饰风格。此墓是

图 2-53

春秋中晚之际楚令尹子庚墓，属卿大夫，故随葬青铜禁，实属罕见，它是目前所知最早用蜡法溶模工艺铸造的器具，更加弥足珍贵。高 28.8 厘米、通长 131 厘米、通宽 67.6 厘米。重 94.2 公斤（图 2-53）[40]。现藏河南省文物研究所。

2.彩绘漆壶与漆禁

战国

先秦时,壶主要用来盛酒,禁用来承放壶等酒器,勺则用来自壶中挹取酒水,三者组合又可在祭祀活动中充当成套礼器(图2-54)。承酒具之所以被称为"禁",是因为周人鉴于夏商末君嗜酒亡国的教训,发布了中国最早的禁酒令,规定国人只在祭祀时方能饮酒。因而"酒禁"之名实则告诫国人要"以酒为戒",这与现代香烟盒上所印"吸烟有害健康"的提示有异曲同工之妙。

图 2-54

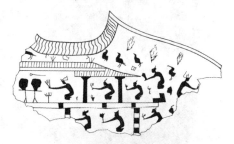

图 2-55

古代举行祭祀礼仪时,多用双壶双酒,并附二勺。尊者处尊位,以禁承两壶置显处,一酒一玄酒(从河或井中取出的新水);卑者处卑位,置两壶皆有酒。玄酒虽不能饮用,但须置于尊位,以示不忘古。故而史籍中有"尊于宾席之东,两壶斯禁"的记载(图2-55)。楚墓中随葬的

图 2-56

图 2-57

壶、禁多为青铜器,湖北随州曾侯乙墓出土的透雕漆木禁,实为罕见的艺术珍品。它由整块厚木雕成,禁面阴刻云纹加朱绘,四角浮雕龙纹,四腿雕成兽形,可见楚人对禁的制作非常重视和考究。通高52厘米、面长宽均55厘米、底座长宽均41.8厘米(图2-56)。楚墓中常见成双成对的壶置于禁上,如当阳赵巷4号墓出土的漆方壶,通高46.5厘米、口内径13厘米(图2-57),这正是当时双壶双酒礼制的最好注脚,说明楚人在礼仪活动中遵从周制。现藏湖北省博物馆和当阳博物馆。

图 2-58

图 2-59

3.青铜联禁大壶

战国

湖北随州曾侯乙墓出土。禁面为长方形,有两个并列的凹圈以承放方壶。中间和四角有方形、曲尺形凸起装饰。禁的两长边有对称的四兽为足,兽口部和前肢衔托禁板,后足蹬地。禁面和侧面均有纹饰,方形和曲尺形凸起部位为浮雕的蟠虺纹,其他部分则为平雕的多体蟠虺纹。出土时两壶置于铜禁上,壶的形制、大小相同,敞口,厚方唇,长颈,圆鼓腹,圈足,壶盖顶有一衔环的蛇形纽,壶颈两侧攀附两条屈拱的龙形耳,腹部的凸棱将腹面分为 8 个规则的方块,每块内浮雕蟠螭纹。高 13.2 厘米、长 117.5 厘米、宽 53.4 厘米(图 2-58)[41]。现藏湖北省博物馆。

4.彩绘云鸟纹漆簋

战国

簋在先秦时是盛放黍、稷、稻、梁等饭食的器具,亦为礼器。古人在祭祀宴飨中常以偶数的簋同奇数的鼎或俎配合使用,以表明使用者的身份等级。九连墩 2 号出土的彩绘云鸟纹漆簋,呈现出一种轻盈灵动的美感,它的造型看似铜器,下有相连的矮足方形禁座,但上部却为新颖的敞口形碗状;器物上所绘纹饰与青铜器纹样相似,但仔细辨识又可发现云鸟纹等隐含流动的新元素。这种扑朔迷离的装饰效果,无疑会引发人们新奇的审美感受,标志楚漆器逐渐摆脱了对青铜艺术的单纯模仿,开始寻求新的艺术表现和刻画手法。通高 27.4 厘米、口径 23 厘米(图 2-59)[42]。现藏湖北省博物馆。

5.镂空蟠虺纹铜俎

春秋

河南省淅川县下寺 2 号楚墓出土。俎面长方形,两头宽,中间窄,俎面中部略窄并下凹,两端微翘,四足扁平断面呈曲尺形,亦称曲尺形足。俎面和四足均饰镂空矩形花纹,周身又饰以细线蟠虺纹。通高 24 厘米、长 35.5 厘米、宽 21 厘米。重 3.85 公斤(图 2-60)[43]。现藏河南省文物考古研究所。

6.彩绘瑞兽纹漆俎
春秋

湖北当阳赵巷 4 号楚墓出土。面板长方
形,面板四周起沿,两头上翘。四足为曲尺形
足,俎面底部开 4 个卯孔,足顶部设榫,可插入
俎面卯孔,组装成俎。俎面髤红漆,素面。侧面
均施黑地红彩,由十二组 30 只瑞兽珍禽组成,
有鹿头、龙身、虎爪等融合为一体的动物。这些
禽兽形态各异,瑞兽有大小耳之别,还有匍匐
与弓背之异,造型奇特,纹饰优美。通长 31 厘
米、高 23.4 厘米、宽 13 厘米(图 2-61)。现藏宜
昌博物馆。此墓共出土了 3 件彩绘瑞兽纹漆
俎, 其造型纹饰相似。另一件通长 30.5 厘米、
高 23.5 厘米、宽 12.5 厘米(图 2-62)[44]。现藏湖
北省博物馆,皮道坚先生认为楚墓出土的漆俎
在形制和纹饰上均脱胎于铜器,"鹿和凤鸟的
反复出现,是相对于商代艺术以饕餮为主题的
一种有趣转换。"

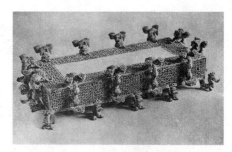

图 2-60

图 2-61

图 2-62

7.彩绘漆俎
战国

俎是先秦贵族祭祀、宴享时陈载牲体的器具,其性质当属食案,是为礼俎。俎常与鼎、
豆配套使用,成为各种祭祀活动中的重要礼器。楚墓出土了大量的漆鼎、漆俎和漆豆,这
与先秦时期的礼仪活动密切相关。鼎一直被视为"明尊卑,别上下"权力和等级制度的象
征。俎有柱形四足、凹形板足等不同形制,楚简称之为"桄俎"和"房俎"(因其足似房而得
名),如湖北枣阳九连墩 2 号墓出土彩绘带立板凹形板足漆俎,为典型"房俎",通高 89.8
厘米、面长 91.2 厘米、宽 38 厘米(图 2-63)。九连墩 2 号墓出土彩绘方柱形四足漆俎,为
桄俎通高 20 厘米、长 27 厘米、宽 12 厘米(图 2-64)[45]。现藏湖北省博物馆。

俎常与鼎、匕成组使用,人们在祭祀时用匕从鼎中别出牲体,用俎载之,故称"载俎"

图 2-63   图 2-64

图 2-65

(图 2-65)。豆亦常与鼎、俎组合使用，故而"俎豆之事"常被用作祭祀的代名词(图 2-66)。史书记载卫灵公曾向孔子询问军事，孔子答曰：俎豆之事(祭祀礼仪)我听说过，用兵打仗之事我从没学过。说明孔子主张以礼治国，反对军事征战。在楚墓中常以奇数鼎和俎表示身份等级，以偶数豆的多寡表示荣华富贵，故而又有"鼎俎奇而笾豆偶"的说法，这在一定程度上反映了楚人对周礼的遵从。

8.彩绘圆涡纹案

战国

古人进餐往往跪坐于席上，面前摆放的餐桌通常很矮，称之为"案"。古时贵族用餐多采用分食制，即根据宾客身份、地位、官职和年龄不同，每人面前摆放一张独立的案，案上分列成套的餐具，如耳杯、盘、盒等(图 2-67)，但供食的内容却各有丰简，这在一定程度上反映了当时的食礼和等级制度。如湖南湘乡牛形山 1 号墓出土绘圆涡纹案，案面呈长方形，案面周边稍起沿形成拦水线，案面为浅盘状。案面四角有 4 个木制蹄足。案面以黑漆

图 2-66

图 2-67

为地、红、黄漆绘圆涡纹，三排计 24 个图案，四周边饰三角形云雷纹。整个造型和纹饰实用美观，图案既讲究对称，又富于变化。通高 10 厘米、长 125 厘米、宽 51 厘米（图 2-68）。湖北江陵马山 1 号墓出土彩绘凤鸟纹夹纻胎漆盘，口径 27.1 厘米、深 5.1 厘米、厚 0.2—0.4 厘米（图 2-69）等。湖北枣阳九连墩 1 号墓还出土了一件镂空青铜案，中部的镂空纹饰，是不使残留于肉上的水积存于案上的设施。战国楚贵族墓出土了不少髹漆木案，但此案为目前所见楚墓中唯一一件铜案，通高 12.4 厘米、长 43.8 厘米、宽 32.4 厘米（图 2-70）。据古文献记载，楚人居住的南方地区物产丰富，食物构成也非常多样：主食方面多以稻米为主；副食则以畜牧、捕猎和采集品为主，以园圃种植物为辅，其中尤以香料烹制的鱼羹和包裹烤熟的螺蛤为日常菜肴。因而楚国的漆案常用于陈放"果隋赢蛤"等多种食物，这也说明楚国是一个"饭稻羹鱼"、"食多方些"的美食之乡。现藏湖南省博物馆、湖北省博物馆和荆州博物馆。

图 2-68

图 2-69

9.错金银龙凤纹铜案

战国

1978 年河北平山中山王墓出土。案框为正方形，其上本镶嵌有漆木制案面，惜已朽

图 2-70

失。案座由四龙四凤缠绕盘结成半球形，昂首挺立的四只神龙分向四方，龙头顶斗拱承接着方案。龙间尾部纠结处各有一凤，做展翅欲飞状。龙凤之下为圆圈形底盘，由四卧鹿承托，为雌雄各两匹。案通体满饰错金银纹饰。案上有 14 字铭文，记载了造器年代、官吏和工匠的名字，为中山国王室器。高 36.2 厘米、长 47.5 厘米、重 18.65 公斤（图 2-71、72）[46]。此案结构复杂，造型生动，具有极高的艺术价值。现藏河北省文物研究所。

10.彩绘漆几

战国

古人有席地起居的习俗，当时的坐姿称之为
"踞"，接近于现在的"跪"。由于这种坐姿容易令人疲
倦，对于年长者更是如此，故而人们又发明了一种专
供坐时凭倚的家具——凭几(图2-73)。这种家具通
常设于坐席一侧，供人们伏肘凭倚之用。因为当时老
人居则凭几、行则携杖，所以人们习惯以赐几杖为敬
老之礼，史籍当中也常有"几杖"相随的说法，反映了
先秦时期人们尊老崇老的社会风尚。

据文献记载，先秦时不同的礼仪场合须以五席
与五几组合使用。其中五几多以造型、装饰和颜色相
区别，包括玉几、雕几、彤几、漆几和素几。楚墓出土的
凭几多方面印证了《周礼》中关于上述五几的记载。如
长沙浏城桥 1 号墓出土的雕花云纹漆几即属"雕几"，
长条形的几面上浅刻有云纹，两端则浮雕有饕餮兽面
纹，整器雕刻技法娴熟，纹饰颇富想象力。长 56 厘米、
宽 22 厘米、几面厚 1.8 厘米(图2-74)。湖北江陵天星
观 1 号墓出土的"H"形朱绘漆几则属"彤几"，其朱色
纹饰精美流畅，整体造型生动形象，通高 55.5 厘米、
宽 60.5 厘米(图2-75)。河南信阳长台关 2 号墓出土
嵌玉几为"玉几"通高 58 厘米、长 55 厘米、宽 22 厘
米(图2-76)。凭几在先秦常被视为崇高礼制的化身，
因而常被赋予某种神秘的文化内涵与精神力量。现藏
湖南省博物馆、湖北省博物馆和河南博物院。

图 2-72

图 2-73

11.彩绘木雕漆凭几

战国

图 2-74

湖北枣阳九连墩 2 号墓出土彩绘木雕漆兽几，这是我国最早的一件根雕艺术珍品。
整器利用树根的天然形态雕成瑞兽游走的神态，表现手法可谓出神入化。整器头部为微

微上扬、嘴部略张的蛇首状，三条长腿则被雕刻成遒劲有力的兽蹄状。最为奇妙的是，其三足关节和右侧躯干上均雕有清晰的瑞兽图案。瑞兽双眼圆睁、两角后收，似龙似虎、生机勃勃。通高 17.9 厘米、长 39.95 厘米、宽 16.8 厘米(图 2-77)。这件根雕作品集多种动物原型为一体，奇异大胆的组合手法无形中强化了一种超现实的玄幻意味，由此引起的审美惊奇无疑是令人难以表达的。此类器物常见于楚墓当中，最初人们认为它是用来趋吉辟邪的丧葬用器。笔者曾考证此类几是一种供人席地而坐时伏肘倚靠的凭几[47]。这件根雕瑞兽堪称一件融观赏性和实用性于一体的艺术杰作。现藏湖北省博物馆。

图 2-75

图 2-76

12.彩绘漆木床

战国

迄今为止，考古发现最早的彩绘漆木床出土于河南信阳楚墓和湖北包山楚墓。河南信阳长台关 1 号楚墓出土的彩绘漆木床，由床身、床栏、床足三部分组成。床的周围有栏杆，床栏是用竹、木条做成的方格。各栏杆相交处用藤条绑扎。两边栏杆留有上下床的地方。床身是用纵三根、横六根的方木榫接而成的长方框，上面铺着竹条编排的床屉，惜已腐朽。床足为透雕云纹，四角及前后两边中部各安一足。通体髹黑漆，绘以朱色的连云纹。高 42.5 厘米、长 225 厘米、宽 136 厘米(图 2-78)[48]。现藏河南省博物院。湖北包山 2 号楚墓所出漆木床与信阳楚墓所出漆木床大体相同，整床亦由床身、床栏和床屉三部分构成。每半边床身分别由床挡、床枋、挡枋连绞木、横桄组成。所不同的是包山楚墓出土的是折叠床，足为

图 2-77

图 2-78

栅形足。该床折叠时，先略向上使钩状栓钉脱出，将两方框分开，取下横桄，将短连枋铰床枋内折，靠拢床挡，即折叠完毕。这是一架铰接和榫接非常精致的折叠式床，遣策书："一凵(收)牀，又(有)策(箦)。"整床拼合全长220.8厘米、宽135.6厘米、通高38.4厘米。它是我国目前发现最早的

图 2-79

折叠床(图 2-79)[49]。现藏湖北省博物馆。

13.黑漆朱绘星宿图衣漆木箱

战国

湖北随州曾侯乙墓出土。盖面呈拱形，顶部两侧各有一个长方形纽，四角各向外延出一个把手。衣箱通体彩绘，环"斗"字一周书二十八宿名称，分别为：角、壁、氐、方、心、尾、箕、斗、牵牛、婺女、虚、危、西縈、东縈、圭、娄女、胃、矛、毕、雌、参、东井、与鬼、酉、七星、张、翼、车。盖顶两侧绘彼此相反的青龙和白虎。青龙首、尾处分别阴刻篆文"止(之)匫"、"后匫"，字内填红漆。箱两侧绘云纹、圆点纹和动物纹等。长71厘米、宽47厘米、高40.5厘米(图 2-80、81)。现藏湖北省博物馆。

楚人在天文历法方面，积累了相当丰富的知识。西周至春秋时期，楚国既使用周正历法，也使用夏正历法，这在春秋战国各国中是独创。由楚人甘德(今属湖北)、魏人石申(今属河南开封)合写的《甘石星经》是世界上最早的天文学著作。衣箱所记二十八宿名称，是我国迄今发现记有二十八宿全部名称，并与北斗、四象相配的最早的天文实物资料，说明我国至少在战国早期就已形成二十八宿体系。它也证明中国是世界上最早创立二十八宿体系的国家之一。

图 2-80

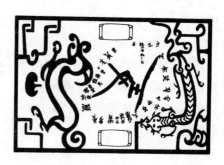

图 2-81

14.扶桑弋射纹衣箱

战国

图 2-82

湖北随州曾侯乙墓出土。盖身分别用整木
斫制而成。器身作矩形，盖呈拱形子母扣合，盖
两侧各凸形把手，便于开启与搁置。表里髹黑
漆，朱绘图像。盖面一端绘两条反向缠绕的人面
蛇，可能是传说中的伏羲和女娲。盖中和一边绘
蘑菇状云纹，另一边两侧各绘树，每树顶端有一个¤纹。高树上立有两鸟，矮树上立有两
兽。盖面每侧两树之间各绘一人立于树下持弓射下一鸟。所绘之树，应是扶桑，枝头所绘
应是太阳，弋射之鸟应是日中金鸟，弋射之人应是后羿。《山海经·海外东经》："汤谷上有
扶桑，十日所浴"，《淮南子·本经训》："逮至尧之时，十日并出，焦禾稼，杀草木，而民无所
食。"郭璞《山海经》注："尧乃令羿射十日，中其九日，日中乌尽死。"这幅图画应是取材于
这一中国古老神话"后羿射日"的传说。箱盖顶中部还阴刻"紫檎之衣"四字。与此同出的
漆绘木箱共 5 件，这批木箱当时是用以储存衣物的衣箱。高 37 厘米、长 69 厘米、宽 49 厘
米(图 2-82)。现藏湖北省博物馆。

15.彩绘漆竹笥

东周

湖北江陵九店东周墓出土。呈长方盒形，盖、身相套合。以黑漆篾片为地，红漆篾编
织，红黑二色形成矩形纹，平面近方形，编织非常精致。江陵九店东周楚墓共出土了五十
多件竹笥，这是其中一件保存较完整的精致竹笥。高 6.8 厘米(图 2-83)[50]，竹笥为当时储
藏物品的家具之一。现藏湖北省博物馆。

图 2-83

16.有足木箱

战国

湖北随州曾侯乙墓出土。由
盖、身、腿、足四个部分组成。箱身
由深浅两部分相连，箱内均作长
方形，浅箱当中加格。深箱为平
盖，当中有一圆孔，是用来插圆筒

图 2-84

杯类物品。箱身下两旁各有三条腿与箱身榫卯相连。全身髹黑漆有浮雕纹饰。此木箱造型奇特,设计巧妙。高 22.7 厘米、长 71.4 厘米、宽 46.2 厘米(图 2-84)。现藏湖北省博物馆。

17.便携式漆木梳妆架镜盒
战国

湖北枣阳九连墩 1 号墓出土。由两块木板雕凿铰接而成。盒面以篾青镶成外框,篾黄嵌出几何纹图案。盒内相应部位凿空以置放铜镜、木梳、刮刀、脂粉盒,上下各装一个可伸缩的支撑,以便使用时承镜。梳妆架镜盒又称"奁具",是用来盛放梳妆、面饰用品如梳篦、笄钗之类的妆具。楚人蓄发,黎明即起,首先得将长发梳理整齐,或束簪或加帻冠,这是一种日常的礼仪行为。汉代以后奁具多出自女性墓葬,"奁"字渐成表示女性之词。这种梳妆盒出自男性墓中,可见当时贵族对衣着面容修饰之讲究。这是目前所见最早的一件便携式漆木梳妆盒,长 35 厘米、宽 11.2 厘米、厚 4 厘米(图 2-85、86)。现藏湖北省博物馆。

18.云雷纹漆木衣架
战国

湖北随州曾侯乙墓出土,斫制辅以雕制。由圆座、立柱、横梁三部分组成。以两圆木饼为座,座上各立一根圆木柱,立柱上、中、下三处做方状凸出,柱上搁一根圆木为梁,梁的两端雕兽首,兽首上翘。全器以黑漆为地,在各个部分朱绘图案,梁上朱黑相间,朱绘多为云纹、绚纹,其底面不着彩。梁的两端兽首,均绘有鳞纹。立柱成竹节形装饰,饰云纹和三角雷纹。底座绘勾连雷纹、草叶纹、弧卷纹和绚纹等。这是所见较早的一件支

图 2-85

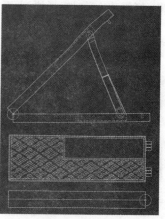

图 2-86

架类家具。长 264 厘米、高
181.5 厘米(图 2-87)。现藏湖
北省博物馆。

19.木架
战国
河南信阳长台关 1 号楚
墓出土。为圆圈架子状。用细

图 2-87   图 2-88

木棍做成圆圈架子,上圈的中央设有井字形木条,圈的周围以木棍交成七个人字形,木棍
的上下两端插入木圈围的阴槽内,构成木架的壁栏,它很可能是放铜炉子的架子。架子髹
黑漆。高 36.5 厘米、径 40.5 厘米(图 2-88)。

20.彩绘凤鸟纹木雕漆座屏
战国
漆座屏是用于置放琴瑟的用具,由屏面和屏座构成,屏面竖嵌于屏座之上。湖北江陵

图 2-89

图 2-90

望山 1 号墓出土的彩绘凤鸟纹木雕漆座
屏(图 2-89),座屏以透雕、圆雕和浮雕相
结合的手法,刻画出凤、鹿、蛇、蛙等 55 只
形态各异的动物,各类动物形象相互穿插
交织在一起。屏面以双凤争蛇造型为中
心,左右雕刻双鹿和朱雀衔蛇,屏框旁各
有凤鸟啄食蟒蛇图案,屏座由盘绕纠结的
蟒与蛇组成。长 51.8 厘米、屏宽 3 厘米、座
宽 12 厘米、通高 15 厘米(图 2-90)。这组
雕刻在极为有限的屏面空间内,高度浓缩
了自然界万物相竞、生生不息的壮观场
面,其中凤鸟战胜毒蛇的主题表现得淋漓
尽致。由于南方楚地气候潮湿,人们时常
受到毒蛇攻击,故而座屏以凤鸟战胜毒蛇
为构图核心,反映了楚人崇善抑恶的理性
追求。整幅画面形象生动、栩栩如生,堪称

图 2-91

楚人雕刻艺术的一件瑰宝。现藏湖北省博物馆。

21.伎乐铜屋

战国

1982 年浙江绍兴狮子山 306 号墓出土。铜屋呈长方形,一面敞开,共三开间。其上立圆形柱。两侧壁做成格窗式。后壁中心处开一小窗。屋顶呈三角形钻尖式,共四面,其上立一八角形柱,柱顶铸长尾鸠鸟。整个屋子均饰有错金花纹。屋内 6 个铜人分前后两排赤身跪坐,他们是击鼓、执槌、吹笙、弹四弦琴等乐俑。从乐俑坐式,可以了解到当时人们席地而坐的生活习俗。通高 17 厘米、面宽 13 厘米、进深 11.5 厘米(图 2-91)[51]。现藏浙江省博物馆。

结语

多少年来,就在人们无时不在感叹,无情的岁月可以使灿烂的古代文明从地上灰飞烟灭数千年之时,人们又不得不赞美道,多情的岁月也可以使埋藏地底数千年却依然目眩神迷的古代艺术品突然重现于世,使世人惊叹不已,楚式漆木家具就是这样。

早在 20 世纪三十年代长沙楚漆器艺术遗存出土之后,楚漆器艺术那种崇尚自由的文化精神和奇玮谲诡的艺术风格,使"世界看到是一种与中国后期封建社会的艺术中那些寓动于静、以静制动、冷漠超然、高蹈远引的艺术表现截然不同的艺术风格"[52],著名英国艺术史学者苏立文(Michael Sulivan)甚至说:"看了这些遗物,我们不禁会想到如果纪元前 223 年的战争,胜利者不是西方野蛮的秦国,而是有高度文化与自由思想的楚国,那么中国文化又将是何种面目?"[53]可见,楚式漆木家具在的楚漆器艺术之所以受到世界范围的关注,"除了它那独特的魅力,它的艺术价值和文化价值外,还因为它代表了华夏民族文化中被两千多年的历史沉积物所掩盖了的一种传统和一种精神——楚骚、楚韵传统及其所体现的积极进取、发扬踔厉的文化精神"[54]。

在楚地的考古发现中,春秋战国时期漆木家具十分丰富,楚式漆木家具代表着先秦家具的制作工艺和艺术水平,是形成我国漆木家具体系的主要源头,难怪乎有学者提出"楚式家具"[55]这一概念。楚式家具绚丽无比的色彩,浪漫神奇的图案,使得我们的思想不只一次地在巫术弥漫的王国里遨游。当我们对楚式家具制作工艺、艺术风格作一次巡礼后，不难发现它与以前厚重、质朴神秘的商周铜器和北方石刻艺术美学有着迥异的美学风貌。

换言之，作为中国上古时期艺术重要遗存——楚式漆木家具的面世，向世人表明中国艺术的精神不只表现在中国后期封建社会的山水花鸟中，也表现在先秦楚式漆木家具实用工艺美术之中。如果观察楚式漆木家具时，可以看到楚艺术的某种超越性的文化价值。如在纹饰上，楚式漆木家具摒弃以前商周器物中以兽面纹、龙凤纹为主体，以细密规则的云雷纹为底的威严狰狞的程式化作风，而代之以一种活泼洒脱的新风格。如湖南临澧九里1号墓所出漆案，案面写实的凤鸟与云纹、几何纹混为一体，似将凤鸟的目、羽、爪之类拆开变形后重新组合的一种新图案(图2-92)[56]，造就一种全新的艺术境界和神韵。家具是不同时尚和传统信息的传递，从中可见墓主及其所属集团的精神世界所崇尚和追求

的是一种超脱尘世的思想境界。再如，针对当时室内陈设平铺直叙的低矮性家具特点，以及家具当面首先映入人们视线的特性，工匠们将漆案当面装饰得十分醒目，以红、黑为鲜丽主调，使得这些家具不但具有实用价值，而且兼有观赏的审美价值。在造型处理上突出变化，对形象常作过分的夸张和变形，一会儿是鱼大于人，一会儿是人小于耳杯，让人目不暇接，一方面显得体拙而幼稚，一方面又显得古朴而有气势，这恰恰是楚式漆木家具艺术的魅力所在。

楚式家具作为一种工艺美术早期形式，开以后漆木家具之先河，具有承前启后的影响作用，其简练风格对后世家具的影响更加深刻。庄子崇尚的自然美和屈子的浪漫主义情调，体现了中华民族本土的艺术传统，成为一种文化因素被后世人们自然地传袭和接受。中国家具史上精华之代表"明式"，其中所体现的简练、厚拙、圆浑、妍秀和典雅，均可瞥见楚式家具艺术风格的影子。

图2-92

如漆几、漆案、屏风的基本形制为后世所沿用,明式束腰黄花梨香几与湖南常德德山 M25 所出漆几有异曲同工之妙,可见其影响多么深远。

第二节　秦汉时期家具

社会简况

经过长期的兼并统一战争,地处西方的秦国扫灭东方六个诸侯国,于公元前 221 年建立了统一的中央集权的封建国家,并吞诸国,海内为一。从此以后,统一成为我国历史发展的主流。秦朝在全国范围内实行大规模的社会改革,建立统一的封建政治体制和法律制度,吸收他国文化,海纳百川,成为华夏文明的主要源流,秦朝是一个短暂但影响深远的历史时期。公元前 206 年取而代之的是汉朝(包括西汉和东汉)。汉初统治者采取"无为而治,休养生息"的政策缓和阶级矛盾,西汉前期形成了一个相对安定的社会环境,封建经济得到恢复,手工业有了较快发展。至汉武帝时期,不断加强各民族联系和扩大文化交流,封建经济有了较大发展,中央集权统治得到进一步的加强,统一的多民族封建国家呈现出空前繁荣强盛的局面。汉代是中国历史上第一个辉煌的时代,这时期家具工艺也进入到一个新的历史时期。

家具概述

在中国古代家具工艺史上,汉代家具工艺正处于一个承前启后、空前繁荣的时期。由于国势强盛,物质丰富,汉代家具多式多样,华丽无比,汉代低矮型家具品种比先秦时期的家具品类更为齐全,出现了许多新的品种,形成了完整组合式供席地起居的家具系列。这时期家具都是一具多用,随用随置,没有固定的位置,以筵辅地,以席设位,根据不同场合而作不同的陈设。

值得一提的是,西汉漆木竹家具尤为突出。据汉代文献记载,西汉不仅已形成了"陈、夏千亩漆"[57] 这样的大型商品漆生产基地,而且还出现了"雕镂扣器,百伎千工"[58] 的大规模城市漆器制造中心。西汉设工官专门管理漆器生产,全国最著名的漆器产地有九郡,但考古发现著名的漆器产地,远不止九郡。所以这时期木质家具都髹漆绘彩。汉代漆木竹家具,在制造技术、装饰手法、使用范围等方面,继承了春秋战国以来家具制作的优良传统,并有较大的创新(图 2-93)。迄今为止,西汉漆木竹家具的出土情况呈三大特点:一是主要出土于大型贵族墓葬之中,且王、侯及其家族的高级贵族墓葬居多;二是出土西汉前期漆

木竹家具的墓葬以长江中、上游地区居
多,以汉初长沙国所出漆木竹家具最具
代表性,出土西汉后期漆木家具的墓葬
以长江下游地区居多,以广陵国所出漆
木竹家具最有典型性;三是大型贵族墓
葬出土的漆木竹家具除部分明器外,大
部分为实用器,且数量大,保存完整。北
方出土漆木竹家具不多,大约与北方气
候不易保存有关。

西汉早期,各地王、侯及其家族的
高级贵族墓葬出土了大量漆木竹家具,
其中尤以湖南长沙马王堆等大批汉初
墓葬所出为精美。西汉时期的湖南大
部分地区属长沙国,目前在湖南各地区
已发掘了西汉时期王、侯和家族墓十多
处,尤以长沙地区最为集中,当与这里
曾是长沙国都城所在地有关。据文献记
载,汉高祖五年(前202年)设置长沙
国,定都城为临湘(即今长沙),历经吴
氏(5代)和刘氏(8代)长沙王的更替,
存续时间221年。长沙国与西汉王朝几
乎是同始终共命运,它是西汉历史上一
个非常重要的诸侯国之一。20世纪七十
年代,长沙马王堆三座汉墓相继发掘,
以其出土丰富多彩的文物和保存完好
的女尸著称于世,成为20世纪考古发

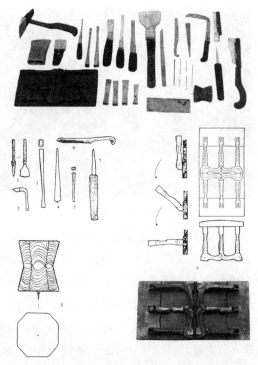

图 2-93

图 2-94

掘之罕见[59]。这三座汉墓为西汉长沙国丞相轪侯利苍、其妻和他们儿子的墓葬(图2-94)。
马王堆汉墓所出家具使人们有幸一睹二千一百多年前汉初中国古典家具的风采。1974年
长沙咸家湖陡壁山长沙王后曹嬛墓、1985年长沙望城坡西汉长沙王后渔阳墓及1999年
长沙王吴臣之子沅陵侯吴阳墓所出漆木竹家具也各具代表性[60](图2-95)。它们保存之完
整,工艺之精湛,代表着汉初漆木家具工艺发展的最高水平;其数量之众多,品类之齐全,

图 2-95

几乎囊括了汉初漆木家具的所有种类；其上承先秦漆木家具之风骚，下启西汉后期漆木家具之绚丽，为研究汉初漆木家具工艺提供了珍贵的材料。研究马王堆汉墓出土家具，对于了解中国古代家具发展史具有重要的意义。

西汉晚期墓葬出土漆木竹家具以扬州汉墓最为典型。扬州地望为汉代的广陵，其时襟江带海，地处江淮要冲，是我国交通枢纽和东南重镇，也是刘姓宗室王屡屡被封国的地区。刘邦的侄子刘濞，据广陵称"吴"。以雄厚的经济实力与长安抗衡，发动了波及全国的"七王之乱"。兵败以后，景帝改吴国为"江都国"。武帝元狩三年，改江都为广陵国，"立皇子胥为广陵王"。建武十八年，光武帝废广陵国，设广陵郡。其九子刘荆叛乱，被赐自尽。优越的地理位置、经济文化的进步，是漆木竹家具手工业发展的重要条件。扬州西汉中晚期墓葬所出漆木竹家具，光滑细腻，用色腴润，工艺精湛，擅用胎质，使用镶嵌和金银平脱工艺较多。如1997年扬州邗江西湖胡场20号西汉晚期墓所出彩绘云纹漆笥，1997年扬州邗江西湖胡场22号西汉中晚期墓所出彩绘云气龙凤纹漆案等都是其中的代表[61]。

西汉晚期至东汉时期，随着封建制度的不断巩固和封建经济的蓬勃发展，社会经济出现了繁荣景象，家具手工业生产也在不断发展，但东汉以后，由于青瓷兴起，部分漆木竹家具由瓷器及其他质地家具所替代，加之东汉砖室出现，不利于漆木器的保护，所以东汉墓葬出土漆木竹家具相对较少。但是，这时期厚葬之风兴起，反映在考古学物质遗存上的其他汉代家具造型甚多，诸如家具明器、家具与陈设汉画等在全国各地都有出土，南到广东，北到辽宁，东到江苏，西到甘肃，且具有鲜明的时代特点，这在很大程度上弥补了东汉出土家具实物不足的缺憾。统治阶级推荐谶纬神学，儒学宗教化，这些思想意识形态的变化，在家具装饰艺术上也有所反映。这时期家具品种繁多，不但继承和发展了战国汉初以来的家具式样，而且出现了许多新品种。如榻屏（即榻与屏风相结合的家具）、独坐枰榻、大橱柜等，甚至出现了桌子的雏形。传统的几、案、屏风的样式也在不断增加多。此外，玉制家具和陶制家具等其他质地家具也各有千秋。并形成了供席地起居完整组合形式的家具系列，可视为中国垂足坐习俗出现以前的中国低矮型家具的代表时期。

总而言之，汉代家具工艺制作得到了长足的发展，这时期家具数量之多、品种之繁、工艺之精、生产地域之广，达到了前所未有的水平，这时期家具工艺是中国古代家具发展史上又一个鼎盛时期。东汉后期，由于西北少数民族文化进入中原，带来了高型家具，家具制作出现了新的发展趋势。

传承与变异：漆木家具特点

秦代和汉初是中国历史上一个极为重要的转折时期，迄今为止，反映在考古学物质遗存上的秦代铜器和陶器制品已在各地出土甚多，并已显示出鲜明的时代特点。而秦代的漆器制品（包括漆木家具），虽然在湖北云梦睡虎地、江陵凤凰山等秦墓中均有发现，但资料仍十分零散，我们很难对其进行科学的评估和讨论。不过，值得庆幸的是，下面所征引的马王堆等汉初墓葬所出汉初漆木家具资料，代表着汉初家具工艺的最高水平，在很大程度上弥补了这一缺憾。

西汉高级贵族墓大都随葬了数量众多的精美漆木家具，据各墓葬发掘报告的年代推断及所出漆木家具的基本特点，大抵以汉武帝太初元年（前 104 年）发布诏令"改正朔，易服色"为界，可分为前后两个时期。属西汉早期的墓葬，其中马王堆 2 号汉墓出土漆器二百多件[62]，马王堆 1 号汉墓出土漆器184 件[63]（图2-96），其中漆案 2 件（图2-97），漆几 1 件，屏风 1 件，杖 1 件，竹笥 48件，草席 4 件，竹席 2 件[64]。马王堆 3 号汉墓出土完整漆器 316 件[65]（图2-98），其中漆案 3 件，漆几 1 件，屏风 1 件，竹笥 52 件，草席 1 件，竹席 4 件。马王堆 1 号汉墓出土完整和

图 2-96

图 2-97

图 2-98

图 2-99

带铭文漆器 184 件，马王堆 1、3 号墓 T 形帛画家具与陈设等 [66]。长沙咸家湖望城坡渔阳墓出土完整漆器约五百多件及大量被压坏的漆器残片四千多件（图 2-99）[67]，出土几 1 件，支架 1 件，杖 1 件。长沙咸家湖陡壁山长沙王后曹嬛墓漆器数百种之多，几 1 件，杖 1 件 [68]。沅陵侯吴阳墓出土漆案两件，漆几 3 件 [69]。这批家具不但数量多、纹饰华美，且器类丰富，保存甚好，反映了汉初家具工艺发展的真实状况。属西汉中晚期的墓葬，如扬州邗江西湖胡场 20 号西汉晚期墓所出彩绘云纹漆笥，扬州邗江西湖胡场 22 号西汉中晚期墓所出彩绘云气龙凤纹漆案等 [70]。

当我们对这批家具资料进行研究时，不难发现与这一历史转折时期相适应的家具工艺，同样经历了一个承上启下、继往开来的发展与变化的过程，既有先秦遗风的传承，又显现了其受外界环境诸多因素影响而发生的变异，这一文化现象倒是与托马斯·哈定的文化进化论的观点是一致的 [71]。的确，一种文化在调整或适应的过程中，由于惯性，不可避免地产生相对的文化的传承性，而维系稳定过程中起适应性作用的，是中华文化发展的延续。汉初家具制作工艺的传承正是在这种稳定化机制因素引导下的产物。但从文化发展的历史进程来看，稳定化过程中必然还潜在超机体的环境因素，它必然导致文化的持续变化，形成文化的变异。汉初社会结构、观念意识等发生的变化都属于超机体环境因素，它使得这时期的汉初家具制作工艺也会相应地产生变异。诚然，某种文化在一个朝代更替初期所显现出的传承与变异性更加突出。这就使我们有可能对这一历史转折时期汉初家具制作工艺的发展与变化进行客观的评价。

（一）礼器功能骤减，实用功能加强

先秦时期器服制度的一个最大特点是，各阶层的人们都要按礼制的规定来执行，并规定了一套专门的器具来作为礼仪用器。诸如用鼎制度，在先秦礼制中是有严格限制的。东周时代的宗法制度出现了衰落，诸侯已越制使用天子之制，如前所述，楚贵墓葬出土用鼎俎之制，围绕席地跽坐而建立起来的一套严格起居礼仪制度等，虽经历春秋战国时期的"礼崩乐坏"，秦王朝的专制，汉初"黄老思想"的洗礼，对先秦礼制冲击不小，但也并非是全盘否定。直到汉初，席地而坐的陈设依然遵循"依礼而置"的原则。汉代床、榻及室内地面就坐处皆铺席,继承了先秦时"履不上殿"的脱履礼俗和以"多重为贵"的布席观念。多人共一席坐时,人们之间的身份地位应属同一个社会阶层。如马王堆汉墓出土了多件草席和竹席,草席长2.2米,宽82厘米,竹席长2.35米,宽1.69米,席面积较小,应是"独坐为尊"、"多重为贵"设席与布席方式来区别等第的先秦遗风仍在不同程度地因袭和继承。

但是仔细观察,可以发现马王堆1号汉墓出土草席和竹席实用功能很强。草席以麻线束为经,蒲草为纬,其中一条包青绢缘,一条包锦缘,编织十分精致实用。与同出土的简文相合,"莞席二,其一青掾(缘),一锦掾(缘)。"莞,《说文·部》:"莞,艸也。可以作席。"莞草植物名,莎草科。汉代宫中铺地用莞编的席子。《汉书·史丹传》:"顿首伏青蒲上。"颜师古注引服虔曰:"青缘蒲席也。"蒲席即莞席,《尔雅·释草》郭璞注:"今西方人呼蒲为莞蒲。"1号墓草席其质地为莞草所编。可见莞草编席为汉人之喜爱。1号墓出土竹席,遣策中称之为"滑辟(簟)席"。《尚书·顾命》伪孔传:"篾,桃枝竹。"按《尔雅·释草》:"桃枝四寸有节。"郝懿行义疏:"《竹谱》云:'桃枝皮赤,编之滑劲,可以为席,'《顾命》篇所谓'篾'席者也。"其质地较好。这种质量较好的席也称'簟',《礼记·丧大记》:君以簟席,大夫以蒲席,士以苇席。《诗·小雅》:"下莞上簟,乃安斯寝。"古时铺席,粗的铺在底层,细的铺在上层(见《周礼·司几筵》)。簟比莞席精美,但莞席性愠,竹簟性凉。《三国志·吴志·朱恒传》裴注引:"席以冬设,簟为夏施。"马王堆汉墓出土草席和竹席具有不同的用途,说明汉初席地而坐卧用具的实用性功能在不断加强。

先秦贵族墓葬常见几杖,通常是凭几设于座侧以凭倚身体,杖为依托人身之物,二物皆为礼器,故《三礼》中常"几杖"连文,《礼记·曲礼》:"大夫七十而致事,若不得谢,则必赐之几杖。"马王堆1号墓北边箱几杖同出(图2-100、101),长沙咸家湖望城坡长沙王后渔阳墓、长沙咸家湖陡壁山长沙王后曹嬛墓几杖同出(图2-102)。说明汉初墓中几杖同出的情形确是继承了先秦遗制,而在西汉后期墓葬中,已再无几杖同出的现象。

汉初高级贵族墓葬中出土的上述家具,表明根

图2-100

图2-101

图 2-102

深蒂固的先秦礼制在经历了改朝换代和血与火的洗礼以后，依然生生不息，代代相因。然而，若从这些墓葬所出家具的整体情况看来，倒也不难发现，这些与先秦礼制相承的器类在与之共存的家具总量中却已显得无足轻重，它们无论在器类和数量上与日益增多的实用家具相比确已相形见绌。而更为突出的是，先秦墓葬中常见的某些兼有礼器功能的家具在此时已荡然无存。如：禁，在先秦时期的贵族祭祀、宴享时常将其作为陈置酒器和食器的案形器具，是礼器。天星观楚墓、信阳楚墓、曾侯乙墓皆出土过无足或有足禁[72]。又如，俎，为先秦贵族祭祀、宴享时陈载牲体的器具，亦为礼器。当阳楚墓曾出土过祭祀用的礼俎[73]，信阳楚墓出土了 50 件木俎[74]，长沙浏城桥 1 号楚墓出土 7 件木俎与所葬 7 鼎 6 簋相配[75]，包山二号楚墓随葬 7 件木俎与所葬大牢 7 鼎 6 簋相配[76]，组合特点符合"鼎俎奇"之周礼。然而，楚墓中习见的禁、俎和簋这些兼有礼器功能的家具，在经历了秦文化的冲击后，似乎再没有得以延续，湖南众多汉初高级贵族墓葬中没有发现一件漆俎、禁、簋等。

与先秦时期家具兼有礼器功能形成鲜明对比的是：汉初家具品类已从礼器的圈子里跳出来而广泛应用于日常生活的各个方面，且实用器更加精致，新型器皿不断涌现，成为这时期家具品类变化的一大特点。其品类包括坐卧类、置物类、储藏类、支架类、屏蔽类等家具类型。马王堆等汉初墓葬出土坐卧类家具有草席、竹席；置物类家具有几、案、杖；储藏类家具有竹笥；支架类家具有器座，器架；屏蔽类家具有屏风等。如马王堆汉墓出土漆案比先秦时期漆案更加精致实用，此案主要用于陈举进食，案面轻巧平整便于放置食物，四周起拦水线可防止食物汤水外溢，器具低矮适宜于古人"席地而坐"就食。

先秦时期有些器类多为权贵的象征，到汉初已广泛运用于民间。以屏风为例，文献记载西周斧纹屏风是天子名位与权力的象征，考古发现最早的先秦屏风实物为楚墓中随葬的小型雕屏。汉初出现了大型实用漆屏，如马王堆 1、3 号汉墓出土明器漆屏风（图 2-103），但一号墓遣策记载："木五菜（彩）画并（屏）风一，长五尺，高三尺。"简文所记尺寸为当时实

图 2-103

用屏风尺寸,汉尺五尺约合 1.2 米。汉初南越王墓出土的屏风,为形体高大多扇拼合屏风[7]。

图 2-104

汉初与先秦墓葬随葬家具数量比较,其数量之大前所未有。如马王堆 1 号汉墓出土竹笥 48 件(图 2-104),马王堆 3 号汉墓出土竹笥 52 件。其他生活用器,如马王堆 1 号汉墓出土精致竹熏罩(图 2-105),马王堆 3 号汉墓出土漆木灯(图 2-106),马王堆 1 号汉墓出土长柄大竹扇(图 2-107)。长沙王后渔阳墓出土支架(图 2-108)。

图 2-105

(二)器形演变日趋世俗化

一种家具器形的演变与家具功能紧密相连,不可否认,家具形态的演变与变异,主要是取决于人们的日常生活需要,但意识形态方面的影响,仍是不可忽视的因素。汉初世俗化演变的家具是与当时家具的礼器功能减退、实用性功能不断加强相适应的。汉初许多新型漆器都是从先秦某些漆器品类中演变而来的,其目的是为了适应实用功能不断加强的需要。为了实用功能的需要,汉初工匠常将过去的一些器形进行改进使之更加精致和实用。最能说明该问题的是马王堆 3 号墓出土的龙纹活动漆几,该几是从先秦矮足几演化而来。几面扁平,长 90.7 厘米、宽 17 厘米,几面两端安高矮两对足,一长一短,短足固定于几背面,矮足有 16.5 厘米,高度适用于"隐几而卧"。高足 42.5 厘米,适宜于读书论义,可称"庋物"几。一几二用,可谓结构巧妙,设计合理。可见该漆几的实用尺寸是经过计算而设计出来的(图 2-109)。类似几在同期其他墓葬均有发现。如河北

图 2-106

图 2-107

图 2-108

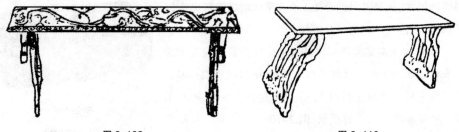

图 2-109   图 2-110

满城 1 号西汉墓出土漆几,木制部分朽失,但存鎏金铜几足,其上部装合页,使几足可以向内折叠[78]。凭几在冬季,要加铺织物,《西京杂记》卷一说"汉制天子玉几,冬则加绨、锦其上,谓之绨几。"马王堆 1 号墓出土凭几 1 件,遣策中记有"素长寿绣机巾一"。江苏连云港唐庄汉墓出土汉代彩绘木雕八龙吐水漆几,造型十分精美(图 2-110)。

(三)装饰工艺的变化

起源于新石器时代绵延至汉代的家具工艺,在中国传统的文化环境中,经历了龙飞凤舞的远古图腾时代,"受天有天命"等级森严的青铜时代,儒道互补、"天人合一"的先秦理性时代和与之相交织的荆楚浪漫时期。至此,以孔子为代表的儒家美学,以庄子为代表的道家美学和具有深奥哲学思想的《周易》美学成为贯穿这一时期的总思潮,由此奠定了中华民族文化的心理结构,中国传统家具就是在这百家争鸣的文化环境中以家具艺术的自律性,造就了一种独特的艺术风格。汉初家具装饰工艺,在继承先秦和秦代家具工艺的传统上发展成熟。在这种审美观念的推动下,家具工艺通过自我调节,呈延续性地自我完善地变异。汉武帝以后,通西域,丝绸之路更加畅通,促进了中西文化的交流,汉代家具工艺在社会经济环境和外来异质文化的激发下,出现了一些新的因素,据《西京杂记》记载,在漆床、漆榻上装置云母、琉璃屏风等,它可能与西亚等古典漆家具有着某种深层含义的联系[79]。

1.家具工艺。汉初漆木竹家具工艺已达到日臻完善的程度。其一,用材讲究。为了搞清楚湖南楚汉时期木胎漆器用材情况,我们特对湘乡牛形山 1 号楚墓和马王堆 2、3 号汉墓 7 件漆器残片树种进行鉴定,现已"明确当时使用有 4 科 4 属的木材,即壳斗科麻栎属的麻栎、杨柳科杨属的杨木、樟科桢楠属的楠木、榆科青檀属的青檀。本次鉴定工作新发现了壳斗科麻栎属的麻栎、樟科桢楠属的楠木以及榆科青檀属的青檀 3 个材种",湘乡牛形山 1 号楚墓漆器残片为桦木(表一)。桦木纹理直且明显,材质结构细腻而柔和光滑,质地较软或适中,桦木富有弹性,切面光滑,常用于雕花部件;麻栎俗称栎木,树形高大,木材坚硬,不变形,耐腐蚀;杨木种类繁多,材性差异较大;楠木是我国特产优质树种,树种生长缓慢,色泽淡雅,易加工,耐腐朽;青檀为我国特有的单种属,木材坚实,致密,韧性强,耐磨损,这些木材均适于用作建筑、家具、漆器用材。科学检测为我们研究马王堆汉墓漆家具制作材料和制作工艺提供了宝贵的数据。此外,竹制家具竹笥,主要以江南地区盛产的湘妃竹、南竹、水竹等为原料编制而成,编织方法为人字纹,即由两条或数条细篾片的经条与纬条交叉穿压、依次推进而成。其纹理美观,造型大方,严密牢固,大小尺寸便于使用和携带。

表六:湘乡牛形山楚墓和马王堆汉墓漆器用材树种鉴定结果

编号	名　　称	木材名称	科　属
1	牛形山楚1号墓漆器残片	桦木(Betula sp.)	桦木科桦木属
2	马王堆2号墓漆器残件	麻栎(Quercus sp.)	壳斗科麻栎属
3	马王堆2号墓漆器残件	杨木(Populus sp.)	杨柳科杨属
4	马王堆3号墓漆耳杯残件	楠木(Phoebe sp.)	樟科桢楠属
5	马王堆3号墓漆器残件	杨木(Populus sp.)	杨柳科杨属
6	马王堆2号墓漆器残件	杨木(Populus sp.)	杨柳科杨属
7	马王堆2号墓漆器残件	杨木(Populus sp.)	杨柳科杨属
8	马王堆3号墓彩绘立俑残件	青檀(Pteroceltis tartarinowii)	榆科青檀属

资料来源:广西大学林产品质量检测中心鉴定报告;
王宜飞:《马王堆汉墓漆器用材树种鉴定》,《湖南省博物馆馆刊》第七辑,岳麓书社,2011年。

其二,结构科学。结构可分为构件和卯榫两大部分。构件又包括面子和腿子。面子,是指家具面台和背板,通常采用独木板制作而成。腿子,指家具框架的支柱。马王堆汉墓漆家具构件特点用独木板斫木而成,有栅式、"凵"形、方形支柱。卯榫种类有明榫、暗榫、透榫和半榫。如1号墓漆几面子用的是透榫,几足与枡相接处用半榫。最巧妙设计是3号墓活动几,矮足与几面用暗榫相连,内侧各有圆柱一根,插入二圆孔内可以转动,上有4根长足以套榫相连。几背板中部有一活动木栓,可将高足卡挂于背面,需抬高几足,将矮足上活动暗榫卡住。从而充分表现了汉代工匠的高超技艺。

2.家具装饰。在继承先秦家具工艺技法的基础上,出现新装饰手法。其一,继承传统的漆绘艺术,并推陈出新。汉初的漆木家具彩绘,通常是用生漆制成半透明的漆液并拌入各种颜料,绘描于髹涂过的家具上,或用油彩(大约为桐油料)绘描于涂漆过的家具上。如马王堆汉1号墓出土彩绘云纹漆案,平底光滑,案沿翘起,器内髹红、黑二色,黑地上绘红色和灰绿色云纹,红漆上光素无纹饰。内外壁绘几何云纹。红、黑相间富丽华贵,使整个漆案显得色彩绚丽斑斓。表现了汉

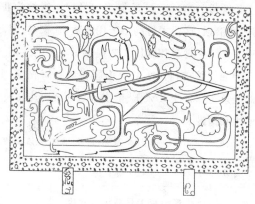

图 2-111

代漆器家具轻巧华丽的风格。其二,堆漆工艺初显端倪。堆漆是在漆器表面堆出花纹作为装饰,用漆或其他物质调制,是汉初漆工艺中一种新的装饰方法。马王堆1、3号汉墓出土的粉彩云龙纹漆屏风(图2-111),采用了这种堆漆手法进行装饰,具有立体装饰效果。汉初出现的堆漆工艺,后来发展成为我国传统漆工艺的主要装饰方法之一,明代黄成所著《髹饰录》中将其称之为"阳识"、"堆起",并归为18种重要漆器工艺之一。其三,继承战国针刻方法,出现戗金新工艺和金银箔贴花镶嵌工艺。这时金银箔贴花和各类镶嵌工艺极为流行,笔者有幸观摩到2010年陕西西汉张安世家族1号墓出土银扣铺首漆箱,胎质已朽,但从残留漆皮看,色彩鲜明,工艺精致。汉代漆木家具是继战国以后出现的又一个高峰。

　　3.家具用色。在继承先秦家具装饰风格的基础上有所变异。早在河姆渡新石器遗址中就出土了目前考古发现最早的红色漆碗,这里所谓的"红"色,主要蕴含着特定的巫术礼仪用意,是将人的观念凝结在漆器这种物质上,这种观念往往大于审美含义。楚墓漆木家具仍保留着绚丽的远古遗风,楚人尚红色,以红色为贵,以赤帝为尊,对祖先崇拜奠定了楚漆木家具尚赤的鲜明主调,以红色为主调的漆木家具具有丰富的巫术意旨。且暖色块与大块冷色共用,漆色鲜明对比,以强烈的视觉刺激造成祭祀的热烈气氛。汉初尚赤,则大约与刘邦自认为是"赤帝之子"有关。汉初漆木家具仍以红色为主调,艳丽的红与黑相配,光亮照人,它是否沿用了楚人尚红的风习已不得而知,但它与楚系漆器的主色调大同小异确是一目了然的。如马王堆汉墓漆几、漆案、屏风等家具色彩,一般以黑色作地,或者在黑地加红色作衬色,用朱红、赭色、灰绿等色作画。汉初漆木家具纹饰色彩除红、黑之外,还发展有青、黄、白、绿、灰、金和银等多彩作画,这些色漆主要是用丹砂、石黄、雄黄、红土和铅粉等矿物颜料与漆和油调和而成。但从总的发展趋势看,时间越早,越与战国楚墓出土的漆木家具风格接近,如马王堆2号墓主人下葬年代早于1、3号墓主人,死于吕

图 2-112

图 2-113

后年间,墓中出土的漆器色彩、纹饰风格更与长沙战国晚期楚墓出土的漆器风格相近(图2-112)。

至汉武帝理政以后,接受五德终始说,于太初元年(前104年)发布诏令,宣布"改正朔,易服色"。《史记·孝武本纪》载,太初元年"夏,汉改历,以正月为岁首,而色上黄"。于是,就以法令的形式确立起尚黄的制度。东汉时,在五行中特别突出了"土居中央"的地位,《集解》张晏曰:"汉据土德……"而土德为黄色,尚黄更具有了理论根据和神秘色彩,因而尚黄的观念愈加牢固,中国人以黄为尊贵思想意识确立于汉代。这种思想观念的改变也影响到漆木家具装饰上的变化,汉武帝以后便出现了以黄为主色调的漆器和漆木家具(图2-113)[80]。与西汉早期常用对比强烈的正红、正黑色相比,西汉中晚期漆木家具用色漆膜光滑,细腻,腴润,很少用正黑,正红,而是大量地采用酱紫、褐、黄褐、黑褐等为底色绘制图案,或是在朱色地上绘黄漆,在黑地上绘褐漆,漆绘色与底色色阶跨度不大(图2-114、115)。如扬州汉墓出土西汉中晚期漆木家具与西汉早期马王堆汉墓出土漆木家具有天壤之别。如1997年扬州邗江西湖胡场20号西汉晚期墓出土彩绘云纹漆笥,通体朱漆地,黑漆描绘,以金线弦纹隔出纹饰带(图2-116)。1997年扬州市邗江西湖胡场20号西汉中晚期墓出土彩绘云气纹漆笥,以褐色髹漆,以朱绘纹饰(图2-117)[81]。

图 2-114

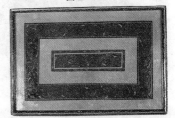

图 2-115

图 2-116

图 2-117

图 2-118

图 2-119

安徽天长城南乡三角墟西汉中期墓所出怪神云气纹漆盒盖(图 2-118)[82]。

　　4.家具纹饰。在继承先秦家具装饰风格的基础上有所发展。云气纹是汉初漆木家具的主流纹饰。云纹和变形云纹在战国中期以后就已流行,到战国晚期,青铜器也采用了流云纹样,究其原因,或许是对天人关系的态度发生转变所致,春秋以前那种"畏天命"的意识渐为"天人相与"(孟子)、"天人合一"(庄子)、"天人相分"(荀子)的观念意识所替代,思想自由开放。加之楚人好鬼神,俊逸飘洒,依附于漆木家具上的云气加凤鸟纹正好成为楚人浪漫激情抒发的对象。汉初云气纹得到了更大的张扬,汉人好神仙,云气纹中加画各种神兽、神禽和神仙,构成了一种称为"云虚纹"的新装饰纹样,组合成寓意吉祥如意、辟除邪厉的图案,为汉初漆木家具上的主体纹饰。云气纹还与动物、植物纹结合成各种半抽象装饰的纹样,如云龙纹、云鸟纹、云气纹、卷云纹、云凤纹、火焰纹、几何云纹、花叶云纹等,一般采用二方连续的构图方法,点线结合,疏密有致。鸟头几何云纹是汉初漆木家具上最常见的一种纹饰,但比战国时的凤鸟纹更加图案化。马王堆汉墓、沅陵虎溪山 1 号汉墓、望城坡 1 号汉墓出土的云气纹漆木家具是这个时期的代表作,据统计,马王堆汉墓漆器上的云气纹就有十几种之多,各种云气纹犹如行云流水,具有强大的运动感,流云飞动的装饰成为这个时期漆木家具纹饰最明显的标志(图 2-119)。

　　汉武帝以后,漆木竹家具纹饰出现了变化,一改汉初艺术风格,出现了宣扬孝子、义士、圣君、四灵、五灵和富有生活气息故事题材的图案,反映了当时人们尊崇儒家、信奉道教、"三纲五常"、"忠孝仁义"的伦理道德观。这时流行青龙、白虎、朱雀、玄武"四灵"纹。四灵又称四神,本是指方向的星辰,人们以四灵为吉祥守护神,常作漆器装饰。白虎、龟、龙、

麒麟、凤凰为"五灵"纹,即
"五德嘉符"传统吉祥图案,
它是谶纬五行说在艺术上的
具体反映。战国时期形成的
五行学说,到汉代经过董仲
舒以下经师们的发展,膨胀
成为一个包罗万象的体系。
与汉初神秘主义盛行的漆木
家具装饰风格相比,这时期
装饰图案精巧,以写实或虚
实相映的艺术表现手法为
主,花枝摇曳或对鸟双禽之
类的清新构图成为主流审美
旨趣。如2003年扬州市平山

图 2-120 图 2-121

雷塘26号西汉晚期墓出土彩绘云气鸟兽人物纹漆面罩,通体以朱黄色漆为地,以黑、黄、
灰三色彩绘云气纹,云气间饰珍禽、瑞兽、四灵、羽人。背面方孔上下饰朱雀、玄武,左右绘
持戟的守门人(图2-120)[83]。北魏时期司马金龙墓出土彩绘人物故事漆屏风,一改汉代漆
器风格,出现以黄色为主调的漆色,上绘《烈女
传》人物故事(图2-121)[84]。扬州汉墓漆木家具
彩绘中,鸟兽奔跑于云气之中的云虚纹是常见
的图案,尤其是一个云的世界,曲线、长线、细
线的世界,云纹不再是具体的形象,而是抽象
线条的构成,成为这个时期漆木竹家具绘画中
一个显著特点 (图2-122)。所出漆案多层分
割,全部以线造型,或缜密布满,或疏密相间,
用曲线不用块面,盘心采用S形组合图案的画
法。如扬州邗江西湖胡场22号西汉中晚期墓
所出彩绘云气龙凤纹漆案,案面呈回形分布,
从外向内分为三区。外区朱漆地,黑绘连续云
气纹以褐漆勾填。中区黑漆地,朱漆绘云气纹
以褐漆勾填。内区朱地,黑绘褐漆勾填,其间绘

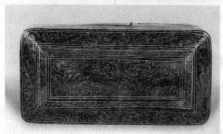

图 2-122

边续龙凤云气纹(图2-123)。

这时期漆木竹家具工艺特点,用材考究,多选用易加工、不易变形、经久耐用的木材为原材料;结构巧妙,用整木斫削而成,卯榫种类繁多,有明榫、暗榫、透榫和半榫;工序复杂,多次打磨、照漆;装饰风格绚丽浪漫,具有浓烈楚民族风格;设计合理,适宜于当时人们"席地而坐"的起居习俗。

(四)楚文化因素

以上所征引马王堆等汉初墓葬和广陵国西汉中晚期墓葬所出漆木家具资料,分别代表着西汉早期与晚期漆木家具最高水平。需要说明的是,马王堆等汉初墓葬所出大批漆木家具资料主要出于楚旧地的湖南,这里受秦中央王朝统治时间不长,即便到了汉初,原有楚文化对汉初漆器的影响或许比其他地域更为强烈,不失为解读汉初漆木家具工艺发展状况的上好材料。

先秦时期,南楚地区"信巫鬼,重淫祀"[85],弥漫于炽烈情感的原始巫术文化体系之中,正如古希腊神话是古希腊艺术的土壤一样,南国楚地,湖泽棋布,云蒸霞蔚,地域时令的不同,养育了善感而富于想象的民族,孕育了弥漫着神话色彩的巫文化,由此发展起来的楚文化是我们民族浪漫主义艺术摇篮。而汉文化又是一个具有多源性特点的文化,文学艺术方面,直接从楚文化中得到滋养。庄周的恣肆、屈原的奇幻,直接影响着汉文化。正如整个世界因元气的充塞而不停流动,因阴阳五行的交替更迭而不停变动一样,汉代人的思想正处于这种不停变幻的状况之中。马王堆汉墓所出流云飞动、变幻莫测的云纹漆案、乘云穿雾、张牙舞爪的飞龙漆几,盘舞于云中、穿梭于玉璧之中的神龙屏风,尚红崇黑、以红为贵的家具主调,原于植物崇拜而随葬的席子等等,都向世人昭示着充满浪漫激情的楚文化遗风。生活在昔日楚地轪侯家族和楚人有着相同的观念,确信人死之后,其灵魂还会在另一个世界继续生存,所以要为之随葬必要的品类齐全的生活用品,衣食住行无所

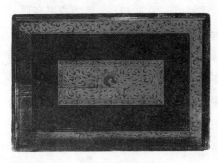

图2-123

不有。因为家具与人们生活极为密切,所以人死后也要带到阴间享用。他们无意于在墓葬中反映阳世,而要建构一个理想的、舒适的"神鬼世界",使死者亡灵能在阴间生活得丰衣足食,有所享用,制服鬼魅,保持安宁。这些是楚人信巫好祀观念的继续和发展。难怪乎有学者指出马王堆汉墓文物在葬制随葬器物、文化艺术等方面,楚文化的因素仍占主导地位[86]。不论漆棺、偶

人,还是桃枝俑,都彰显了楚人信巫鬼的特质。3号汉墓简牍载"楚歌者四人",更加说明楚汉文化一脉相承,足以说明马王堆汉墓漆器艺术品赖以植根的土壤是楚文化,这些都是楚神话色彩和巫术观念的延续和发展。

战国时广陵属楚,是楚文化的东界,自汉以来,广陵国在漆器制造上更多地受到楚文化的延续影响,但汉代广陵漆器在其发展过程中又借鉴了工官漆器及其他各地漆艺术特长,并融会通,创造了独具风格的漆器艺术。可以说,广陵国西汉中晚期漆家具是我国古代家具艺术鼎盛时期的代表,体现了中国古代漆家具艺术的辉煌成就。

总而言之,长沙国汉初漆家具与广陵国西汉中晚期漆家具不论纹饰图案,还是造型色彩都明显绘有楚文化的印记,这些不能单纯地理解为楚地遗风,显然不是纯粹的画饰,偶然的巧合,而是有着共同的神话背景、民俗观念、宗教象征。的确,汉文化具有多源性特点,楚文化在汉文化形成过程中占有不可低估的作用。汉代漆家具不论是造型还是装饰都是直接从楚式家具艺术中得到滋养,楚汉文化一脉相承。所以说,在研究中国汉代家具时,特别是西汉时期家具时,绝不可低估曾孕育过它们的楚文化影响。另一方面,汉代漆家具在发展过程中又融会了各地漆艺成就,显现出汉代时代特点。汉人推崇"当位以节,中正以通",要"中正",合"节",才能"亨通",符合时宜,才是恰当的。汉人同时还推崇"天人合一"的观念,将追求人与自然的谐调视为人生最高境界。认为家具不过是人适应环境的一种中介物,家具造型、结构均不宜超越世间生活常规,要适中、合"节"。西汉漆家具木板榫接技术、髹漆彩绘工艺是十分严肃认真的。案、屏风、竹笥造型大多是直线形,方方正正、似乎有"无规矩不成方圆"之意味,透过依附于家具抽象直线造型和流云飞动的纹饰,折射出汉文化多元化文化特点。

依礼而置:汉画家具与陈设

西汉中后期出现的豪强地主势力,在东汉时期有了急剧的发展,他们操纵中央和地方政权,经营豪强封建地主的庄园,以农业为主,兼营牧业、手工业和商业,是一个自给自足的独立王国。豪强地主生前过着豪华生活,死后梦想升天继续过着奢侈生活,所以东汉以后厚葬之风极盛,伴随的是兴盛建筑砖石墓、祠堂、石阙等。砖墓室内常描写有各种历史题材和神话故事的壁画,然而,壁画中反映最多的是墓主人生前生活场面,以及"门生"和"故吏"等,以此显示墓主人生前的荣耀。此外,在墓室建筑砖或石上,常常横印或刻画各种题材的装饰画,称为画像砖或画像石。众多的绘画题材,反映当时人们室内家具与陈设画面往往占据主要位置,让我们有幸一睹这时期家具与陈设的面貌。考古资料表明,在内蒙古、河南、河北、山东、陕西、湖南、四川、广东等地东汉墓中出土了大量描绘地主庄园的画像石、画像砖、壁画,以及各种陶制楼阁和各类家具模型,它们是汉代厚葬之风的表现和豪强地主庄园经济的缩影。

这个时期形成了组合完整的供席地起居的低矮型家具,家具功能性不断加强,但仍兼有礼器功能,"因'席地而居'形成的礼俗观念被沿袭下来,室内家具的组织设计仍然以'礼'为准则,在实际陈设时依然'以礼而置'"[87],为低矮型家具的代表时期。

1.以坐榻类家具为中心

先秦时期,人们居住条件,一般较低矮狭小。据《考工记》:"周人明堂,度九尺之筵……堂崇一筵。"以周尺一尺为 19.91 厘米计,九尺约一百八十厘米。一筵之高的室内也就只宜于席地而坐卧。早期建筑技术为家具创造和设计准备的就是这样一个必须与之相适应的狭迫空间和居住习俗。在这种居住条件下,席子成为最早的居室寝坐用具。但是席地寝止有着地湿伤人的明显缺点,据《汉书·丙吉传》载:"视省席蓐燥湿"。从出土汉画和陶制楼阁与家具模型看,至汉代中晚期,木构架建筑中常用的台梁、穿斗、密梁平顶三种基本构架形式此时已经成型,房屋建筑日渐增高和宽阔,室内空间也随之日益增大,同时在构筑房屋中成熟木工技术特别是各种榫卯结构,为制造成熟家具准备了技术方面的条件。仅有供铺地和坐卧的席即不能满足室内陈设的需要,又难于满足人们使生活更舒适的追求。为此,抬升寝止地面高度,提高坐卧通风条件,成为人们日常生活中迫切需要改善的重要内容。床、榻、枰等坐卧用具应运而生,它们不但成为室内主要家具陈设,而且成为人们日常生活的重要组成部分。但是,无论席地而坐,或是居坐床榻,都是以跪坐为合乎社会规范的坐姿。跪坐,汉代也称"危坐"。人们日常生活中的宴饮、庖厨、会客等各种活动,仍沿袭先秦时期的席地跪坐的方式。汉代"箕"、"踞"称谓,被视为违背礼法的坐姿。(箕,以臀部着地,两腿前伸;踞,蹲也,或垂足坐)。垂足坐法在秦汉时期被视为不合礼法的坐姿。至东汉末年出现的"胡坐"(垂足坐法)为汉地礼俗不相容。

床,在殷商甲骨文中就有最早的象形文字记载,甲骨文中"爿"字习见,其"爿从或乚,有时也省作卜。甲骨文偏旁中的爿字,像牀形。说文从爿之字屡见"[88]。甲骨文作"𤕦"形,即"梦"字,像人依床而睡,头顶出角,梦之初文。金文"宀"字楷书写作"寍",示室中有床。《说文》宀部、寢、寐等与室内卧床睡眠有关的字皆从"宀","宀"或许即床的本字。《说文》:"牀,安身之几坐也。"段注:"牀之制略同几,而庳于几,可坐,故曰安身之几坐。牀制同几,故有足有桄,牀可坐。"包山 2 号楚墓 260 号简书:"一缟箬(席),一壂(凭)几,一屮(收)牀,又(有)策(簀)。"与此墓所出折叠床及编联苇秆相符。其中床字为"牀"。遣策中几、席、床、簀同记一简,似乎说明床上有簀、铺席、用几的使用关系,以及凭几、席、床为家居日常设坐、随用随设的特征（图2-124）。可见早期的床兼坐卧两用，应是沿用了古老"席"的特征。床比枰、榻都大，一般为木制。也有石制（图2-125）。在汉代，床是比榻规格更高的家具。《风俗通义·愆礼篇》："南阳张伯大，邓子敬小伯大三年，以兄礼事之。伯卧床上，敬寝下小榻，言常恐，清旦朝拜。"可证。

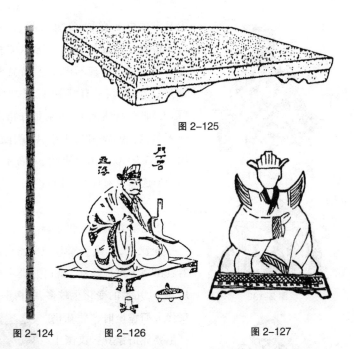

图 2-125

图 2-124　　图 2-126　　图 2-127

枰，一种小坐具，面为方形，有四足，足间常有壸门装饰。《埤苍》："枰，榻也，谓独坐板床也。"河北望都1号东汉墓壁画（图2-126）、山东嘉祥武梁祠画像石中有独坐枰的形象（图2-127）。

榻，形制与枰相似，比枰大。《释名·释床帐》："长狭而卑者曰榻，言其榻然近地也。"河南郾城出土的西汉石榻有"汉故博士常山大（太）傅王君坐榻"刻铭（图2-128）。有双人榻，也称"合榻"，《三国志·吴志·鲁肃传》曰："合榻对饮"。如河南灵宝张湾墓出土（图2-129），江苏铜山岗1号东汉墓画像石（图2-130）。汉画中还可以看到，这时还出现了榻与屏相结合的新型坐具，大榻的背后和侧面常设置"扆"与"屏"，合称"屏扆"《释名》："扆，依也，在后所依倚也。"既然可倚，就要求所用材料较为坚实，所以常常用木板制成。这种榻与屏的结合体是汉代的一种新型家具，东汉以后比较流行。

榻、枰与古老的席有着本质的区别，为专门的坐具，坐卧两用分开，标志着中国古代

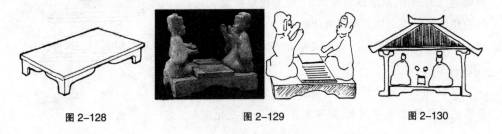

图 2-128　　　　　　图 2-129　　　　　　图 2-130

图 2-131

图 2-132

图 2-133

家具发展史上的重大改革。榻、枰的出现是独坐为尊的布席之礼俗观念的延续,《仪礼·乡饮酒礼》曰:"众宾之席,皆不属焉",郑注:"不属者不相续也,皆独坐。"独坐常为尊者设,与席张设方式同,具有"随用随置"的特点,《后汉书·陈蕃传》:"郡人周璆,高洁之士。前后郡守招命莫肯至,唯蕃能至焉。字而不名,特为置一榻,去则县(悬)之。"当时室内陈设以枰、榻、榻屏为中心,为尊者位,左右卑者,皆面向尊者席地而踞坐,"形成尊卑有序的'礼仪空间'"[90],此为后世所沿用。

2.几案类家具变化多端

至汉代,几案类家具较先秦时期有了更大的发展,同类器具出现了多种样式。此时几类家具明显增多,有活动几、多层几等,几足的变化也较多,有栅形直足、栅形曲足、单足等。

汉代人们跪坐时,凭几仍是主要凭倚家具,汉画中有许多凭几而坐的形象,如江苏徐州铜山汉画像石(图 2-131),江苏徐州茅村画像石(图 2-132),山东嘉祥洪山村画像石,可

图 2-134

以为证(图 2-133、134)。这时还出现了《释名·释床账》所称"庪物"之几,其功能与案相同,《说文解字·木部》:"案,几属","庪物"几与案使用功能时常混称,"庪物"几一般栅形足,几面较宽,其上却可凭倚,也可置文书、什物,如卮灯、方砚等(图 2-135)。沂南汉画像石,上面有此类几的图像,双层栅形足几,下层为栅形曲足,上层为柱形直足[91],每层几面置放什物(图 2-136)。洛阳烧沟 1035 墓所出卷耳几,为矩尺形足[92],也很有特点(图 2-137)。

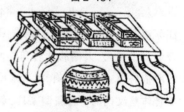

图 2-135

从汉画中可以看到,汉代案形器造型多种多样,有四足重叠案、四足牛形案、圜形案等。案足也变化多

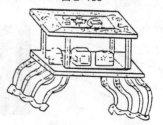

图 2-136

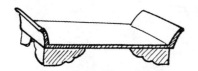

图 2-137

图 2-138

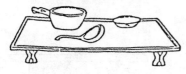

图 2-139

可以推断此器为桌子的雏形[94]。

端,以矩尺形四足诸多,如四川成都扬子山出土观伎画像砖四足案(图 2-138)。此外,柱形四足(图 2-139)、圆形三足(图 2-140)、柱形八足(图 2-141)等也各占一定的比例。重庆化龙桥出土庖厨陶俑,前置一食案(图 2-142)。还有一种直足重叠案,如同架子一样,亦称阁案,上面放着盘杯等食具,如四川出土汉代画像砖上有重叠案(图 2-143)。云南江川汉墓所出四足虎牛形案,为祭祀用案(图 2-144)[93]。北京大葆台汉墓所出方形石案,其上有较高的拦水线。

汉代人们为席地而坐,并不流行垂足坐,但孙机先生认为汉代已产生了桌子的雏形,因为从河南灵宝张湾 2 号东汉墓出土绿釉陶桌和汉代四川彭县出土的汉画像砖上一张方桌与人的比例看,确定为桌子的雏形(图 2-145)。这张桌子的桌腿间无枨,形制厚始,但已与敦煌莫高窟 85 窟唐代壁画中方桌十分近似,

3.厨匮类家具及其他家具

至汉代,储藏类家具分工更细,出现了区别于箱笥的供贮藏用的厨和匮等新型储藏

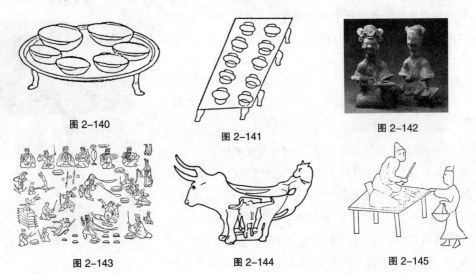

图 2-140　　图 2-141　　图 2-142

图 2-143　　图 2-144　　图 2-145

类家具。《论衡·感虚篇》又《是应篇》谓燕太子丹质秦求归，秦王提出条件中有："厨门木象生肉足，乃得归。"此所谓厨，当指贮物之厨。《广韵·上平声十虞》："幮，帐也，似厨形也。出陆该《字林》。"可知厨形似幄帐，辽阳棒台子屯东汉墓壁画中有橱的造型，一大橱，顶作屋顶形似幄帐，一女子正开厨门取物，内贮有黑色之壶等物 [95]（图2-146），正与此相合。河南打虎亭1号汉墓北耳室的庖厨画像也有同样的大橱。

图 2-146

与厨不同的是，匮在汉代与橱相比是用来贮藏贵重的物品。《楚辞·七谏》："玉与石其同匮兮。"《汉书·高帝纪》："与功臣剖符作誓，丹书铁契，金匮石室，藏之宗庙。"均可为证。在沂南画像石和林格尔汉墓画壁画中有匮的形象。此外在河南陕县刘家渠东汉墓中出土了汉代绿釉陶柜（图2-147）。

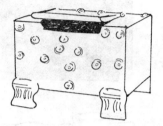

图 2-147

支架类家具在汉代有较大的发展，孙机先生认为，沂南画像石有一圆形底座上立柱贯通长方板，顶上装有圆盘的器具可能是镜台，这也是目前所见最早的镜台形象 [96]。与先秦相比，衣架更为精致，内蒙古托克托东汉闵氏墓壁画中，在画有衣架旁边题有"衣杆"二字，可能为汉代的俗称。它的形象在沂南画像石中也刻画得颇为具体，两托座上立柱两根，柱间连有两根横杆，最上横杆两端皆出挑，周身饰有纹饰（图2-148）。马王堆3号汉墓出土兵器架十分精美（图2-149）。

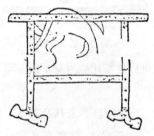

图 2-148

4.屏风及室内陈设

如前所述，屏风起源很早，不过先秦文献中只言屏，未提到屏风，而称其为"邸"或"扆"。屏风是西汉时出现的名称。马王堆1号汉墓遣策书"木五菜（彩）画并（屏）风一，长五尺，高三尺。"与附属于床、榻的屏扆不同，屏风是一件独立家具，它常竖于室内用以挡风。至汉代，屏风使用十分普遍，几乎富豪之家都使用屏风，凡厅堂居室必设屏风。《西

图 2-149

京杂记》载："汉文帝为太子时,立思贤苑以招宾客。苑中有堂隍六所,客馆皆广庑高轩,屏风帷帐甚丽。"汉代宫廷屏风精美华丽,有玉石屏风、漆木屏风、琉璃屏风、云母屏风、杂玉龟甲屏风、绢素屏风等。汉代文献记载亦多,《史记·孟尝君传》曰："孟尝君待客坐语,而屏风后常有侍史,主记君所与客语。"《汉书·陈万年传》载西汉时,善于谄媚御史大夫陈万年病卧床上,教训儿子陈咸直到深夜,"咸睡,头触屏风。万年大怒,欲仗之……陈咸叩头谢曰:'具晓所言,大要教咸谄也。'"《三辅决录》载:"何敞为汝南太守,章帝南巡过郡,有雕镂屏风为帝设之。命侍中黄香铭之曰,'古典务农,雕镂伤民,忠在竭节,义在修身'"。

　　从汉代画像及出土实物可以看到屏风的形制,有插屏和围屏等。

图 2-150

图 2-151

图 2-152

　　插屏一般为独扇板屏,由屏板和屏座两部分组成。形体有大有小,大者多设在室内当门处,既可起遮蔽作用,也可起装饰作用。马王堆汉墓所出彩绘漆插屏,屏板为方形,由屏框与屏心组成,屏足为二个凹形底座,可供屏板插入其中,整屏髹漆彩绘。河南洛阳涧西七里河东汉墓和甘肃武威旱滩坡东汉墓所出插屏,其形制与马王堆汉墓所出彩绘漆插屏相似(图 2-150)。内蒙古和林格尔汉墓壁画"拜谒图",给我们提供了插屏与人物关系的形象资料。墓主人朱衣端坐床榻之上,其后置黑色朱绿彩绘立屏,屏板下隐约可见承托的朱色足座(图 2-151)。插屏常设于人物座位后立为屏障,或在大型建筑时门处起遮掩作用,借以显示其高贵的尊严,这应是周天子御坐后所设"扆坐"的延续。追根溯源,屏风的使用在西周初期就已开始,不过当时没有屏风这个词,称其为"邸"或"扆"。扆,斧扆,或写作"黼依",是古时天子座后的屏风,又可称为"扆坐",即专指御坐后所设的屏风。《尚书·顾命》:"狄设黼扆缀衣"。《礼记》也载:"天子设斧依于户牖之间。"汉代郑玄注曰:"依,如今绨素屏风也,有绣斧纹所示威也。"《周礼·掌次》载:"设皇邸"。"邸",郑玄曾有注:"邸,后板也。"后板者,为大方板于坐后,为斧纹,指屏风。皇邸,即周朝时为天子专用的器具。周天子在冬至祭时,背后一般设"皇邸",即屏风。它以木为框,糊以绛帛,上画斧纹,斧形的近刃处画白色,其余部分画黑色,这是天子名位与权利的象征。就像《三礼图》中的斧扆(图 2-152)。东汉李尤《屏风铭》道:"舍则潜避,用则设张,立必端直,处必廉方,雍阏风雅,雾露是抗,奉上蔽下,不失其常。"

图 2-153

正是指的这种形制而言。不过在这里插屏被文人赋予某种人格，变成了一种精神文化的载体，成了儒家道德伦理的化身，包含了中国文人对中国文化本体加以说明与肯定的期望，以从中觅得某种庇护精神和慰藉道德的力量。这种插屏发展到明清时期成为帝王御坐后面的座屏。

围屏即曲屏，为多扇拼合的屏风，主要有"┏"和"┌┐"形式，每扇之间用折叠铜构件连接，可向一个方向开合。这种屏风可根据室内空间，可长可短、可屈可直，轻巧灵活、运用自如，在较大的空间内，常置于身体的左右，起分隔和遮蔽作用，满足当时人们踞坐时蔽身的高度需要。古文献常有记载，《后汉书》载："郑弘为太尉时，举弟五伦为司空，班次在下。每正朔朝见，弘曲躬而自卑，帝问知其故，遂听置云母屏风，分隔其间。"《三国志·吴录》载："景帝时，纪亮为尚书令，子陟为中书令，每朝会，诏以屏风隔其座"。汉代随着建筑物内部空间的加大，屏风的高度也有所增加，每扇屏扇的宽度也相应加宽，在拼合方法上，大量出现用金属的交关相连属，更便于折合。其中尤以广州南越王西汉墓所出"┌┐"形围屏最为突出了。这是一件当时实用的屏风，高 1.8 米，正面横宽 3 米，等分三间，每间宽 1 米，左右两次间是固定的屏壁。从这件围屏可以想象，当时皇亲国戚使用的屏风是多么奢华(图 2-153)。制作这样的精美屏风需要大量人力和物力，难怪乎《盐铁论》道："故一杯棬用百人之力，一屏风就万人之功，其为害亦多矣！"正因为如此，《三国志·魏书·武帝纪》记载，雄才大略的魏武帝曹操，即"雅性节俭，不好华丽"，他所使用的"帷帐屏风，坏则补纳"。大量汉画也为我们提供了汉代围屏鲜活的形象资料。打虎亭 1 号汉墓东耳室甬道壁画，也刻有围屏，此屏风开有一门，可供人出入，可以想象当时屏风造型是多么宏伟。

图 2-154

榻屏结合是汉代特别流行的新型家具，其形制多样。如坐榻较长，在后面竖立"┏"形两扇围屏，为二围榻屏(图 2-154)。如独坐榻，以"┌┐"形居多，为三围榻屏(图 2-155)。从汉画可以看到榻屏较矮，坚实端直的屏板上可安装架子和挂置器物，以供坐卧在床榻上的人

图 2-155

古雅精丽:辨藏中国古代家具

随时取用。如山东安邱的画像石上,刻有一人凭几坐在床上,一手持扇,身后屏风的右侧,安装着一个武器架子,架上放着4把刀剑器物的情况(图2-156)。文献中记录了屏风挂物的例证:六朝时人王琨为人鄙吝,在他家里"盐豉、菜之属并挂屏风,酒浆悉置床下,内外有求,琨手自付之。"两汉通西域后,开辟了丝绸之路,范围扩及印度、中亚、西亚直至地中海地区的古罗马帝国,促进了中西方文化交流,导致中国家具在外来文化激化下出现新的因素,如床、榻上装置云母、琉璃等类型的屏风。《西京杂记》记载,汉武帝四宝宫中之一宝就是"厕(杂)宝屏风。"未央宫温室殿则设有"火齐(云母)屏风"。这些可能与西亚、古罗马的家具有着某种深层含义的联系。榻屏的出现,宣告了屏与榻相结合的新兴家具诞生。

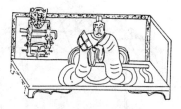

图 2-156

图 2-157

汉代建筑堂前开敞,仅置屏风不足以御风寒,出现了承尘、帷幔、幄帐、璧翣等室内陈设的物质形态。承尘,平悬于室内用以防尘的织物,《释名·释床帐》:"承尘,施于上,以承尘土也"。起初为平张于床上的小幕,也是室内吊顶的初始形态。至东汉,承尘成为室内相对固定的设备,平日不常移动。从成都出土传经画像砖所见,讲学者所坐榻之上悬着带格子木框的承尘,具有向平棋过渡的特点(图2-157)。平棋是由承尘演变而来,其做法,从铺作外挑算起,程枋上架程,再以子程纵横搭接成网格,上或再施以背版贴络华文,没有斗拱时,可直接架在明栿上[97]。汉代,平棋只是局部吊顶。

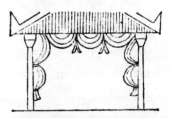

图 2-158

图 2-159

帷幔,东汉郑玄注:"在旁曰帷,在上曰幕。"在汉代建筑堂前,可见在楹柱之后的横楣上挂帷幔,帷幔常分段褰卷起,将系帷的组绶之末端垂露于下,作为装饰,《周礼·幕人》郑注:"绶,组绶,所以系帷也。"(图2-158)马王堆汉墓T形帛画人间部分顶部,华盖之下绘有帷幔,华盖象征屋顶,之上绘朱雀一对,为建筑饰物,华盖之下绘有分段卷起帷幔,非常精美(图2-159)。帷幔还常见于其他汉画之中。在讲究的殿堂上,且于帷内设幄,幄是帐的一种形态,其顶若屋顶,《释名·释床帐》:"幄,屋也;以帛衣板施之,形如屋也。"幄是用织物仿宫殿建筑样式

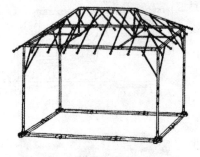

图 2-160

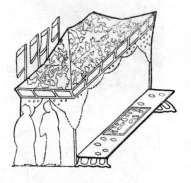

图 2-161

的帐,有一套完整支架系统可独立张设,河北满城汉墓出土了两套庑殿顶幄帐支架,其一为鎏金,垂柱头和立柱底座均饰有纹饰(图 2-160)。这样幄帐内一般还配置低矮型家具,形成一个相对独立的室内空间。如河南密县打虎亭 2 号东汉墓壁画,在庑殿顶幄帐背后插旗,主人坐于幄内榻上,榻前设曲足长桯,桯上置棜案,案上满放杯、盘等食具(图 2-161)。帐在室内还与茵席、坐榻组合使用,称之为"坐帐",辽宁辽阳棒台子 2 号"幄帐"汉魏壁画(图 2-162),彭州出土"宴集图"画像砖(图 2-163)也说明了这一点。汉代室内帷幔、幄帐形制与陈设,有着严格的等级制度,是身份等级的象征,其中幄的等级最高,为皇室张设之物品。《汉书·王莽传》:"未央宫置酒,内者令为傅太后张幄。"

璧翣,古代竖在钟鼓横架两角的扇状装饰物。《礼记·明堂位》:"夏后氏之龙簨虡,殷之崇牙,周之璧翣。"郑玄注:"周又画缯为翣,戴以璧,垂五采羽於其下,树於簨之角上。"至汉代室内陈设中,羽葆流苏的装饰手法用得较多,这种装饰不仅悬于帐角,还悬于壁带等处,如马王堆汉墓 T 形帛画中部绘有谷璧,之下悬挂着带有彩色图案的帷帐,以及缀有纱带的巨大玉璜,应为璧翣装饰物。汉画中常见以环、珩、羽葆等物组成的垂饰,应为此物(图 2-164)。汉乐府诗《孔雀东南飞》中描写庐江府小吏焦仲卿家有"红罗覆斗帐,四角垂香囊"也可为证。

在汉代建筑中,由于用材技术以及生产水平等方面的限制,常常是一座建筑而具有多种功能,为了适应起居、会客、宴饮等不同要求,改变室内的布局,需要随时将室内的空

图 2-162

图 2-163

间按需要重新分割。这种分割,主要是用可以及时摆开和撤除的屏风,配合悬于梁枋的帷幔与幄帐来完成的。如辽阳汉墓壁画中就有这样完整的描述。因此,屏风在当时不但是家具,同时也是建筑物的一种轻质的活动隔断。

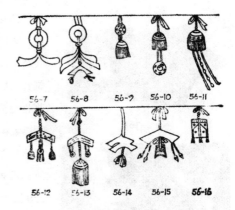

图 2-164

家具品类举要

1.凭几跽坐玉人

西汉

1968 年河北满城 1 号汉墓出土。雕刻一长眉短须、束发于脑后,顶小冠,着长衣右衽、宽袖的玉人,凭几跽坐,双手置于几上。底部阴刻有五行十字:"维古玉人王公延十九年"。意为中山靖王刘胜十九年所制玉人王公延的坐像。跽坐,即坐时两膝着地,以臀部靠住脚跟,上身挺直,以示庄重。此玉人雕刻生动地再现了当时凭几跽坐的真实情景。高 5.4 厘米。现藏河北省文物研究所(图 2-165)。

图 2-165

2.草席

西汉

1972 年长沙马王堆 1 号汉墓出土。其编织方法与现代草席相近,以 53 根麻线为经,莞草为纬。1 号汉墓共出土两条大小基本相同的草席,其一周缘包以青缘,另一条包锦缘。与简文相合。汉代床榻及室内就座处皆铺席,莞席为《周礼》中所指"五席"之一。《说文·艸部》:"莞,草也,可以作席。"可见莞蒲是适于制席之草。莞席性温。长 220 厘米、宽 82 厘米。现藏湖南省博物馆(图 2-166)。

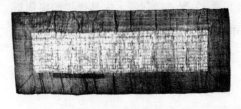

图 2-166

3."黄熊桅和(神)"漆木床残片

西汉

1974 年北京大葆台 1 号汉墓出土。已残,床面施黑漆,周边饰朱色双线纹,其上朱漆隶书"黄熊桅和(神)"铭文。同墓还出土一件

图 2-167

图 2-168

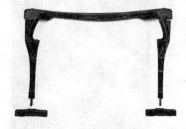

图 2-169

云纹漆床,残破。楸木胎。床面施黑漆,周边用朱色绘云纹。床四边底侧有牙子,已残,上彩绘云纹及夔龙,夔龙飞舞。在床周围散见一些鎏金铜扣、铜钩、铜环、螭虎玉饰片、铁扒钉等,可能为漆木床饰件。在汉代,床是比榻规格更高一些的家具,其形制比枰、榻大,可兼坐、卧使用。大葆台1号墓主人为汉元帝时广阳顷王刘建墓,为汉诸侯王"黄肠题凑"葬制,说明汉代规格较高的墓葬所出漆木床已使用铭文和豪华饰件。长300厘米、宽220厘米。现藏北京大葆台博物馆(图 2-167)。

4.合榻
东汉

1972年河南灵宝张湾汉墓出土。属泥质灰陶。通体施绿釉。为二人合榻,合榻带有花牙子。中间置一方盘,盘的半边有六根长条形筹,另半边置小方盘,即博局,这是汉代流行的一种六博棋。其上有二人相对跽坐,正在博戏。从石雕合榻可以看出汉代合榻造型和人们跽坐习俗。通高24.2厘米、长28厘米、宽19厘米。现藏河南省博物馆(图 2-168)。

5.云气纹凭几
西汉

1972年在湖南长沙马王堆1号汉墓出土。由几面、几足和足座三部分经透榫接合而成。几面扁平,中部微微向下弯曲,两端稍狭而中部略宽,形似梭状。通体髹以黑漆,红、灰绿色彩绘花纹。几面绘云气纹,几足绘几何纹。此漆几制作比较粗糙,属于陪葬明器。此几保存完整,其特征与楚墓所出凭几风格一脉相承,为研究汉初漆木家具提供的实物资料。高43厘米、长63厘米。现藏湖南省博物馆(图 2-169)。

6.活动漆几
西汉

1972年湖南长沙马王堆1号汉墓出土。由几面、几足和足座三部分透榫而成。几面

图 2-170

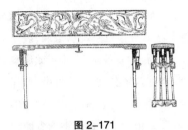

图 2-171

扁平,几面两端下部安高矮两对足,其矮足固定在几的背面,高度为 16 厘米。在矮足内侧面附近,巧妙而又科学地安装了一对高 40.5 厘米的活动高足,平时收拢起来,正好置于几面的底部,在足和几面之间用活动木梢连接,可以转动。如需庋物时可将高足竖起,几面自然抬高;若要凭几席地而坐,则可将高足收拢,用木栓卡挂在背面,使矮足着地。一几二用,真可谓构思巧妙、独具匠心。高足高 40.5 厘米、长 90.7 厘米、宽 17 厘米。现藏湖南省博物馆(图 2-170、171)。

7.八龙纹木雕漆几

汉代

1980 年江苏连云港唐庄汉墓出土。几面呈长条形,栅形足。足雕成八条矫健游龙,底座横木为云水纹透雕,巨浪间雕刻一只昂首蟾蜍,通身髹漆彩绘,龙身鳞片、蟾蜍均彩绘绚丽,图案精美。此几造型生动,构思奇绝,是汉代漆木家具的代表。高 32 厘米、长 95 厘米、宽 15 厘米。现藏连云港市博物馆(图 2-172)。

8.虎噬牛祭铜案

西汉

1972 年云南江川李家山 24 号汉墓出土。案作牛形,整器由两牛一虎浑铸而成。大牛站立,双目圆睁,两牛角作顶替状向前刺,所以颈项隆起,牛肌肉丰满,牛背平展作椭圆形案面,四足为案足。大牛威武雄健,栩栩如生。一虎弓背伏首,做扑咬牛尾状,两后爪抵在牛的后肢上,虎身上有线刻斑纹。大牛腹下庇护一小牛。此案为祭器,造型奇特,构图精妙。大牛奋勇当先英勇拼搏,小虎勇猛顽强,大牛腹下藏的小牛犊神态安谧,这一动一静,相得益彰,三者连成一体,充满了运动感。庄严肃穆的祭案,充满杀戮的血腥味,符合于祭礼的要求,堪称古代家具艺术精品。虎牛相搏是古代滇族人民屡见不鲜的题材,是滇文化特有的文化特征。高 43 厘米、长 76 厘米。现藏云南省博物馆(图 2-173)。

图 2-172

图 2-173

9.云纹漆案
西汉

1972 年湖南长沙马王堆 1 号汉墓出土。长方形，平底，四周起沿边框外侈，形成略向内收的盘状。案的底部四周附有高 2 厘米的矮足。案内髹红、黑漆地各二色，黑漆地上绘红色和灰绿色组成的云纹，红漆上光素无纹饰。内外壁是几何云纹装饰。彩绘用色粗细不等，有转有折，颇具书法情趣。红、黑相间富丽华贵，整个漆案显得色彩绚丽斑斓，表现了西汉漆器家具轻巧华丽的风格。底部髹黑漆，无纹饰，红漆所书"轪侯家"三字。此漆案出土时，其上置有小漆盘五件，漆耳杯一件，漆卮二件。小盘内盛食物，盘上放竹串，耳杯上放竹箸。这样的摆设，反映了当时贵族们宴饮时的情形，同时也说明了"轪侯家"的奢侈豪华。与此案相同的还有一件漆案。高 5 厘米、长 60.2 厘米、宽 40 厘米。现藏湖南省博物馆（图 2-174、175）。

10.陶案
东汉

1954 年湖南长沙陈家大山汉墓出土。案面已破碎，四足完整。案足仿漆木案做法，足上端榫卯与案面相交。案足为"蹄状足"，足上下两端大、中间细长成曲线形，且雕刻有纹饰，从案足造型可以看出陶案的精美。案长 59.5 厘米、宽 40.5 厘米，案足长 16 厘米。现藏湖南省博物馆（图 2-176）。

图 2-174

图 2-176

图 2-175

11.原始陶方桌
东汉

1972 年河南灵宝张湾汉墓出土。泥质灰陶，施绿釉。桌面为正方形，四腿较高，腿与腿之间为壶门装饰，桌上置有双耳小罐

图 2-177

图 2-178

与桌烧制连在一起,此为家具模型,带有明显榻的痕迹。汉代为席地而坐,并不流行垂足坐,但孙机先生认为汉代已产生了桌子的雏形, 从河南灵宝张湾2号东汉墓所出绿釉陶桌,以及四川彭县所出汉画像砖上一张方桌和人的比例看,确定为桌子的雏形。这张桌子的桌腿间无撑,形制厚始,但已与敦煌莫高窟85窟唐代壁画中方桌十分近似,可以推断此器为桌子的雏形(图 2-177)。

12.陶匮

东汉

河南陕县刘家渠 1037 号汉墓出土。为彩釉陶制模型。呈长立方形,柜顶靠边有开启的盖,正面上部模印门锁,四个扁足,正面、背上饰泡钉纹,四足也有划纹。此种陶匮造型在河南灵宝张湾汉墓也有出土,并一直沿用到唐代仍无多大的变化。在汉代匮与橱相比是用来贮藏较贵重物品的家具。陶匮虽为模型,也为研究汉代匮类家具提供了实物史料。高 17.1厘米、长 23 厘米、宽 16.2 厘米(图 2-178)。

13.漆木大屏风构件

西汉

1983 年广州西汉南越王墓出土。整体张开呈"冖"形,正面宽 3 米,等分三间宽 1 米,左右次间为固定屏壁,正中明间为屏门,屏门两扇,可向后启合。两侧为翼障,以折叠构件接连,可作 90 度展开。顶上两转角处各立铜朱雀留有雉羽残留,估计这些构件上原来都插上五彩缤纷的鸟羽为饰。翼障和屏门上各立双面铜兽首,翼障下有蟠龙托座承托。此屏风木胎已朽,出土屏风位置可见彩绘漆皮残片,说明屏面原来应有彩画。此屏风为首次发现的西汉实用屏风,规模宏大,结构复杂,装饰华丽,如《盐铁论·散不足篇》所载"一屏风就万人之功",可见汉代制作如此豪华的屏风要经过无数的工序,此屏风堪称西汉家具的上乘之作。通高 180 厘米、通宽 300 厘米。现藏南越王博物馆(图 2-179)。

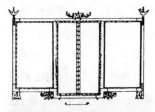

图 2-179

14.玉座屏

东汉

1969 年河北定县 43 号中山穆王刘畅墓出土。此玉屏是陈设玉器。座屏由四块镂雕玉片拼插而成。两侧以双连玉璧为支架,玉璧主体透雕青龙、白虎,中间两屏片略呈半月形,两端有榫插入架内,透雕人物鸟兽纹。上屏片正中为"西王母",分发高髻,凭几端坐,旁有朱雀、狐狸、三足乌等;下屏片为"东王公",发后梳,凭几而坐,旁有侍者及熊、玄武等。其纹饰形象地反映了汉代人的神仙崇拜思想。此玉屏采用了透雕、镂刻等多种琢玉技艺,画面神采飞动,超凡脱俗,表现为一种特有的浪漫主义遗风。高 16.9 厘米。现藏河北省定州市博物馆(图 2-180)。

15.云龙纹漆屏风

西汉

图 2-180

长沙马王堆 1 号汉墓出土。呈长方形,下有一对凹形足承托。以朱漆为地,用浅绿色彩绘花纹。中部描谷纹圆壁,周围绘几何方连纹,有两条带状纹饰交叉穿过谷纹壁中孔,边沿髹黑漆,朱绘菱形纹。背面黑漆地,用红、绿、灰三色彩绘云纹和龙纹。龙身婉转曲折,张口吐舌,龙身为绿色,朱绘鳞爪,飞腾于云气之间。边沿朱绘菱形图案。同墓遣策记载:"木五菜(彩)画并(屏)风一。长五尺,高三尺。"这件座屏与遣策上所计尺寸不符,应为明器。此屏风构图豪放,线条流畅,色彩艳丽,体现了汉初屏风类家具的水平。长 62 厘米、高 72 厘米、宽 58 厘米、厚 2.5 厘米。现藏湖南省博物馆(图 2-181)。

结语

汉初由于采取了休养生息、与民休息的政策,社会经济得到很大发展,至武帝时期,中国封建社会进入到第一个鼎盛时期,西汉前期家具工艺有了长足的发展,其中尤马王堆等汉初墓葬所出漆木家具最具特点。由于西汉晚期以后,厚葬之风流行,墓葬中所出汉画上的家具与室内陈设造型,让世人目睹了这个时期家具与陈设的时代风格。汉代家具

图 2-181

与室内陈设的时代特点是：

其一，家具在结构方式与装饰工艺上基本继承春秋战国以来的制作传统，但推陈出新，创造了许多新工艺和样式，却仍保留先秦"一具多用"、"随用随置"的家具陈设风格，流云飞动、虚实相济、尚红崇黑的装饰工艺是这个时期家具风格的主要特点。

其二，家具在室内陈设上遵循西周以来"依礼而置"的理念，因袭了先秦"履不上殿"、"独坐为尊"、"尊卑有序"等礼俗观念，并以此为依据建立了汉代室内空间的礼仪制度。

其三，在家具与室内陈设的组群配置方面，常设屏风以障之，并与普遍应用于室内的帷帐及低矮型家具配套使用，形成以坐榻为中心室内陈设方式的新秩序，强调家具与陈设在营造室内空间意境方面的气氛渲染作用，使汉代家具积淀了一层文化要素，蒙上一层神秘色彩。

如此等等，组合形成了汉代家具与室内陈设的时代特征，奠定了中国垂足坐之前的家具与陈设的室内空间组织形态。

注释：
1 郭沫若：《青铜时代》，科学出版社，1957年。
2 张吟午：《楚式家具概述》，载楚文化研究会编：《楚文化研究论集》（第四集），河南人民出版社，1994年。
3 聂菲：《楚式俎研究》，《文物》1998年5期。
4 张吟午：《先秦楚系礼俎考述》，载《楚文化研究论集》，黄山书社，2003年第五集；李家浩：《包山二六六号简所记木器研究》，《国学研究》第二卷；刘信芳：《楚简器物释名》，《中国文字》新22、23期。
5 湖北省荆沙铁路考古队：《包山楚墓》，文物出版社，1991年。
6 湖北省文物考古研究所：《江陵望山沙冢楚墓》，文物出版社，1996年。
7 河南省文物研究所：《信阳楚墓》，文物出版社，1986年。
8 张吟午：《先秦楚系礼俎考述》，载《楚文化研究论集》，黄山书社，2003年第五集；湖北省文物考古研究所：《江陵望山沙冢楚墓》，文物出版社，1996年。
9 张吟午：《先秦楚系礼俎考述》，载《楚文化研究论集》，黄山书社，2003年第五集。
10 张吟午：《先秦楚系礼俎考述》，载《楚文化研究论集》，黄山书社，2003年第五集。
11 王国维：《观堂集林·说俎》，中华书局，1959年。
12 高崇文：《楚器使用礼制考》，《楚文化研究论集》，河南人民出版社，1994年。
13 聂菲：《湖南楚汉漆木器研究》，载《湖湘文库》丛书，岳麓书社，2013年。
14 皮道坚：《楚艺术史》，湖北教育出版社，1995年。
15 湖北省荆沙铁路考古队：《包山楚墓》，文物出版社，1991年；湖北省文物考古研究所：《江陵望山沙冢楚墓》，文物出版社，1996年；湖北省文物考古研究所：《湖北枣阳市九连墩楚墓》，《考古》2003年第7期。

16 刘彬徽：《楚系青铜器研究》，湖北教育出版社，1995年。

17 聂菲：《先秦楚系禁及相关问题的研究》（第二期），岳麓书社，2005年。

18 马承源：《中国青铜器》，上海古籍出版社，1988年。

19 张吟午：《先秦家具的陈设与使用》，明式家具学术讨论会论文。

20 山西省文物管理委员会：《山西长治市分水岭古墓的清理》，《考古学报》1957年第1期；黄河水库考古工作队：《1957年陕西县发掘简报》，《考古通讯》1958年第11期。

21 吴山青：《江苏六合县和仁东周墓》，《考古》1957年第5期；湖南省博物馆：《长沙楚墓》，《考古学报》1959年第1期。

22 韩会伟、曹明檀：《陕西凤翔高王寺战国铜器窖藏》，《文物》1981年第1期；《中国文物精华大辞典·青铜卷》，上海辞书出版社，1995年。

23 任常中：《两周禁梌初探》，《中原文物》1987年第2期。

24 李德喜、陈善玉：《中国古典家具》，华中理工大学出版社，1998年。

25 张吟午：《先秦楚系礼俎考述》，《楚文化研究论集》（第五集），黄山书社，2003年。

26 高崇文：《楚器使用礼制考》，《楚文化研究论集》（第4期），河南人民出版社，1994年。

27 高崇文：《楚器使用礼制考》，《楚文化研究论集》（第4期），河南人民出版社，1994年。

28 聂菲：《楚系墓葬出土漆几研究》，《中国历史文物》2004年第5期；聂菲：《楚系墓葬出土漆案略论》，《南方文物》1996年第1期；聂菲：《先秦家具与汉代家具的比较研究》，《湖南省博物馆文集》（第四集），船山学刊，1998年第4期。

29 王育成：《楚"几"研究——从包山二号楚墓拱形足几谈起》，《中国历史博物馆馆刊》，1993年，总20期。

30 王育成：《楚"几"研究——从包山二号楚墓拱形足几谈起》，《中国历史博物馆馆刊》，1993年，总20期。

31 王育成：《楚"几"研究——从包山二号楚墓拱形足几谈起》，《中国历史博物馆馆刊》，1993年，总20期。

32 张吟午：《楚式家具概述》，《楚文化研究论集》（第四集），河南人民出版社，1994年；湖北省荆沙铁路考古队：《包山楚墓》，文物出版社，1991年。

33 湖南省文物管理委员会：《长沙杨家湾M006号墓清理简报》，《文物参考资料》，1954年第12期；湖南省文物管理委员会《考古学报》，1957年第1期，图版三，5。

34 裘锡圭：《战国文字中的"市"》，《考古学报》1980年第3期。

35 刘玉堂：《楚国经济史》，湖北教育出版社，1995年。

36 李学勤：《论美澳收藏的几件商周文物》，《文物》1979年第12期。

37 李砚祖：《先秦诸子工艺思想研究》，《美术史论》1990年第4期。

38 博厄斯《原始艺术》，上海文艺出版社，1989年。

39 湖北省文物考古研究所：《湖北枣阳市九连墩楚墓》，《考古》2003年第7期。

40 河南省文物考古研究所等：《淅川下寺春秋楚墓》，文物出版社，1991年。

41 湖北省博物馆：《曾侯乙墓》，文物出版社，1980年。

42 陈建明主编：《凤舞九天》，湖南美术出版社，2009年。

43 河南省文物考古研究所等：《淅川下寺春秋楚墓》，文物出版社，1991年。

44 宜昌地区博物馆：《湖北当阳赵巷4号春秋墓发掘简报》，《文物》1990年第10期；当阳市政协编：《当阳楚文物图集》，湖北美术出版社，2009年。

45 陈建明主编：《凤舞九天》，湖南美术出版社，2009年。

46 河北省文物管理处：《河北省平山县战国时期中山国墓葬发掘简报》，《文物》1979年第1期。

47 聂菲：《楚式俎研究》，《文物》1998年第5期。

48 河南省文物研究所：《信阳楚墓》，文物出版社，1986年。

49 湖北省荆沙铁路考古队：《包山楚墓》，文物出版社，1991年。

50 湖北省文物考古研究所:《江陵九店东周墓》,科学出版社,1995年。

51 浙江省文物管理委员会等:《绍兴306号战国墓发掘简报》,《文物》1984年第1期。

52 皮道坚:《楚艺术史》,湖北教育出版社,1995年。

53(英)苏立文:《中国艺术史》,南天书局,1999年,第57页。

54 皮道坚:《楚艺术史》,湖北教育出版社,1995年。

55 张吟午:《楚式家具概述》,《楚文化研究论集》第4集,河南人民出版社,1994年。

56 湖南省博物馆、常德地区文物工作队:《临澧九里楚墓发掘报告》,载《湖南考古辑刊》(第3集),岳麓书社,1986年。

57(汉)司马迁:《史记·货殖列传》,中华书局,1959年。

58(汉)司马迁:《史记·货殖列传》,中华书局,1959年。

59 湖南省博物馆、中国社会科学院考古研究所:《马王堆一号汉墓》,文物出版社,1973年。

60 长沙市文化局文物组《长沙咸家湖西汉曹㜐墓》,《文物》1979年第3期;长沙市文物考古研究所等:《长沙望城坡西汉渔阳墓发掘简报》,《文物》2010年第4期;湖南省文物考古研究所等:《沅陵虎溪山一号汉墓发掘简报》,《文物》2003年第1期。

61 扬州博物馆编:《汉广陵国漆器》,文物出版社,2004年。

62 湖南省博物馆等:《长沙马王堆二、三号汉墓》(第一卷 田野考古发掘报告),文物出版社,2004年。

63 湖南省博物馆等:《长沙马王堆一号汉墓》,文物出版社,1974年。

64 湖南省博物馆等:《长沙马王堆二、三号汉墓》(第一卷 田野考古发掘报告),文物出版社,2004年。

65 湖南省博物馆等:《长沙马王堆二、三号汉墓》(第一卷 田野考古发掘报告),文物出版社,2004年。

66 湖南省博物馆:《长沙马王堆一号汉墓》,文物出版社,1974年。

67 长沙市文物考古研究所等:《长沙望城坡西汉渔阳墓发掘简报》,《文物》2010年第4期。

68 长沙市文化局文物组《长沙咸家湖西汉曹㜐墓》,《文物》1979年第3期。

69 湖南省文物考古研究所等:《沅陵虎溪山一号汉墓发掘简报》,《文物》2003年第1期。

70 扬州博物馆编:《汉广陵国漆器》,文物出版社,2004年。

71 托马斯·哈定在《文化进化论》中说道:"文化是人类的适应方式。它是人类为攫取自然能量,对自然界的适应而造就一种文化的技术,以及相应的社会结构和意识方法。"托马斯·哈定等:《文化与进化》,浙江人民出版社,1987年。

72 湖北省荆州地区博物馆:《江陵天星观一号墓》,《考古学报》1982年第1期;河南省文物研究所:《信阳楚墓》,文物出版社,1986年;湖北省博物馆:《曾侯乙墓》,文物出版社,1980年。

73 湖北省宜昌地区博物馆:《当阳金家山春秋楚墓发掘简报》,《文物》1989年第11期。

74 湖北省荆州地区博物馆:《江陵天星观一号墓》,《考古学报》1982年第1期;河南省文物研究所:《信阳楚墓》,文物出版社,1986年;湖北省博物馆:《曾侯乙墓》,文物出版社,1980年。

75 湖南省博物馆:《长沙浏城桥一号墓》,《考古学报》1972年第1期。

76 湖北荆沙铁路考古队:《包山楚墓》,文物出版社,1991年。

77 广州市文物管理委员会:《西汉南越王墓》,文物出版社,1991年。

78 中国社会科学院考古研究所、河北省文物管理处:《满城汉墓发掘报告》,文物出版社,1980年。

79(晋)葛洪:《西京杂记》,中华书局,1985年。

80 傅举有主编:《中国漆器全集》(3汉),福建美术出版社,1997年。

81 扬州博物馆编:《汉广陵国漆器》,文物出版社,2004年。

82 中国漆器全集编辑部黄迪杞主编:《中国漆器全集1》,福建美术出版社,1997年。

83 扬州博物馆编:《汉广陵国漆器》,文物出版社,2004年。

84 陈晶主编:《中国漆器全集》(4三国-元),福建美术出版社,1997年。

85《汉书·地理志》。

86 高至喜:《马王堆汉墓文化因素分析》,《湖南省博物馆文集》,岳麓书社,1990年。

87 翟睿:《中国秦汉时期室内间营造研究》,中国建筑工业出版社,2010年。

88 于省吾:《甲骨文字释林》,中华书局,1979年。

89 曹桂岑:《河南郸城发现西汉坐榻》,《考古》1965年第5期。

90 翟睿:《中国秦汉时期室内间营造研究》,中国建筑工业出版社,2010年。

91《山东沂南汉画像石墓》,《文物》1954年第8期。

92《洛阳烧沟汉墓》,科学出版社,1959年。

93《云南江川李家古墓群发掘简报》,《文物》1972年第8期。

94 孙机:《汉代物资文化图说》,文物出版社,1991年。

95《辽阳发现三座壁画古墓》,《文物参考资料》1955年第5期。

96 孙机:《汉代物质文化资料图说》,文物出版社,1991年。

97 梁思成:《梁思成全集·营造法式》(七),中国建筑工业出版社,2001年。

第三章　婉雅秀逸:魏晋
南北朝时期渐高家具

(公元 220 年至公元 581 年)

社会简况

在中国历史上,魏晋南北朝时期是中国封建社会由统一走向分裂的时期。东汉末期,门阀豪强混战而削弱了封建政权的凝聚力,从而形成了魏、蜀、吴的三国鼎立局面。继而在短暂的西晋统一之后又迅速走向解体,出现了所谓的"五胡乱华"及"南北对峙"的割据局面。"五胡"即匈奴、鲜卑、羯、氐、羌五个少数民族混战,北方陷入分裂,史称五胡十六国。在南方,西晋覆没后,司马睿在建康建立政权,史称东晋。此后又为宋、齐、梁、陈所取代,与长江以北的北魏、北齐、北周对峙。至 581 年,隋统一全国。

社会分裂动荡,对当时经济发展造成了很大破坏,在这个动乱与民族大融合时期,社会经济仍有一定进步,手工业也有一定发展,早在三国时就有独立户籍"百工",手工业者已允许在一定范围内进行自己手工业经营,脱离了旧的人身依附关系,在一定程度上促进了手工业发展。这时期各民族文化相互渗透,更大规模的封建文化机制在新的环境下不断孕育成熟,从而为隋唐文化的繁荣奠定了基础,这在中国文化史上有着极其深远的意义。

孕育新风格:家具制作与工艺

这个时期家具制作工艺正处于一个新风格的孕育时期。从当时文化背景来看,一方面,魏晋南北朝时期陷入长期分裂割据的状态达三百多年,战乱频繁,政权不断更迭,统治束缚相对减少,在这种历史背景下,当时文化思想领域相对自由开放,占据统治地位的两汉经学开始退出主要舞台,而在文化心理上,更多是探讨人生哲理主题,在意识形态方面出现了一种新思潮、新观念,放荡飘逸、慷慨任气的竹林七贤反映了魏晋时期的风度与时尚。另一方面,由于佛教兴起,到处新建佛寺、营造石窟、描绘壁画,在兵荒马乱社会,人们总希望从各种宗教神祇那儿得到更多的庇护,因而就形成了儒家礼治伦常、道家长生不老和佛教因果报应三教合流的观念,佛教与玄学相互融合,认为自然之美是一种更高的艺术境界。少数民族入主中原后,周边少数民族文化相互渗透,以汉文化为代表的传统文化受到影响,特别是外来文化的传入,使得传统汉文化在原有的旧的文化积淀基础上,不断注入新的活力。空前的民族大融合使得传统生活礼俗遭到前所未有的冲击,不合礼制的"虏俗"开始流行,这些为新式家具的萌芽准备了条件。

纵观中国古代家具的发展演变,与历代的政治、经济紧密相连,也与不同时期的生活习俗息息相关,中国古代人们起居方式变化可分为席地而坐和垂足高坐两种方式,古代家具形制变化主要围绕这两种方式的变化而变化,出现了低型家具和高型家具两大系列。而这个时期,由于魏晋玄学的兴起和佛教文化的东渐,特别是"胡人"生活方式的影响,特定的历史环境下,家具制作呈现出一系列新的特点:

其一,这个时期人们席地而坐的生活习惯虽未改变,但西北少数民族进入中原后带来一些高型家具,出现垂坐的"虏俗",如靠背扶手椅(图3-1)、扶手椅(图3-2)、胡床,并与中原低型家具进行融合,出现了许多渐高家具,如矮椅子、矮方凳、矮圆凳等,睡眠的床也在逐渐增高,上有床顶和床帐,可垂足坐于床沿,床榻之上出现可以倚靠的三足弧形凭几。可以说传统的席地而坐不再是唯一的起居方式,传统礼制已不再是人们信守的准则,生活方式趋于多样化,但是渐高家具和垂足坐习俗只流行于上层贵族和地位较高的僧侣之中。

其二,各种家具装饰表现出浓厚的宗教色彩,出现了反映佛教文化和宇宙观念的新题材。这时期家具制作艺术,上承战国、秦汉时期家具制作的优良传统,吸取各民族文化特长,借鉴外来文化形式,孕育形成了隽秀飘逸的清新风格,为隋唐家具的发展铺平了道路。

其三,这时期由于青瓷的兴起,部分漆木家具被陶瓷家具所代替,所以传世和出土的漆木家具甚少,漆木家具只在为数不多的

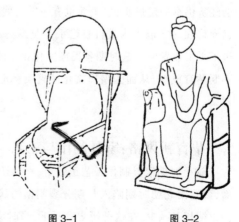

图 3-1   图 3-2

地区被发现,但是,我们仍可从零星考古资料和石窟壁画的家具造型,了解当时家具与陈设的形态。

图 3-3

(一)漆木家具新工艺

由于战乱,生产一度凋敝,加之青瓷的成熟替代了许多生活用品,这个时期漆器生产已不像汉代那样红红火火。但是,漆木家具不论在品类或装饰上都有新的发展,其特点:

其一,家具工艺方面,出现了一种新的装饰方法,叫绿沉漆。所谓绿沉漆是一种较深沉的绿色为髹漆底色的漆器。用这种方法髹漆家具,家具会呈现较深沉的绿底色,从而打破了战国以来传统漆器中以红、黑二色为基调的格局。绿色深沉婉雅,既丰富了漆器家具调色装饰,又使家具装饰出现婉雅秀逸的美学风格。梁简文帝《书案铭》曾对绿沉漆书案进行过这样的描述:"刻香镂彩,纤银卷足。照色黄金,回花青玉,漆华映紫,画制舒绿。性广知平,文雕非曲。"南朝宋元嘉时也提到广州刺史韦朗做绿沉漆屏风。说明绿沉漆家具主要流行于上层贵族家庭。这个时期还出现了其他颜色为主调的髹漆家具,《邺中记》记载的御几"悉漆雕画,皆为五色花也"。以黄色为基调的漆家具崭露新风,如山西大同北魏早期官僚司马金龙墓出土的漆画屏风,屏面髹朱红漆,题记书黄色底,墨书黑字,黑色线条描绘人物故事加彩绘(图 3-3)[1]。此漆屏风色彩富丽,在表现技巧较之汉代漆家具常见的单线勾勒填色前进了一步,采用了色彩渲染及近似铁线描手法,从造型、构图、赋色、用线等都与同时代绘画及其他工艺作品有相近之处,它反映了当时家具制作工艺的新风格、新水平。

其二,家具品类方面,出现了许多家具新品类。文献上多有记载,《东宫旧事》曾记载的漆食橱、漆食架为过去少见的家具品种,箱型

图 3-4

储藏类家具在墓中也被发现,如安徽合肥乌龟墩六朝墓出土漆箱,镶有铺首衔环。有些家具延续汉代式样并有所创新,如安徽马鞍山东吴朱然墓所出彩绘宫宴乐图漆案(图 3-4)[2],出现了宫廷宴乐为主的纹饰,色彩丰富,四角嵌有鎏金铜扣。贵族生活纹鎏金铜漆盘(图 3-5),锥画戗金漆方盒(图 3-6),都体现了漆木家具新的装饰

图 3-5

图 3-6

图 3-7

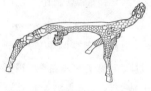

图 3-8

风格。其中尤以曲木抱腰三足凭几最具特点。

　　凭几在我国古代家具史上使用时间相当长,先秦两汉至魏晋时期,人们在席、床和榻上跽坐,久坐而累,故有时肘伏于几上。魏晋时期凭几仍很流行,且保留着某种古几的造型,形制不高适应人们席地习俗是其基本要素,但形制上有所变化,出现了曲木抱腰、三足弧形的凭几。笔者认为"曲木抱腰"凭几源于楚式木雕凭几[3]。1982年湖北荆州江陵马山一号楚墓出土一件形制比较特殊的木雕,发掘报告称其为"木辟邪"(图 3-7)。这种凭几在发掘报告中被称为"木辟邪",这件"木辟邪"用树根雕成,虎首龙身,圆竹节状四足,两前腿位于身躯的右侧,两后腿位于身躯的左侧,其形制为一个有一定宽度且呈条状的半弧形。由于弧度较大,其重心向凸出的一侧偏移,为了防止重心不稳,并依树木的自然形态,在凸出的中部增添一足,从而加强了器物的稳固性,这种形制与古代典型的多足曲形凭几一致。长沙楚墓中曾出土过类似的凭几,蔡季襄的《晚周缯书考》称其为"木寓龙":"亦木椁冢出土,像龙形,木制,髹漆,爪牙毕具,四足作攫拿之势,外裹丝帛,上用朱墨二色,绘成规矩图案。"[4]此后在湖北九连墩楚墓中也出现类似木雕凭几(图 3-8)。

　　三足弧凭几的出现与使用,对以后漆木家具产生了很大影响,魏晋时期直到隋唐北宋仍可见此类凭几。在《三国志》《晋书》《梁书》等文献中记载这种凭几的重要特征是横施的几面板为曲形。《语林》云:"孙冯翊往见任元褒,门吏凭几见之。孙请任推此吏。吏曰:'得罚体痛,以横木扶持,非凭几也。'孙曰,'直木横施,植其两足,便为凭几。何必狐蹯鸱膝,曲木抱腰。'"[5]"狐蹯鸱膝",即狐兽的蹯足、鸱鸟的弯腿;"曲木抱腰",即横施之木弯曲如同抱腰,特指凭几。可见凭几中有兽足、鸟柱及"曲木抱腰"的形制,这与马山一号楚墓出土的"木辟邪"十分相似。考古发掘出土的类似"曲木抱腰"的凭几,安徽马鞍山东吴朱然墓三足弧形木凭几,高26厘米、长69.5厘米、宽12.9厘米。几面呈扁平弧曲形,边沿椭圆,几面下有蹄形足,几的高度正好在腰部(图 3-9)[6]。此外,南京晋墓也出土有陶三足凭几模型(图3-10)[7]。

三足曲木抱腰凭几,制作工艺较复杂,器面所形成
的半弧形和利用树枝形成的足,从力学角度来说大大加
强了凭几的稳固性,结构合理。凭几适当的高度,非常适
合人们"曲木抱腰",凭倚顿颡,有较强的实用性。在垂坐
出现之前,这是一种形制设计合理、实用性功能很强的
一种家具。

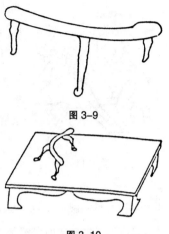

图3-9

图3-10

(二)渐高家具露新风

随着西北民族大量进入中原,东汉末年传入胡床,
还输入了一些如椅子、方凳、圆凳等高型坐具,这些对汉
人起居习俗有较大的冲击,对传统家具带来了影响,促使了高型家具与中原地区原有的
矮型家具不断融合,使得中原地区使用的坐、卧类等家具出现了渐高的趋势。

1."胡床"不是卧具

魏晋南北朝时期,五胡入主中原,先后建立了许多少数民族政权,少数民族所带来的
"胡人"生活方式,越来越多地被汉民族所接受,居住在中原的汉人多少也受到少数民族
语言文化与风俗习惯的影响,文化发展也呈现出丰富多彩的局面,其中北方少数民族传
入"胡"对中原汉民族影响颇大。"胡床",亦称"交床"、"绳床",是东汉末年出现的一种
可以折叠的轻便坐具。

其一,胡床的特点。古文献上多有记载,宋陶穀《清异录·陈设门》:"胡床施转开以交
足,穿便绦以容坐,转缩须臾,重不数斤。"《资治通鉴》胡三省注"胡床":"以木交午为足,
足前后皆施横木,平其底,使错之地而安;足之上端,其前后亦施横木而平其上,横木列窍
以穿绳绦,使之可坐。足交午处复为圆穿,贯之以铁,敛之可挟,放之可坐"(《资治通鉴》卷
242)。梁庾肩吾的《咏胡床应教诗》曰:"传名乃外域,入用信中京。足欹形已正,文斜体自
平。临堂对远客,命旅誓初征。何如淄馆下,淹留奉盛明"。这首诗开始讲胡床从西域传来,
在中原流行,说明胡床的形制"足欹形已正,文斜体自平"等。"胡床"在隋代以后改名为
"交床"。宋程大昌在《演繁露》中也说到"今之交床,制本自虏,始名胡床……隋以谶有
胡,改名交床"。胡三省注:"交床以木交午为足,足前后皆施横木,平其底,使错之地而安。
足之上端,其前后亦施横木而平其上,横木列窍以穿绳绦,使之可坐。足交午处复为圆穿,
贯之以铁,敛之可挟,放之可坐,以其足交,故曰交床。"(《资治通鉴》卷242,胡三省注,中

华书局标点本第 7822 页）文献记载也好，诗歌描述也罢，"胡床"的特点必须足交叉斜置，这样才能使得"床体"保持平稳，于其上能使人安坐。其结构由两木相交叉组成坐具构架，交接点做成轴，以利翻转折叠，坐面用绳带交叉贯穿而成。显而易见，"胡床"其实是一种交叉斜足简便的折叠坐具（图 3-11），北京俗称"马扎儿"。

图 3-11

胡床适应游牧民族的生活特点，可以折叠，携带十分方便，它适合于野外郊游、作战携带。古代多称北方少数民族为胡人，故名为"胡床"。但"床"字常引起后人的误解，把它和现代"床"的概念混淆开来，以为是一种专供睡眠的卧具。"有些文字作品中，甚至让匈奴的单于和阏氏一起'胡床'上睡觉。之所以产生这样的误解是由于对中国古代床的特点和用途不够了解。其实在汉魏时期，床并不仅仅是用于睡眠的卧具，而是室内适于坐、卧乃至授徒、会客、宴饮等多用途的家具。所以《释名》中是这样释床的：'人所坐卧曰床。床，装也，所以自装载也。'因此，对从域外传来的新式坐具，自然也就称之为'床'了。"

在胡床传入以前，中原地区，从先秦时期的席地而坐，发展到秦汉时期床、榻上坐或卧，均为跽坐，即跪着。《礼记·曲礼》上"坐而迁之"《疏》："坐，跪也。"这种跪坐法，即双膝跪下，把臀部靠在脚后跟上。如东汉末灵帝时，向栩常坐板床上，"如是积久，板乃有膝踝足指之处"（《后汉书·向栩传》）。魏晋南北朝时期，人们仍保留着跪坐的习惯，大同北魏司马金龙墓所出漆画屏风，人物或席地而坐，或独坐于榻上，或坐于床上，所取用的都是跽坐习俗（图 3-12）。曹魏初，管宁常坐木榻上，积五十余年，"其榻上当膝处皆穿"（《初学记》卷 25）。南朝梁宗室萧藻性恬静，常独处一室，所坐"床上有膝痕"（《梁书·萧藻传》）。而胡床的坐法，与中国传统跪坐完全不同，因为胡床要高于当时床、榻，所以汉人无法保持传统的跽坐方式，而是"踞（据）胡床"（踞或作据，古义相通），即臀部坐在胡床上、脚垂直踏地的意思。这是一种视为不符合传统礼法的坐姿，它的出现对传统跽坐礼俗是一次较大的冲击。

其二，胡床坐具的起源。有学者认为胡床"大约是在西亚北非的古代文明中出现的，后来经由著名的丝绸之

图 3-12

路传来我国"⁹。有资料表明,位于非洲东北部尼罗河下游的埃及,公元前1500年前后极盛时期木家具已具很高水平,当时木制包金鸭头撑折叠凳,非常精美,美国纽约大都会博物馆藏有第十二至十八王朝的折叠凳¹⁰。

其三,胡床的传入。胡床传入中原的时间,最早历史文献记载,大约始于东汉末年,《后汉书·五行志》说:"灵帝好胡服、胡帐、胡床、胡坐、胡饭、胡箜篌、胡笛、胡舞,京都贵戚皆竞为之。"(《后汉书·五行志》第3272页)东汉灵帝在位时间为168年至189年,说明东汉末年胡床已出现在宫中。至魏晋南北朝时期,胡床使用情况常记载于当时史书中,使用范围广泛,几乎在社会生活各种场合都可以寻到它的踪影:

用于行军作战。魏晋南北朝时期,常见于战争中将帅使用胡床的记载。有时主将坐在胡床上指挥作战。《三国志·魏书·武帝纪》注引《曹瞒传》:"公将过河,前队适渡,超等奄至,公犹坐胡床不起。张郃等见事急,共引公入船。"说的是公元211年,曹操西征,大军自潼关北渡,曹操坐在胡床上指挥军队渡河时,突遭马超袭击的情景。至于主将坐在胡床上观察敌我军队情况的例子还有不少。南朝《世说新语·自新》:"渊(戴渊)在岸上,据胡床指麾左右,皆得其宜。"

用于家居生活。胡床便于移动安设,常作庭院中随意安放的坐具(图3-13)。《南齐书·张岱传》记岱兄镜曾与颜延之为邻,延于篱边闻其与客语,取胡床坐听……(《南齐书·张岱传》,第580页)。胡床又可用于室内或楼上。又据《语林》,"谢镇西着紫罗襦,据胡床,在大市佛图门楼上,弹琵琶作大道曲。"¹¹《隋书·尔朱敞传》记他出逃后,"遂入一村,见长孙氏媪踞胡床而坐,敞再拜求哀,长孙氏愍之,藏于复壁。"(《隋书·尔朱敞传》,第1375页。)这是妇女使用胡床的事例,说明当时使用胡床的普遍。

用于行路与狩猎。途中可随意陈放坐息,便于携带。《南齐书·刘瓛传》,"瓛姿状纤小, 儒学冠于当时……游诣故人,唯一门生持胡床随后,主人未通,便坐问答。"(《南齐书·刘瓛传》,第679页。)用于狩猎活动中用胡床,见《三国志·魏书·苏则传》,魏文帝行猎时"槎桎拔,失鹿,帝大怒,踞胡床拔刀,悉收督吏,将斩之。"(《三国志·魏书·苏则传》,第493页。)

图3-13

其四，胡床流传经过。胡床流传地域有先后之区别，据相关学者研究，在西晋以前，胡床主要在北方宫廷和上层社会中使用，西晋时（265年—274年），北方"相尚用胡床，貊盘，及为羌煮貊炙，贵人富室，必畜其器，吉享嘉会，皆以为先"（《晋书·五行志》上）。从东晋以后北方人民大量迁徙，坐胡床的习俗也传入南方，所以

图 3-14

在东晋南朝时，南方人民使用胡床的记载增多[12]。

其五，胡床实物资料。胡床始于东汉末年，但只见文字记载，不见实物。目前考古发现较早胡床形象资料，敦煌北魏257窟壁画，有一人垂足坐在胡床上，另一人跷腿坐在胡床上，从画面可以看到胡床的造型，为交叉折叠式的矮凳，两足为前后交叉，交接点做成轴，以利翻转折叠，上横梁穿绳以便坐（图3-14）。1974年，河北磁县东陈村发掘过东魏的赵胡仁墓，其下葬年代是武定五年（547年）。墓中一提物陶女侍俑，右臂下挟一张敛折起来的胡床，交关足的一面向外[13]。

胡床在当时作为一种轻便的家具，备受人们的青睐，尽管如此，它在当时仍只是一种临时性随便陈设的坐具，并不能代替床榻正式坐具的功能。

2.椅类坐具崭露头角

西晋末年八王之乱引发五胡乱华后，社会发生了较大改变，西北少数游牧民族文化对汉文化冲击很大，导致北朝上层社会中跪坐礼俗观念逐渐淡化，出土踞坐现象，从而为高足坐具的引入提供了可能。与胡床同时传入的高型家具，有椅子、方凳、圆凳等，这给汉民族的起居习俗和低矮型家具带来较大的影响。

其实，如今人们坐椅，不管形制如何复杂，除现代化转椅外，大体上不外乎两种类型，一类为交足椅，一类为正四足椅，前者从胡床发展而来，后者则从绳床发展而来。

有关椅、凳等高型家具的起源问题，一般认为起源西方。追溯古埃及和古西亚一带远古文明，位于非洲东北部尼罗河下游的埃及，早在公元前1500年前后，曾创建了灿烂的尼罗河流域文化。考古资料表明，当时木家具已具有相当的水平，取得了辉煌的成就，常见家具有桌椅、折凳、矮凳、柜子等。凳、椅是当时最常见的坐具，它们由四根方腿支撑，座面多采用木板或编苇制成，椅背用窄木板拼接，与座面成直角连接，正规座椅四腿多采用动物腿造型，如狮爪、牛蹄状等，显得粗壮有力。现存最早的椅子为古代埃及第四王朝后

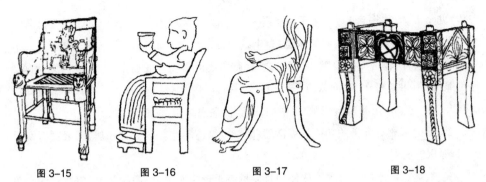

图 3-15　　　　　图 3-16　　　　　图 3-17　　　　　　　图 3-18

图 3-19　　图 3-20

赫特菲尔斯陵墓(公元前 2600 年)中出土的黄金扶手椅子,距今已有四千多年的历史,当时椅子造型已相当完美 (图 3-15)[14]。公元前 1000 年左右真吉尔里出土墓碑上,雕刻有北叙利亚女王的坐具(图 3-16)[15]。公元前 6 世纪希腊和后来古代波斯都有椅子的实例出现(图 3-17),椅子形式已变得自由活泼,椅背不再僵直,而由优美曲线构成。这种带靠背的椅子等沿丝绸之路传入中国,只是由于中国人传统跪坐习俗,未能被人们所接受。据《斯坦因西域考古记》记载,提到两件雕花兽足希腊式靠背扶手椅,其一古尼雅遗址(东汉),扶手以下完整无缺,造型特点和雕刻纹样全无一点汉民族家具风格(图 3-18),另一件出于古楼兰遗址(三世纪后期),仅剩两条雕狮椅足,椅足上部雕有女神头像,造型风格属于典型罗马式(图 3-19)。说明高型靠背椅已传到汉代西域地区,只是由于中国人传统席地而坐习俗,而不能为当时人接受而已。高型家具同时影响印度,出现了坐在高足靠背椅说法的佛像(图 3-20)[16]。

　　至魏晋南北朝时期,由于佛教兴起,佛教塑像与壁画的流行,这种高型坐具的佛像传入中国,随同佛教本身为中国人所认识,魏晋南北朝时期图像资料表明,已有“椅”的雏形。但汉字“椅”本意指树木,并非坐具,《诗经》曰:“树之榛栗,椅桐紫漆”,可见椅为一种树木的名称。南朝《昭明文选》有诗:“灵囿耀华果,通衢列高椅”。唐李善注:“椅,梓属也。”“从魏晋南北朝时期的相关文献记载来看,似尚未使用‘椅’字来指代这类既可以垂足而坐,又可倚靠的坐具”[17]。但文献称其为“绳床”,其特点如《资治通鉴》引程大昌《演繁露》所言:“绳床以板为之,人坐其上,其广前可容膝,后有靠背,左右有托手,可以搁臂,其下四足著地。”与其他文献比对:

　　其一,早期绳床是僧人静坐禅修时使用的坐具。如较早文献记载,《晋书·艺术·佛图澄传》九十五:"(佛图澄)乃与弟子法首等数人至故泉源上,坐绳床,烧安息香,咒愿数百言"。《高僧传·神异下·晋襄阳竺法慧》卷十载:"晋康帝建元元年至襄阳,止羊叔子寺。不受别请,每乞食,辄赍绳床自随,于闲旷之路,则施之而坐。时或遇雨,以油帔自覆,雨止,唯见绳床,不知慧所在,讯问未息,慧已在床。"较晚的文献记载进一步说明绳床坐具功能,《太平广记》引《纪闻》记段碧在山中遇一老者"端坐绳床,正心禅观"。

其二,绳床兼有卧具的功能。孟浩然《陪李侍御访聪明才聪上人禅居》诗云:"石室无人到,绳床见虎眠"。

其三,绳床用木制而成。绳床使用材质见诸于较晚文献,敦煌卷子 P.2613《咸通十四年某寺器物账》记有"木绳床"。

其四,绳床有四足且不能折叠。如《太平广记·异僧九·洪禅师》卷九十五所载:"四人乘马、人持绳床一足,遂北行。"

其五,绳床有靠背可倚。李白诗《草歌书行》:"少年上人号怀素,草书天下称独步。……吾师醉后倚绳床,须臾扫尽数千张。"

其六,绳床床面以绳编之。《太平广记·征应十·王涯》卷一百四十四所载:"王涯内斋有禅床,柘材丝绳,工极精巧,无故解散。"说明王涯内斋有禅床,以细绳编之,应与绳床字义相同[18]。也有学者认为,之所以称为"胡床",因其最初随佛教传来,僧人使用时,其座位和靠背有绳编垫子,百姓使用不再用蒲团类垫子,而脱离"绳"字[19]中的坐具(图3-21),也如传世阎立本作《萧翼赚兰亭图卷》画辩才和尚坐具(图3-22)。

古文献还出现"倚床"和"倚子"称谓,但都归入绳床类(《金石萃编》卷103《济渎庙北海坛祭碑》在所记器物的"绳床十"下注有"内四倚子")。"椅子"称谓变化轨迹应为:绳床→倚床→倚子→椅子[20]。

从敦煌石窟塑像和壁画中可以看到许多垂足坐在椅上、凳上的僧人图像资料。如敦煌西魏285窟壁画中的坐具形象正与上述文献中对绳床特征的描述吻合,有菩萨做跪坐状,其座椅上有直搭脑,有扶手,虽剥落,但靠背扶手椅的形象仍清晰可见(图3-23)。此窟有"大代大魏大统四年"和"大统五年"的墨书题记,可知此窟建于西魏大统四年至五年即公元538—539年前后,是莫高窟最早有纪年的洞窟,此石窟壁画中出现的椅子形象也是我国至今可见最早扶手椅形象。同窟壁画中还有扶手椅形象,此椅扶手和靠背连成半圆形,椅子为完全封闭式,有脚踏,人

图3-21

图3-22

完全为垂足坐(图3-23)。

图3-23

图3-24

图3-25

此外，这时佛教造像和壁画还出现方凳、圆凳、圆墩的早期形态。如敦煌北魏257窟壁画，有一菩萨垂足坐于方凳上(图3-24)。敦煌西魏288窟洞窟，中心塔柱正面开一龛，佛像坐于方凳上(图3-25)。圆凳，面板为圆形，这种坐具两头大中间细，形如腰鼓状，故称腰鼓形圆墩，魏曹植《九咏》则谓之"荃床"("蕙帱兮床"，《渊鉴类函·卷三七七》引)。目前所

图3-26

见最早的圆墩为龙门石窟北魏时期壁画，其画上绘有一菩萨坐在细腰圆墩上(图3-26)。敦煌西魏275窟壁画中的细腰圆墩(图3-27)。1996年山东省青州市龙兴寺遗址出土北齐贴金彩绘思维菩萨石雕像，思维菩萨面相丰润，上身袒露，着红色帔帛，颈戴贴金项圈，下穿红色长裙。半跏趺坐在束腰圆墩上。这种坐墩还出现在山东益都北齐石室墓的线刻画像中，为一仕女所坐，说明至少在魏晋南北朝时期，腰鼓坐墩已进入到贵族家庭。

总之，魏晋南北朝时期，类似椅、凳等可供人踞坐的高足家具虽有传入，但使用主要集中在佛教僧侣中和上层贵族之间，椅子的形象已随佛教东渐逐渐被人们所认识，但认识极为有限，以跪坐坐姿为基础的约束人们行为方式的礼俗观念，仍主导着当时人们的思想意识，上层社会由崇信佛教而在日常

图3-27

中使用椅子当是在初唐以后的事。

3.床榻类家具渐高

魏晋南北朝以后，一方面由于北方少数民族的影响，另一方面由于生产技术的进步，房屋不断增高。随着室内空间日益扩大，日常生活中的家具

图 3-28

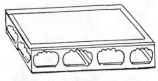

图 3-29

图 3-30

图 3-31

也就有所变化,不仅种类增多,且高度也相应提升。

独坐榻仍很流行,一般不设帐,或设三面围屏,成为屏榻,但榻座明显升高,榻下普遍施以壶门托泥座或无托泥的壶门洞形式,榻体一般较汉榻要高,形成了较为鲜明的时代特色。如山西大同北魏司马金龙墓出土木板漆屏风画中的独坐三围屏榻,一贵妇跽坐大榻上,四侍女立于围屏之后。此榻与汉代冂形屏榻相似,只是榻座甚高,榻面厚重,榻为四足,足与足之间挖做花形壶门洞状(图 3-28)。

箱型结构式榻是这个时期最具有时代特色的坐卧类家具(图 3-29)。这种箱型结构源于商周青铜禁的结构,是中国古代家具主要构架形式之一。此类榻为长条形,榻座高于汉榻,或可容一人独坐,或可纳多人坐卧,在这样的大榻上,或侧坐,或斜倚锦囊(即"隐囊")、或品茶、或宴饮,普遍施以壶门托泥座或无托泥的壶门洞形式,这大约受佛教文化影响有关,正好迎合魏晋时期名士高人所热衷的清谈之风。如宋人摹北齐《校书图》插图中出现了大型箱型结构式榻,此榻为典型的箱型结构式壶门托泥座榻,其高度显已过膝。榻座前有四个壶门洞,侧有两个壶门洞(图 3-30)。这种大型托泥式榻在唐代以后经常出现,尤其为佛教僧侣及文人雅士所喜爱。传为东晋顾恺之所作《女史箴图》和《洛神赋图》中的箱形结构式坐榻(图3-31),榻座较高。床前一般置木踏,可供上下榻,或置围屏。当时人们席地而坐习俗未变,人们可跽坐于箱形式坐榻上,也可垂足坐于榻沿。

总之,这时期床榻坐卧用具开始向宽大渐高方面发展,特别是东晋、南朝时期,床榻的上述特点更趋明显。

(三)低矮家具仍为主导

尽管如此,这时期的人们仍沿袭着秦汉以来席地而坐的生活习俗,家具仍以低型家具为主,一器多用,随用随置,图像资料与出土实物可以为证(图 3-32)。

图 3-32

这时不但室内铺席,还时常捆卷携带于郊外,随地铺设。当时,以竹林七贤为代表的清谈之风盛行,他们好老庄蔑礼仪,时常于郊外饮酒弹琴,自号清淡,那么传统家具"席"也就成为这些高士的室外坐具。如南京西善桥南朝墓室南北两壁中部砖印壁画《高逸图》图中绘有竹林七贤,[21]他们就坐于青松、垂柳下茵席之上,清谈玄学,表现出超凡脱俗的气质,尤其值得注意的是王戎席地倚几而坐,几仍为低型凭几,人物穿戴虽具六朝特点,但他们仍延续两汉以来席地而坐的礼俗。

敦煌 285 窟西魏壁画五百强盗成佛图,故事发生在摩揭陀国里,国王派军队去捉五百大盗,并下令剜去其眼耳以示惩罚,佛陀听见五百大盗哭喊,把雪山香药吹到他们双眼使其复明。图中主要人物席地而坐,似在发号施令。此窟有西魏大统年建造的题记,可知最迟至公元 538—539 年前后,人们生活习俗仍以席地而坐为主。

1958 年湖南长沙金盆岭 9 号西晋墓出土青瓷对坐书写俑,这件对书俑出土于西晋纪年墓中,是迄今所见唯一的对书俑。对书俑跽坐于低榻上,中间置低型家具书案,案上有笔、砚、简册及提箱等,一人执笔在板状物上书写,另一人手执一板,上置简册,二俑当是文献中记载的校书吏[22]。

北魏司马金龙墓出土木板漆屏风画中独坐榻,低矮,四足;新疆吐鲁番阿斯塔那东晋墓出土庄园生活图,有一贵族跽坐于低榻上,榻为曲形低足,上设幄帐,宁夏固原北魏墓出土彩绘棺漆画,有人物画像,人物着鲜卑服,独坐于低榻上,上张设幄帐(图 3-33);顾恺之所作《女史箴图》的对镜人物画(图 3-34),仕女席地而坐,对镜梳妆,地上置一镜台、妆奁等物,低矮型家具,随用随置。

这时期家具仍承汉制,以低矮型为主,只是样式与装饰不断增多。以榻为例,有独生

图 3-33

图 3-34

图 3-35

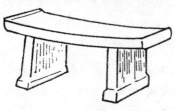

图 3-36

式、双人式、箱型式、带架屏榻式等,且装饰增多,足间花牙和壶门装饰不断出现在床榻之上。如南京大学北园东晋墓出土的独坐式榻,长方形六足,四周有小梭线,适于铺坐垫。背面有仿木榻的托枨,截面作矩尺形。足间有简洁的拱券曲线。湖南醴陵晋墓出土了石榻,四足,腿间作弧线,中间断开,形成两片对称的牙板,给人一种清雅秀逸之感觉(图 3-35)。湖南长沙赤峰山 3 号南朝墓出土了低矮型瓷几(图 3-36)。

(四)家具装饰新风格

魏晋南北朝时期是一个社会动荡的时期,在三百多年时间里,大批少数民族纷纷入驻中原,带来了"胡人"生活方式,佛教文化的东渐,外来异质文化的渗透,魏晋玄学的兴起,都给以汉文化为基础的传统文化造成了较大的冲击。与这个时期社会生活方式密切相关的家具装饰艺术,在特定的历史条件下充分交流与融合,经历了一个承上启下、继往开来的发展与变化的过程,既有先秦两汉家具遗风的传承,又显现了其受外界环境诸多因素影响而发生的变异,新的家具装饰艺术不断孕育成熟,出现了一系列新的时代特点:

其一,为了迎合转变时期人们意识形态和文化心理上的新追求,适应门阀士族的兴起和玄学流行的社会需要,出现了表现"竹林七贤"为主题的绘画,成为当时贵族阶层流行的一种,"竹林七贤"即东晋的嵇康、阮籍、山涛、王戎、向秀、刘伶、阮咸七位名士,这种绘画内容也反映到家具装饰题材上(图 3-37)。

其二,伴随着佛教文化的传播,统治者的推崇,民众的热衷,家具装饰艺术出现了反映佛教文化题材和反映宇宙的新题材,家具装饰艺术宗教化成为这个时期的新特点。新涌现出的题材与佛教盛行息息相关,莲花纹、忍冬纹、火焰纹、卷草纹、飞天纹和狮子纹等成为家具的主要装饰内容。尤其最具时代特色为莲花纹,蕴藏着深奥的佛教意义。自魏晋以来,莲花纹作为家具装饰主要内容,达到了极盛的程度。如龙门石窟莲花洞菩萨坐腰鼓墩等多数为莲花纹、忍冬纹装饰。佛教文化为主题的家具装饰题材已成为这个时代的标志,从而打破了家具装饰题材

图 3-37

以传统的羽化仙人、神兽云气等题材为主的局面，家具装饰由以动物纹为主转向以植物花草为中心，这时期出现了山水画为题材的三围屏风，如顾恺之所作《列女仁智图》中三围屏风和灯屏（图3-38）。但是，家具装饰上的传统题材，如龙、凤、虎、四神、云气等仍占一定比例，但同时出现了宫宴乐图，如朱然墓所出彩绘宫闱宴乐漆案，其主体图案为宫廷宴乐场面，表现出转变时期家具装饰艺术的兼容性。

图 3-38

　　其三，这时期附丽于家具上的壸门装饰图案十分发达，这种图案深藏着中国文化深层次的情结，最初源于商周青铜俎、禁的箱型结构，后随着佛教传播成为占统治地位的意识形态后，又融入异质文化的某些文化元素，诸如石窟券洞、基座等造型，在工匠们潜移形的意造手法下，融合成独特的壸门装饰。"由于壸门装饰凝结、积淀了中国审美心理结构的情理结合。……它表现为原附丽于案形结体的壸门装饰，通过意的寄寓与凝结，浓缩为高型家具腿部的轮廓线，是为后世立腿变异的雏形；另一种是附丽于座形结体的壸门装饰，通过意的寄寓与积淀，敛收为束腰台座的装饰形，是为后世各式嵌板开光和牙条装饰的范例。"[23]

　　其四，为了适应新题材和新风格的要求，家具装饰纹饰多用飘举流畅的线条表现，多为浅浮雕的立体效果，具有婉雅隽秀的艺术特质，"气韵生动"、"长线缭绕"，具备六朝典型的装饰特点。

家具品类举要

1.彩绘人物故事纹漆木屏风

北魏

1965 年山西大同石家寨司马金龙墓出土。从残存屏风框架结构看，原来的屏风应是三面围屏，围屏的各面均由多块形制相同的屏板组合而成，每个屏板内外皆绘有历史故事画。其中较完整的屏板有五块，每块长约 80 厘米、宽约 20 厘米、厚 2.5 厘米。屏板上下有榫卯，以便卯合相邻屏板，屏风转角处应有折叠构件，惜因盗扰而无法辨认。屏板装饰手法是在通体髹朱红漆后，用墨、黄、青、绿、白、橙红和灰蓝等油彩上下分为四层画面，每层画面均有题记与榜书，书写时先于红漆之上涂黄彩，再用墨勾出边界并作书。画面内容

图 3-39

主要为人物故事及有关的衣冠器具和辇舆等，内容采自汉代刘向所作《烈女传》等，表现手法颇似东晋画家顾恺之的《女史箴图》，善用墨笔勾勒，线条轻盈飘逸，近似铁线描。画面中的坐榻形式仍承汉制，为三面围屏榻。原应放于坐榻四隅的四个石屏座（又称趺坐），外形大致相同，均是在方座之上雕一圆墩，方座以浅浮雕缠枝忍冬纹和伎乐图案。每个屏座通高约16.5厘米，形体小巧生动。说明此彩漆屏风应为三面围屏。"按独坐式榻的一般形制计算，背面屏长约在120厘米左右，侧面屏长约在60厘米左右，故所需屏板共约12块（现存屏板每块宽约20厘米），这与后来文献中常常提到的'六牒'、'十二牒'曲屏应属同一系列"[24]。制作这样精美屏风需要耗费大量的人力和财力，墓主司马金龙位高为王，财力雄厚。同时也说明原来实用的屏风，到这时发展成为的高档艺术奢侈品，其陈设与装饰特质远远大于其的实用功能。它的发现，是屏风全面走向装饰化的重要标志，是中国家具史上难得的一件保存较完整的实物资料，所以弥足珍贵。现藏山西大同市博物馆（图3-39）。

2.三足漆凭几

东吴

1984年安徽马鞍山东吴朱然墓出土。几面呈扁平弧形，边沿圆滑，下有三足为蹄形，前方置一足，两端各置一足。通体髹黑红漆，光素无纹。此凭几为魏晋时期出现的曲木抱腰弧形三足凭几。该几高度与弧形适合凭倚抱腰，比直木二足凭几要舒适、稳定和科学。同器在其他墓葬中均有发现，如南京晋墓也出土类似陶三足凭几，而此凭几为实用器。墓主朱然乃三国东吴右军师、左大司马，系当时江南四大家族之一，所出大量漆器都是三国考古的重大发现，其中彩绘宫闱宴乐漆案、犀皮漆盒等，均为新发现的家具实物，对于研究中国家具的发展历史具有很大的参考价值。高26厘米、弦长69.5厘米、宽12.9厘米。现藏安徽省文物考古研究所（图3-40）。

图 3-40

图 3-41

3.持胡床陶俑

东魏

1974年河北磁县东魏墓出土。该墓墓志记载为"魏故尧氏赵郡君墓",而北魏司农卿尧暄乃赵氏之公翁,而其本人为南阳太守之女,可见赵氏出身"官宦门第"、"名门望族"。尧赵氏死于武定五年(547年)。该墓出土陶俑共136件,其中有一陶俑右臂挟一胡床,胡床形式清晰可见,胡床一面靠向陶俑内侧,足相交叉向外。胡床东汉后期由北方少数民族所创并流入中原,它适合于野外郊游、作战携带。古代多称北方少数民族为胡人,故名"胡床"。此胡床的出土说明东魏时期,胡床这种高型家具已广泛运用于普通官宦家庭。高19.8—21.5厘米(图3-41)。

图 3-42

4.青瓷对书俑

西晋

1958年湖南长沙金盆岭九号墓出土。俑是随葬明器,由人殉葬的习俗演变而来,材质上多见陶俑、木俑。这件对书俑是较早的瓷质俑,出土于西晋纪年墓中,是迄今所见唯一的对书俑。对书俑头戴晋贤冠,身着交领长袍,二吏相对跪坐。中间置书案,案上有笔、砚、简册及手提箱,一人执笔在板状物上书写,另一人手执一板,上置简册。二人若有所语,神态栩栩如生。根据俑的衣冠特征,以及案上的文具,二俑当是文献中记载的校书吏。

该墓有篆体阳文刻"永宁二年(302年)五月十日作"纪年,是西晋早期的作品。可以看出书写俑仍为跽坐,案等仍为矮型家具,它的出土为研究当时生活习俗提供了重要的实物资料。俑高17.2厘米、座托长15.5厘米、宽7.8厘米。现藏于湖南省博物馆(图3-42)。

5.庄园生活纸画图卷

东晋

1964年新疆吐鲁番阿斯塔那东晋墓出土。这是一幅描绘墓主人生活的纸画卷。画中幄帷轻垂,墓主人跽坐于榻上,神态悠闲。独坐榻面板平直,下有弓形足,承托着榻板。它的出土说明至迟东晋时期,远在西域边陲,人们仍习惯跽坐于汉式木榻之上。长106.5厘米、

图 3-43

图 3-44

宽 47 厘米。现藏新疆维吾尔自治区博物馆（图 3-43）。

6.彩绘宫闱宴乐漆案
东吴

1984 年安徽马鞍山东吴朱然墓出土。案面呈长方形，四周起矮沿，沿上镶嵌鎏金铜边。背面附加两木托，托端有方孔，安装四个矮蹄足。髹漆红、黑、黄等色。主体图案为宫廷宴乐场面，共画出 55 个人物。人物旁大多有榜题，如"皇后"、"长沙侯"、"虎贲"、"弄剑"、"女直使"等。上排左右分绘皇帝、皇后(大帐中)和诸侯、侯夫人等宴饮期间观戏的情景，下排以乐舞百戏场面为中心，两侧兼绘侍卫等。每个人物的神态各不相同，画面线条简洁，色彩和谐。四周衬托夸张了禽兽纹、云气纹。背面髹黑漆，正中朱书一"官"字。整个漆案画面采取人物宴乐新的装饰手法和平列式的构图，打破了楚汉以来漆木家具以云龙纹、瑞兽为主的装饰手法，充分体现了这个时期漆木家具的新特点。长 82 厘米、宽 56.6 厘米。现藏安徽省文物考古研究所（图 3-44）。

7.竹林七贤拓片

1960 年江苏省南京市西善桥南朝大墓出土。原画像砖出土于墓室两壁，绘正始年间以来的七位名士和春秋时著名高士荣启期的形象，是当时贵族阶层墓葬壁画中流行的一种题材。所谓"竹林七贤"，是指东晋的嵇康、阮籍、山涛、王戎、向秀、刘伶、阮咸七位名士，他们在当时热衷于清谈和玄学，对政治持超脱态度。把春秋时期的荣启期纳入该画，主要是为了画面和人物数字对称。画中还饰有表现人物特点的道具，如财迷王戎的钱箱、酒徒刘伶的大酒瓠、阮咸的琵琶等。各人物之间，穿插有青松、银杏、垂柳，打破了人物排列的单调和呆板。从画的风格看，画中线条"长线缭绕，秀骨清相"，具备了六朝典型的画面特点。砖高 88 厘米、长 240 厘米。现藏南京博物院（图 3-45）。

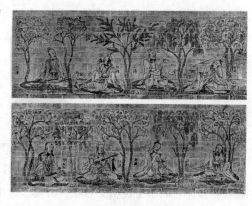

图 3-45

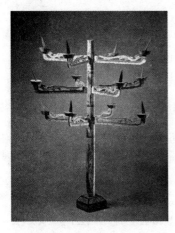

8.彩绘木连枝灯

前凉

1985 年甘肃武威柏树乡旱滩坡 19 号前凉墓出土。三层四方位连枝灯。底座呈覆斗形,枝杆上雕有一只凤鸟,以彩绘装饰。各枝杆上有一灯碗及灯火饰。是一件随葬明器。高 80 厘米、宽 80 厘米。现藏甘肃省文物考古研究所(图 3-46)。

图 3-46　　　　　图 3-47　　9.贴金彩绘思维菩萨石雕像

北齐

1996 年山东青州龙兴寺遗址出土。贴金花冠上施红彩,镶金边绿彩宝缯垂至肩下。面相丰润,上身袒露,着红色帔帛,颈戴贴金项圈,下穿红色长裙。半跏趺坐在束腰墩座上,座下雕一飞龙,口衔莲茎、莲叶,莲蕾和莲蓬组成的小莲台将菩萨左脚托起。高 80 厘米。现藏山东省青州市博物馆(图 3-47)。

结语

中国古代家具形制变化主要围绕席地而坐和垂足高坐两种方式的变化而变化,出现了低型家具和高型家具两大系列。而魏晋南北朝时期,是中国古代家具发展史上一个重要的转折时期,上承两汉,下启隋唐。

魏晋南北朝是战争连绵、朝代更替频繁的时代,也是民族大融合时期。在这个大的时代背景下,家具发展出现了系列新特点,特别是少数民族入主中原所带来的胡床等高型家具,并与中原家具融合,部分地区出现了渐高型家具。意识形态领域,清谈和玄学流行,佛教文化东渐,并与玄学相互渗透,生活方式趋于自然化,文化发展呈现多样化,家具工艺打破了以红、黑二色为基调和神兽云气为题材的传统格局,出现绿沉色、犀皮漆等多种工艺,出现了反映当时宇宙观和佛教文化的装饰纹饰,图案清秀空疏,具有婉雅秀美的装饰特点。家具造型出现了三足弧形凭几等家具新样式,造型雅典秀丽。

总之,家具制作和装饰备受外来文化的影响,并与本土文化相互融合,是这个时期的典型特色,从而为隋唐五代时期家具工艺的高度繁荣奠定了基础。

注释：

1 山西省大同市博物馆等：《山西大同石家寨北魏司马金龙墓》，《文物》1972 年第 1 期。

2 安徽省文物考古研究所：《安徽马鞍山东吴朱然墓发掘简报》，《文物》1986 年第 3 期。

3 聂菲：《"木辟邪"应为凭几考》，《文物》2006 年第 1 期。

4 湖北省荆州地区博物馆：《江陵马山一号楚墓》，文物出版社，1985 年；湖南省博物馆馆藏资料。

5 宋程大昌《演繁露》卷二引《语林》。

6 安徽省文物考古研究所《安徽马鞍山东吴朱然墓发掘简报》，《文物》1986 年第 3 期。

7 陈增弼：《汉、魏、晋独坐式小榻初论》，《文物》1979 年第 9 期。

8 易水：《漫话胡床》，《文物》1982 年第 10 期。

9 易水：《漫话胡床》，《文物》1982 年第 10 期。

10 穆斯塔法·埃尔·埃米尔，《埃及考古学》，科学出版社，1959 年。

11《艺文类聚》卷 44 引《语林》，中华书局，1965 年排印本第 788 页。又卷 70 引文同，见第 1221 页。又见《太平御览》卷 583 引《语林》，中华书局影印本第 2628 页。

12 朱大渭：《胡床、小床和椅子》，《文史知识》1989 年第 5 期。

13 磁县文化馆：《河北磁县东陈村东魏墓》，《文物》1977 年第 6 期。

14 董玉库主编：《西方历代家具风格》，东北林业大学出版社，1990 年，第 2 页。

15（前苏联）阿甫基耶夫著、王以铸译：《古代东方史》，三联书店，1956 年。

16《印度阿旃陀石窟壁画》，中印友好协会编，人民美术出版社，1955 年。

17 赵琳等：《绳床、倚床、小床——魏晋南北朝时期的椅子雏形》，《家具与室内装饰》2004 年第 7 期。

18 赵琳等：《绳床、倚床、小床——魏晋南北朝时期的椅子雏形》，《家具与室内装饰》2004 年第 7 期。

19 黄正建：《唐代的椅子与绳床》，《文物》1990 年第 7 期。

20 黄正建：《唐代的椅子与绳床》，《文物》1990 年第 7 期。

21 湖南省博物馆编：《走向盛唐》，2006 年。

22 湖南省博物馆高至喜：《长沙两晋南朝隋墓发掘报告》，《考古学报》1959 年第 3 期。

23 罗无逸：《从文化发展机制审度明式家具（一）——中华文脉的延续与变异》，1992 年明代家具国际学术研讨会。

24 李宗山著：《中国家具史图说》，湖北美术出版社，2001 年。

第四章　华丽润妍:隋唐
五代时期高低家具

（公元 581 年至公元 960 年）

社会简况

南北朝末年,隋代短暂统一后,中国历史上终于迎来了大唐的繁荣与昌盛。唐代经济发达,政治安定,国力强大,出现"贞观之治"和"开元之治"的盛世。大一统的封建政权和农业、手工业生产的发展造就了富强的经济和繁荣的文化环境,出现了城市商贸与海陆国际贸易的兴盛局面。当时长安是世界上最繁华的政治、商贸和文化中心之一,宫城东市与西市,商铺林立,各国商人云集于此,多种文化艺术与商业信息在这里汇集融合,经济发达,人文昌盛,为统治阶层大兴土木提供了先决条件。唐代是中华民族共体逐渐形成的时期,举世闻名的"丝绸之路"加强了各民族之间的交流,空前的民族融合和中外文化交流,引起了社会各方面习俗加剧变化。唐代官营和私营手工业生产发展迅速,并逐渐形成不同行业的制作中心,家具制作成为当时重要门类,制作工艺既吸收本土传统文化,又融合外来文化特色,形成了清新活泼、富丽丰满的艺术风格。至晚唐五代时期,垂足坐高型家具普遍为汉民族所接受,并逐渐形成了汉文化的自身特色。敦煌等各地寺庙、石窟的壁画、塑像中保存了这个时代大量珍贵作品,各地区出土的家具实证,为研究这个时期家具的发展提供形象的图像和实物资料。

总之,隋唐五代时期是我国封建社会的一个大发展时代,也是封建社会上升时期,它的发展为宋元高型家具的普及奠定了基础。

过渡特征:高低家具并存

隋唐时期经济和文化的高度发达在世界历史上都有着广泛影响,构筑在农业、手工业生产的蓬勃发展和文化艺术的繁荣昌盛基础上的家具工艺,无论在用材用料、工艺技术、装饰方法、品种样式等方面都有新的成就和特点。尤其唐代家具工艺与整个唐代艺术风格一致,缤纷华妍,当时金银工艺、漆工技艺、螺钿镶嵌等工艺的发展,为家具装饰提供了条件。唐代抬梁式木构架建筑日趋成熟,室内空间也日益宽裕,既为家具陈设提供了充分条件,也提出了新的要求。

隋唐五代时期各民族的融合和中外文化的交流,汉族、少数民族和外族文化相互影响,各国商人和僧侣进入内地,他们的生活习俗对汉文化影响较大,"胡俗"已成为上层社会标新立异的追求时尚,绵延数千年的传统生活方式面临着挑战,以垂足而坐为特点的"胡坐"起居方式在上层社会流行,很快向民间波及。这个时期传统席坐起居习俗逐渐被废弃,垂足坐日益流行,家具形态出现了由低矮向高型发展的趋势,过渡时期特征明显,为高低家具同时并存时期。至晚唐五代以后,高型家具已逐渐为广大汉民族所接受,并形成了自身的特点,在中国家具的发展史上,这个时期称得上重大变革时期。

(一)传统家具

隋代时间很短,所以保留下来的家具较少,低型与高型家具同时并存,反映出由低矮向高型家具过渡时期的特征。考古发掘实物资料有:

河南安阳隋代张盛墓为有明确记年的墓葬,为开皇十五年(595年)。该墓中出土了一批白瓷烧制的家具模型,其中有案、凳、几、椅、箱等等众多家具模型[1],是隋代家具的缩影,现实生活的写照。有关凳椅的形象在魏晋南北朝时期的壁画中被发现,但不见实物。但张盛墓出土的凳、椅瓷器模型,为我们提供了实物形象资料。所出白瓷椅,通高5.2厘米、长7.2厘米、椅面宽1.3厘米,靠背为屏板式,并与坐屉相连成一个梯形。2件白瓷凳,长9.3厘米、宽4厘米、高3.5厘米,面板呈长方形,两端为板状足,凳面中央有两排方格纹,靠近方格纹处镂雕透孔,为仿木制家具榫卯(图4-1)。从凳、椅瓷器模型的比例看,其造型较低矮和古拙,反映出过渡时期家具的特点。所出瓷案,长3.5厘米、宽6.5厘米、高5.5厘米,长方形案面两头起翘,下有挡板,镂空棂格状,两板足外撇,可以使案面受力均匀,案面两端翘起,具有

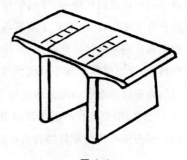

图4-1

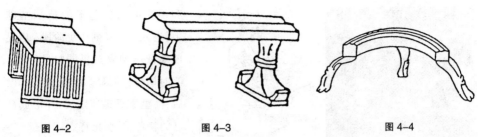

图 4-2　　　　　　　　图 4-3　　　　　　　　图 4-4

图 4-5　　　　　图 4-6

装饰性,也可使所放什物不易滑脱(图4-2)。这种案源于楚式漆案,至唐代仍在沿用,直至明清翘头案仍保留着这种遗风。单足几也是楚式家具常见的一种形式,几面窄长,长12.2厘米、宽1厘米、高5厘米,两端各附有云纹曲形足,既稳定又优美(图4-3)。三足弧形凭几与魏晋南北朝时期相似,高6厘米,呈半弧形,几面有三道凸弦纹为装饰,两端和中部有三兽蹄足(图4-4)。陶箱有长方形和长条形二种(图4-5),盝顶式盖箱为新样式,其盖似子母口,正面有明锁,两侧有提手,高4.3厘米、长7.5厘米、宽4厘米,此种样式为后代所沿用(图4-6)。

保存的图像资料有:

敦煌隋代390窟壁画中有垂足而坐的说法佛像,坐在一张高脚靠背椅上。从尺度比例看,其高度较低矮,靠背椅制作原始,说明过渡时期的家具特点。敦煌隋代420窟"人遇盗"壁画中的坐于胡床生动形象,画中绘有一身擐甲胄、手按宝刀的武士正坐在胡床上,其足斜向交叉,上撑着床面,可以看到古人"踞"(据)坐于胡床上,即垂腿坐法的画面。

山东嘉祥英山1号隋墓壁画上有箱型榻,呈长方形,每长边蕊板有两个壸门装饰,表明低矮型家具与前代家具相似(图4-7)。

以上资料看,隋代仍习惯于席地而坐,隋墓中凳、椅的出土说明普通官宦之家开始流行垂足坐习俗,但从凳、椅家具模型比例来看,造型比较低矮,制作比较原始,高型家具仍带有低矮型家具的特点,反映家具过渡时代的特征。

(二)空前繁荣

唐代是我国封建社会鼎盛时期,经济文化空前繁荣,家具制作在继承和吸收过去的

图 4-7

图 4-8

图 4-9

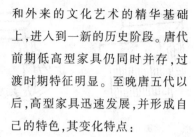

图 4-11

图 4-10

和外来的文化艺术的精华基础上,进入到一新的历史阶段。唐代前期低高型家具仍同时并存,过渡时期特征明显。至晚唐五代以后,高型家具迅速发展,并形成自己的特色,其变化特点:

其一,家具品类的变化。当时人们或席地而坐(图4-8),或床榻伸足平坐,或侧身斜坐,或盘足坐,或垂足坐,各种习俗同时存在,故此,与之相适应的高低型家具也同时并存。从唐代壁画和绘画中,可以看到低矮型家具品类有传统的独坐小榻(图4-9)、双人榻和四足箱形壶门结构榻等,高型家具椅、凳、桌在上层社会中流行,民间也开始使用部分高型家具,其总发展态势由低矮向高型发展。床、榻类家具变化显著,无论是箱形壶门结构床榻,还是四足形床榻,至晚唐五代时期,床、榻已普遍增高(图4-10)。几、案类家具亦有变化,魏晋时期出现的三足弧形凭几依然流行,进入盛唐以后,传统矮足几、案明显减少,而新兴高足几、案逐渐增多(图4-11),取而代之的是增高茶几、花几、香几和书几等(图4-12)。其中尤以桌、椅、凳、墩类等高型家具的使用最为突出 (图4-13)。桌子的较早形象见于四川彭县东汉墓画像砖方桌形象和河南省灵宝张湾汉墓所出绿釉方桌模型,均为方桌的雏形,但当时尚未流行。至唐代以后,桌子逐渐增多,有方形(图4-14)、长条形、长方形。在敦煌唐代壁画中出现了宴会时供多人使用的长桌和长凳,并有扶手椅、靠背椅形象的出现。凳的形式明显增多,有长条形凳、方形凳、半月牙形凳(图4-15)、圆墩(图4-16)、腰鼓墩等。椅子也不仅仅是禅僧们的坐

图 4-13

图 4-11

图 4-12

图 4-14

图 4-15

图 4-16

具，世俗生活中也出现了椅子的造型，早期形态曾见于唐天宝十五年高元珪墓壁画。椅子有靠背扶手椅和圈椅之分，靠背扶手椅由魏晋时期直搭扶手靠背椅、无扶手靠背椅，发展到曲搭脑扶手靠背椅、曲搭脑无扶手靠背椅、曲背直搭脑扶手椅和圆搭脑圈椅等多种形式。代表作品有敦煌196窟壁画中的曲背直搭脑扶手椅（图4-17），周昉《挥扇仕女图》中的圆搭脑圈椅（图4-18）。这时期胡床演变成"交椅"，又叫逍遥椅。尤其是屏风类家具，已成为日渐扩大的室内空间的重要组成部分。屏风已由秦汉时期的插屏、榻屏，发展到挂屏、多曲式折屏。由于床榻类家具的普遍增高，汉魏时流行小插屏及小榻屏已不多见，而用于分隔室内空间的宽大插屏和多曲折屏十分流行，往往以独立的个体家具形式出现，图案优美的屏风既起到了分隔和充实空间的作用，又给人们一种宁静和深远的感觉。

其二，家具陈设方式的变化。以桌、椅、凳、墩为组合的新型家具，成为中唐代以后家具明显变化的标志，它们改变了自古以来席地而坐的习俗，导致了传统起居方式的重大变革。过去人们无论读书、论事、宴饮都局限于席上或床上，这时开始坐椅据桌，过去的床由多功能家具，逐渐变为以睡卧为主的家具，这时期床逐渐增高增大，有四足的也有箱形壶门结构，室内床开始有较为固定的位置，一般陈设于室内后壁正中处。比较有名的为敦煌唐窟壁画217窟中的《见子得医图》（图4-19），表现的是唐人室内住宅画面，室内后壁正中有一箱型壶门结构床，据画面人物比例来推敲，床的高度大约与人的膝盖高度一致，画中的妇女不只是限于传统的跪坐或盘坐，而是采用侧身垂足坐的方式，这在过去是不符合礼的行为。这些变化表明，古人坐具由低矮的床榻到小

图 4-17

图 4-18

图 4-19

床,由小床演变为高足椅子,汉人从跪坐变为垂足高坐,这个变化过程在晚唐五代接近完成。但是,《夜宴图》中所有坐床上的人,男的都是盘腿坐,妇女有盘坐,有的跪坐,反映了过渡时期家具的特点。与这种生活习俗相适应的椅、桌、凳、几、屏风等家具也在逐渐增高,其功能、尺度适于垂足坐的生活习惯。这时期较完备的高型家具陈设,只限于上层社会使用,百姓家庭仍使用低矮家具或部分高型家具。总之,晚唐五代以后,高型家具逐渐发展到完全定型,形成了新式高型家具的完整组合,以桌、椅、凳为代表的高型家具逐渐取代了床榻的中心地位,家具陈列格局由不固定按需要随时陈撤,改为相对固定的陈设格局,从而迫使传统供席地起居的低矮型家具组合退出历史舞台。

其三,家具装饰的变化。唐代国力富强,反映在思想意识上的自信与开放,使得唐代家具在制作意匠上追求清新自由的格调。第一,富丽堂皇的装饰艺术。构成唐代家具工艺特色的莫过于漆工与金银工相结合的"金银平脱",它显然是由汉代漆工艺中金箔贴花发展而来的,金光闪闪的金银平脱漆家具有强烈的金属质感,这种富丽堂皇的艺术风格,是时代风格和成就的反映。金银平脱漆家具的具体做法:将金银压成金箔或银箔制成人物、花鸟等,粘在未干的漆家具上,再罩漆,干后磨去金银上的漆层显露花纹,嵌件虽镶在器物上,而器表依旧平整。唐代家具中不乏许多金银平脱精品,如几、案、函、箱等,可见其在当时已成为至尊极贵的标志,这类家具在日本奈良正仓院均有收藏。唐代螺钿工艺得到了很大发展,并广泛应用于家具制造业。唐代螺钿家具喜将光洁莹润的钿片镶嵌在深沉的一色漆器上,使螺钿漆家具更显华贵。第二,世俗化的艺术风格。唐代家具工艺装饰摆脱了殷周以来的古拙风格,取而代之是妍丽丰满的风格和浓厚的世俗化趋向,一改过去以动物纹为主的基调,开始面对自然和生活,大量出现花草飞禽、出行游乐等世俗化生活场景,将人们领入到一个鸟语花香的春天意境。如圈椅的造型与装饰更接近生活实际,那充满健康饱满的造型,华丽润妍的装饰,与唐代贵妇体态丰腴形象极度融合。唐代"月牙凳",即半圆凳,座面下缘与腿足遍雕花牙与如意云头纹,装饰华丽无比。唐代多曲折屏一改以往祥瑞几何纹样,以仕女人物、山水花鸟、亭台楼榭、题诗作赋为题材,纹饰更加贴近生活。换言之,富丽、丰腴、典雅和富有生命力的艺术风格,突显了鼎盛时期经济文化的时代特点,因为唐代家具工艺成就本身就是大唐辉煌成就的重要组成部分。

总之,唐代家具工艺具有装饰纹样生活化、制作技术多样化的特点,品种繁多缤纷,造型浑圆丰满,装饰华丽润妍,熔铸东南西北,糅合古今中外,创造了璀璨的盛唐家具工艺风格,在中国古代家具史上占有重要地位。

1.逍遥自在的"交椅"

魏晋南北朝时期出现的胡床形制仍在唐代继续使用,如1973年在陕西三原县发掘了唐淮安靖王李寿(神通)的墓葬,墓内石椁表里均雕有精美的图像。石椁内壁均为线雕,其中有女侍手捧着胡床的造型,画面上正好刻画出胡床侧面的正视图,有床面和交叉的床足,有床面向下微垂的绳绦[2]。大约至中唐以后,胡床除仍保留古制外,其形状从单一的交叉折叠的坐具发展成为有坐靠的交椅形制,也称为"逍遥坐"。宋陶谷《清异录》说:"胡床,施转关以交足,穿便条以容坐,转缩须臾,重不数斤。相传(唐)明皇行幸频多,从臣或待诏野顿,扈架登山,不能跂立,欲息则无以寄身,遂创意如此。当时称为逍遥座"。"这种改法是根据胡床的基本原理,再'施转关',其'创意'的主要点,乃是坐时能背靠,所以才称'逍遥坐'。这一改坐起来更加舒适得多,也就是今天折叠躺椅的前身,因为有靠背,所以不再叫交床,而称为'交椅'。"[3]但并不见实物,"交椅"大量出现于宋代,所以大部分学者认为胡床发展成为有靠背的折叠椅(即交椅的形式)是在宋代。

2.世俗生活中最早的椅子

经考古发现,陕西西安唐高元珪墓室壁画中发现了靠背扶手椅的造型[4]。高元珪是大宦官高力士之弟,官阶为明威将军,从四品,死于唐玄宗天宝十五年(756年)。该墓壁画虽然剥落厉害,但椅子形象仍清晰可见。其椅子为四方形立柱状,可能为四足,而且比较粗壮。靠背的立柱与横木之间,由弓形搭脑相托,两端出头并翘起,有扶手。该椅形象拙朴原始,体现了过渡时期的特点。它是我国目前所知有明确纪年的世俗生活中出现的最早靠背扶手椅子图像(图4-20)。

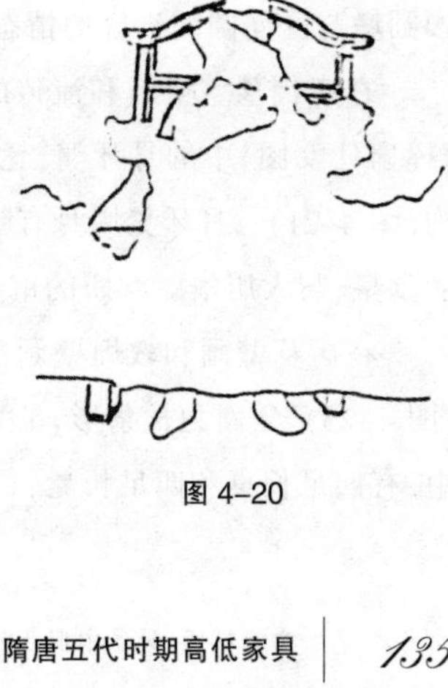

如前所述,与现代"椅子"意义上相同的坐具,最早出现在魏晋南北朝时期,椅子开始在文献上记载称"绳床",是禅僧们坐的椅子。"侯思孟先生认为西晋末年绳床传入(晋怀帝永嘉六年)(312年)以《高僧传》卷10载有'竺佛图澄者、西域人……澄坐绳床,烧安息香。'为证。翁同文先生更将历代有关绳床资料作编年总表 (翁同文先生文稿影本,第61页)确定早期绳床仅限于僧侣之间流行,也因为僧人修行以之作为'坐禅入定'的工具,甚至书夜不卧,在床

图4-20

上行跏趺坐(盘腿而坐),故《高僧传》各集往往将绳床称作'禅床'。"5 然而,"绳床"大量出现还是在唐代。从文献记载来看,南北朝时尚不多见的绳床,到唐代频频出现在史籍中,《唐语林》卷 6 说:"颜鲁公(真卿)在 75 岁时,还能立两藤倚子相背,以两手握其倚处,悬足点空,不至地二三寸,数千百下"。 颜真卿 75 岁时为唐德宗建中四年(783 年)。

随着佛教的传入和生活习俗的改变,特别是到了唐代垂足坐式在上层社会中流行起来,绳床发展迅速,但从唐代文献记载来看绳床仍为僧人所用,并未正式取代坐榻的正统地位。绳床开始是在僧人中使用和流行,之后才慢慢渗透到世俗生活中去。考古发现高元珪墓壁画靠背扶手椅,迄今为止,是我国有明确纪年的且时代最早的世俗生活使用的靠背扶手椅图像资料,此椅绘于墓室主壁,椅上人像推测为墓主人高元珪本人,居中放于室内,表明至迟唐玄宗天宝十五年(756 年),这种新型的高足靠背扶手椅已成为高级官宦家庭使用的坐具。

3.丰润华丽的凳与墩

唐代画像、唐三彩常见到凳和墩的造型,形式较多,有长条形凳、方形凳、半圆形月牙凳、圆形坐墩、腰鼓形坐墩等,凳、墩丰润华丽的造型与大唐审美观念十分吻合。

魏晋南北朝时期菩萨坐具中出现的腰鼓形坐墩,至唐代更加流行,沈从文先生在《中国古代服饰研究》曾说过:"腰鼓形坐墩,是战国以来妇女为熏香取暖专用的坐具。……汉晋时通名熏笼,南北朝时转为佛教中特别受抬举的维摩居士坐具。受佛教莲台影响,做仰莲覆莲形状,才进展而成为腰鼓式。唐代妇女坐具,亦因此多做腰鼓形,名叫'筌台'或'筌蹄'。宫廷用于老年大臣,上覆绣帕一方,改名绣墩,妇女使用仍名熏笼,转成腰圆形,则叫月牙几子。另用曲几固定作靠背即成栲栳圈几子。"6 典型的绣墩均呈鼓状,故又称"鼓墩"。如 1955 年陕西西安王家坟村唐墓出土的三彩女俑,双膝并拢端坐于三彩的束腰形鼓墩上 7,1964 年河南洛阳出土的三彩陶女坐俑坐于黄色束腰圆墩上 8, 黄色以及三彩束腰圆墩与女俑圆润雍容的情态和装束十分协调。

在唐代墓室壁画和流传的绘画中,常可见到仕女坐优美的月牙凳上。如《宫乐图》、《挥扇仕女图》中的月牙凳,凳面为半圆形似月牙,四足,故曰月牙凳,桌子为箱形壶门结构(图 4-21)。月牙凳周身有雕饰,嵌有类似宝石装饰,边装铜环,环有彩穗,面覆绣垫,富丽堂皇,与大唐华丽润妍的审美趣味吻合,是唐代家具的典型代表(图 4-22)。

在唐墓壁画和敦煌壁画中,常见到长条形凳子与长条形桌配套使用,人们围坐宴饮(图 4-23)。凳面为长条形,足为方形,厚实牢固,形象拙朴。陕西长安县南里王村唐墓壁画中,有四足长桌和四足长凳,凳面涂朱红色,每凳坐 3 人,共 9 人围桌宴饮。

但是,唐代方凳造型具有过渡时期家具的特点,考古发现的方形凳图像资料可以为证。如敦煌壁画僧侣所坐的方凳,明显带有过去独坐小榻的痕迹,坐下的壶门结构演化为断开的四足。唐画周昉《听琴图》中所见方凳造型,长安县南里王村唐墓壁画屏风绘仕女坐方凳形象,唐章怀太子李贤墓壁画方凳造型等等。其方凳为正方形,四方足。李贤死于四川巴州,705年迁柩回京陪葬乾陵,所以杨泓先生认为方凳至迟于8世纪初在唐朝宫廷和上流社会流行[9]。

图 4-21

图 4-22

4.高低几案并存

几案类家具较前代有所变化,汉代以来的栅形曲足几案被栅形直足所替代,两端起翘卷沿几案明显增多。随着高型家具的不断发展,部分低型几案逐渐演变为桌子和大形条案,另一部分几案仍保留低矮型样式,高低家具同时并存成为这个时期家具特点。

几的高度明显增高,或栅足,或板式足,除木制和陶质外,出现了金银几。如西安法门寺地宫所藏素面银香几,几面翘头,香几为烧香祈祷所用。几的高度虽比以前有所增高,但仍属于低矮型家具。

图 4-23

翘头案有栅形曲足,也有栅形直足,或高型,或低型。如长沙唐墓出土的陶案,栅形足,两端翘头,为明器,从比例来看仍较低矮。长沙牛角塘唐墓出土的翘头陶案,呈长条形,两端翘头[10](图 4-24)。长沙赤岗冲初唐墓中出土的青瓷案。长沙烈士公园4号唐墓出土的青瓷案[11]。

置物类家具变化的特点是,高型的桌类家具增多,有方形和长条形,有的在腿之间加横枨,广泛运用到生活的方方面面。敦煌唐代85窟壁画中的庖厨图,房中共有两张方桌,面板方形,较厚,四足方形柱腿,腿间无枨。一个屠夫在方形桌上切肉,从屠夫与桌的比例看,其高度与现代桌相同(图 4-25)。唐画《六尊者像》上有方形桌,四足之间有横枨(图 4-26)。长条形桌在敦煌唐代壁画中随处可见,一般桌面呈长条形。如

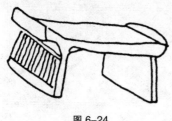

图 6-24

图 4-25

图 4-26

唐473窟宴饮图,长条形桌子旁多人围坐,在盛唐33窟和445窟、中唐360窟都可以看到长桌图像资料。

5.华贵富丽储藏家具

盝顶银箱是唐代常用的储藏类家具,质地为银质或金质,华丽无比、气质高贵,洋溢着唐代华丽润妍的风格。陕西西安何家村唐代窖藏出土的孔雀纹盝顶银箱,高10厘米、长12厘米、宽12厘米。盝顶,盖与器作子母扣合。正面有锁钮,背面以两格杏叶形的钩环使盖与器相连。锤击成平,平錾花纹。正面为一对振翅扬尾的孔雀,立于莲座上,衬以花鸟、流云。盖顶中心为忍冬花纹,衬以流云、飞鸟。箱侧面和背面都刻有童子戏犬、鸳鸯、折枝莲蓬等等(图4-27)。整个纹饰丰富多彩,充溢着大唐华贵富丽的风采[12]。

盛放衣物用的柜,唐代仍沿袭汉代的格式,但比汉代略见加高,柜身的饰件也更加华丽。质地有木制、陶质明器、金银质等。河南陕县东汉墓里曾出土一件绿釉陶柜,方形柜身,四个矮足,顶上有盖可开合。唐代这种四足矮方柜仍很流行。如西安王家坟村90号唐墓出土的三彩平顶陶柜,与汉代陶柜相似。该柜柜顶四周有三形柱子,顶部靠一边有柜盖,并装有暗锁。柜身四周有粗壮的立柱四足,使柜身变高。柜周身饰乳钉纹及兽面纹。该柜与河南灵宝张湾汉墓出土的陶柜相比,形制有些相同,但又有所发展[13]。另外在日本正仓院里则收藏有不少唐代木柜的实物,均是四足方柜,只是在高矮大小上有些区别,门都在前面,这样开合方便,更加实用。

唐代箱、柜类家具无比精致与奢华,陕西扶风法门寺地宫中出土的盝顶银函、大小漆盒、琉璃茶具、银茶碾、银粉盒等可以为证。其中一件存放十三件秘色瓷形制较大、朱色透暗红的漆圆盒,笔者进行了考证,认为应为"食柜"(图4-28)[14]。因为敦煌文书中所见,唐人眼中所谓"家具"主要是按器物的质地为木制品来加以划分,其中柜可分为"小柜"与"食柜"、"拾硕柜"等。如敦煌文书伯3161号《某寺常住什物交割点检历》,文

图 4-27

书明确标明属于"家具"的器具多种多样。敦煌文书伯3161号《某寺常住什物交割点检历》第14行中,有"柜大小拾口"一条,值得注意的是,唐代家具所载的"食柜"是一种有盖可开启的小箱,可"从日本正仓院所藏《黑柿苏染小柜》实物看,实际上是指有盖从上开启的木箱"。[15]这类"柜食"一般内置餐具和饮茶器具,因为在唐代,餐具也属于家具。如敦煌文书伯3161号《某寺常住什物交割点检历》,

图4-28

见第15行"食柜壹(在文智)汉壹具并锹匙,又汉两具,并匙,又胡壹具并锹匙(欠在/口净)又小子壹具并锹匙在印子下"[16]。有学者考证:文书中的"汉"与"胡"之别已经清楚地表现出器具在制作上的民族差异[17]。从这些现存敦煌文书看,今天的许多餐具在当时也被列为"家具"之列,再如敦煌文书斯1642号《后晋天福七年(公元九四二年)某寺交割常住什物点检查》中的"家具"行里,"花竞盘壹"、"朱里椀子、楪子拾枚"、"黄花镡子壹,漆筋两双"都"在柜"[18]。而这些餐具造型也很多,以碗为例,有"新漆椀"、"花椀"、"朱里椀子"之别[19]。碗是盛饮食的器具,碗也作盌,《说文》:"盌小盂也。"《方言》:"盌谓之盂……又曰椀"。碗为椀,大约与古代多木制有关。根据《衣物帐》石碑记载,唐懿宗咸通十五年(874年乾符元年)"恩赐"物中有"瓷秘色碗七口(内两口银稜),瓷秘色盘子、碟子共六枚",可知这13件瓷器明确记载为"秘色"瓷器[20],而布目先生认为"瓷秘色碗"应为茶碗[21],为饮茶之器,而这些盘、碟应为餐具。当然,"在唐代家具之中,特别是在餐具之中,漆木器所占的比例非常之大,是当时餐具的主流。这一点,中国在唐之后已有所改变,陶瓷器逐渐成为了餐具的主流。而在日本,情景有所不同,直至今日,漆木器仍然是餐具的主体"[22]。法门寺出土素面漆盒内置的13件秘色瓷器中有2件为髹漆金银平脱碗(图4-29),虽然是瓷器,但其上髹漆也证实了这一

图4-29

点。何况从上述唐代敦煌文书看,并非所有家具都是木制品,如"锹匙",就属金属器。所以说素面漆盒内置餐具和饮茶器具,尤其内置髹漆碗,符合唐代家具"柜食"性质。

6.丰富多彩屏风

屏风是室内的主要家具,常放在明显的位置上,挡风和遮障是屏风的主要功能。唐

代的屏风制作极为精巧,装饰极为精美,是唐代室内装饰的一个重要组成部分。我们可从唐代诗句了解当时贵族家庭中屏风装饰的华丽状况。如白居易在《素屏谣》中以自家木骨纸面素屏置于草堂也相称,以此抨击王室屏风"织成步障银屏风,缀珠陷钿贴云母,五金七宝相玲珑"的奢侈豪华。此外还有李贺诗:"金鹅屏风蜀山梦"等等。另外唐代石窟、墓室壁画中也有大量屏风画,从一个侧面清楚地反映了当时屏风的特征。

唐代屏风种类较前有很大发展,除承汉代直立板屏以外,曲屏有更大的发展。

直立板屏是固定陈列在房间里的,承汉制变化不大,但这时的直立板座屏不论屏板还是屏座比以前更加精致和华美。如敦煌石窟217窟唐代壁画《得医图》中的屏风。这种屏风是从汉代屏板发展而来的。由底座和屏板两部分组成。屏板为独扇,上绘山水花草。底座两面镂雕花纹,上端挖出凹槽,屏板正好插入凹槽里。这种屏风多设在室内当中处,既起遮蔽作用,又使人一进门便赏心悦目。

曲屏则是多扇形,有六曲、八曲不等,均可折叠。如新疆维吾尔自治区吐鲁番阿斯塔那230号张礼臣墓出土绢画。画中有六舞伎曲屏图,每扇画一人,计画二舞会、四乐会,左右相向而立。新疆维吾尔自治区吐鲁番阿斯塔那217号墓有花鸟六曲屏图(图4-30)。如西安长安南里王村唐墓壁画中绘有人物风景六曲屏。屏面绘有树下坐或立仕女、男仆。

唐代屏风装饰手法多种多样,即有传统的装饰方法,也有新的装饰手段,装饰手法丰富多彩。如日本正仓院藏有我国唐代或仿唐的屏风多种,屏面有的是由织物制成,有的用夹缬,有的用蜡染,即图案用"夹缬"或"蜡缬"法印染;有的用羽毛贴花作为装饰,其中最精美的要算高1.36米的"鸟毛立女屏风",该屏风上用美丽的鸟毛贴饰,非常精美,这种装饰手法来源于汉代漆器装饰,并配有绘制丰满的盛装仕女和山石树木。

唐代屏风装饰题材多采用经变故事画、经品故事连续画,以及唐代流行的树木花鸟、山水、动物、仕女等,并形成了一定的屏面构图布局风格。如日本正仓院保存唐代屏风中装饰题材有"鹿草木夹缬屏风"、"鸟木石夹缬屏风"、"橡地象羊木蜡缬屏风"等等,其色彩非常鲜明,题材别有一番情趣。唐代书法非常有名,所以往往也用来作为屏风的装饰题材,甚至将屏风作为箴言牌,作为座右铭。如《唐书》中记载宪宗曾将"前代君臣事迹写于六屏","宣宗书贞观政要于屏风,每正色拱手而读之"。

图4-30

(三)初显成熟端倪

五代时期,成为家具由高低共存向高型普及的特定过渡时期,这时期高型家具比唐代更为普及,日益排挤着传统供席地居的低矮型家具,并逐渐形成新式高型家具较完整的组合格局,从南唐画家周文矩的《重屏会棋图》和顾闳中的《韩熙载夜宴图》等画中可以反映出当时各类高型家具颇为齐备。各类家具功能区别日趋明显,家具装饰陈设由不定式格局变为相当稳定的陈设格局。家具装饰风格一改大唐家具圆润华妍风格,趋于简朴。五代高型家具初显成熟的端倪,并为宋代家具步入成熟时期奠定了基础。

1.千年古榻

这时期的床榻秉承汉代床榻装饰风格发展而来,较唐代更为增高、加宽,可以坐卧,多带围屏,是汉代带屏床榻的发展。形式有箱型结构窄榻,如周文矩的《重屏会棋图》中所绘窄榻,榻为平台箱型结构,有壶门装饰,较之唐代箱形壶门榻更为窄长。这时期以四足平榻最具代表性,如蔡庄五代墓出土的4张千年古榻可以为证。

20世纪七十年代江苏邗江蔡庄出土五代吴太祖杨行密的女儿浔阳公主墓,浔阳公主死于吴顺义七年(927年),葬于乾贞三年(929年),距今已有1020年。令人惊奇的是该墓出土了4张四足平榻(图4-31),保持完整,此榻为随葬明器而不是实用器,着实让人领略了千年古榻的风采[23]。榻面为平台式,由两根长边即"大边"、两根短边即"抹头"仿45度格角榫做法组成边框,说明五代时期家具制作采用45度格角榫的构造做法。同墓出土方桌桌面也是采用45度格角榫构造做法。榻面中间设托撑七根,用铁钉钉木条九根。榻面采用多根间隙排列木条做法,通风通气,有一定弹性,与楚式床有异曲同工之妙,具有南方床榻的特点。榻腿上端两边裁口,形成榫肩,中间出单榫与榻面"大边"作透榫交接。前后腿之间有一根侧撑。牙板与腿连接处做成类似插肩榫的样子(家具腿的上端开口,并将外皮做成斜肩,与牙板用插榫相接,此构造称"插肩榫"),但实际上牙板与榻腿没有任何榫卯关系,只用钉钉在"大边"上。榻面下牙板和四足为如意云头纹装饰,造型与同时代绘画中的床榻一样,如五代王齐翰《勘书图》和周文矩《重屏会棋图》所描绘榻腿和花形牙板都用如意云头纹,此为是当时流行的式样,具有明显的时代特征。

发掘报告中称其为木床,而陈增弼先生认为是木榻,其理由是:从功能上分析,床的

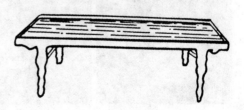

图4-31

主要功能是在隋唐以后供人睡卧，榻的主要功能是供人坐；床属卧具，榻属坐具。早期的榻尺寸较小，以适应人们席地而坐的习俗，人坐榻上，凭几、唾壶、书册等都放在榻上。唐代出现高型家具椅、桌、榻也逐渐由低矮变为高型。增高的榻主要功能供人坐，但榻上放置物品的习惯还保留。蔡庄五代墓四张榻分别出土于墓中4个侧室，4张榻上摆放器物的迹象仍很明显。前东侧室木榻被掀翻，地面有两张完整琵琶、六块拍板和其他乐器残片。可知此侧室榻上原是以放置乐

图4-32

器的。其他3个侧室出土残漆片等物，大致推知榻上原来放置的是箱橱、妆奁、文具之类。原来窄矮的榻，面积随之扩大，高度随之增加。榻一旦加长增宽，自然就不只是可供人坐，而且也可供躺卧。而后世的"下榻"已变成了住宿之意了[24]。

2.逐渐成熟的高型家具

椅子的使用在五代时期更加普遍，且品种在不断增多，有靠背椅、扶手靠背椅、带搭脑圈椅（图4-32）等。靠背椅，《韩熙载夜宴图》中韩熙载盘腿独坐在靠背椅上，椅面为方形，其上罩有织物，有靠背，弓形搭脑，搭脑两端出头并向上翘，如牛角形。四足两侧带枨（图4-33）。该椅形体较大，人可盘腿坐于其上，且带脚踏。扶手靠背椅，在《韩熙载夜宴图》和《勘书图》中多次出现（图4-34），木制。周文矩《琉璃堂人物图》中，一和尚坐在扶手靠背椅上，椅为树藤制作而成。圈椅，有明显搭脑（家具部件的名称。椅子、衣架等位于家具最上横梁叫"搭脑"）。椅足变化较多，或无饰，或雕成如意云纹，周文矩《宫中图》中有雕成如意云纹足圈椅。

这时期保留了唐代方凳、月牙凳形式外，出现了两头小、腹大的鼓墩，在鼓墩上铺垫绣织物，称为"绣墩"。鼓墩腹部大，上下小，其造型尤似古代的鼓，故名"鼓墩"。一般是用藤、竹等材料做成，顾闳中《韩熙载夜宴图》中多处出现了这种绣墩。方凳，面为方形，直足被雕刻成向内弧的如意云纹等，卫贤《高士图》中方凳，为直足，两侧有枨，采用建筑抬梁木结构方式（图4-35）。江苏

图4-33

图4-34

邗江蔡庄五代墓出土方凳,两侧足有横枨(图4-36)。圆凳,有四足,雕二朵如意云装饰,足上端有曲线牙板装饰。周文矩《宫中图》多处出现这种圆凳(图4-37)。

图4-35

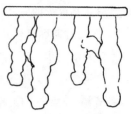

图4-36

五代时期桌案可以列为高足家具行列,但与宋代高型家具相比,仍有差距,一般与膝盖平齐或低于膝盖,具有低型家具向高型家具过渡时期的特点。桌,或长方形,或长条形,有时将三个方桌拼合在一起使用。桌的结构十分合理,采用中国建筑抬梁木构架结构方式。如有夹头榫的牙板或牙条,腿也添加了横枨。桌面与四腿交角处,有牙头装饰。有的四足之间加枨,或两端双枨,或前后单枨。《韩熙载夜宴图》和《勘书图》中的长条形桌,有这样的造型。1994年河北曲阳五代墓出土汉白玉浮雕彩绘《散乐图》,第1行笙箫、筝和后排的答腊鼓都均置于方形桌上。同墓东耳室北壁侍女童子图,有方形桌,四边为双枨,足和双枨连接处等为云头纹装饰。东壁下部绘一长案,上置帽架、方盒和木箱等日常生活用品[25]。《韩熙载夜宴图》中还出现了长条桌,桌面用45度格角榫构造做法,桌面与腿子上端有替木牙子装饰,下有四条简洁四方足,两侧腿之间有双枨,桌上置碟碗食物(图4-38)。

图4-37

这时期案比前代增大、增高、增厚,案面为长条形,攒边方法做成方框,中间镶板。四足或饰如意云纹或素面方足(图4-39)。其上有时铺织物,置砚盒、书册、画卷、琴囊、箱子等物,易与榻相混。如《勘书图》和《重屏会棋图》上均有如意云纹足条案,四腿由如意云头纹组成,腿上端两侧有花形牙板。

图4-38

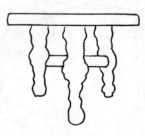

图4-39

3.形体高大的屏风

五代时期屏风样式比唐代屏风高
大,有大型插屏、大型曲屏、带屏大床
等。如河北曲阳五代壁画墓有人物屏风
画各6幅,画幅高1.18米、宽0.58—0.61
米。《韩熙载夜宴图》和《重屏会棋图》中
有大型插屏,屏风高大,由屏板、屏座组
成,有凹槽为屏板插口(图4-40)。屏板

图4-40

为山水、人物画装饰,屏座雕饰非常精美,这种大型插屏显然在室内起分割、遮障、装饰作
用。《勘书图》中的大型曲屏,为三曲,中间大、两边小,有屏座衬托屏板,屏面为山水画。这
种大型曲屏在反映文人士大夫阶层绘画中多有体现。

屏面装饰以山水花鸟、人物故事为主。曲阳五代墓壁画中屏风画,花鸟画所占比例较
大,次为人物和山水,画中仕女妍美,云鹤飘逸,花木繁茂,这些绘画多采取屏风格式,这
可能与当时流行屏风画有关。传世卷轴画中,五代王齐翰《勘书图》和周文矩《重屏会棋图
卷》都有屏风画的描绘。

五代时期,出现了带屏大床,形体很大,左、右、后设三屏,前面两侧安板或扶手,只留
中间上下,四足,有枨和牙板装饰。《韩熙载夜宴图》中有带屏大床的形象。

此外,五代箱柜是承前代而有变化,制作更为精美。《重屏会棋图》所绘盝顶箱,子母
口,可开启,棱角处有花瓣形铜叶包镶,有锁。箱身好似放在一个木架上,架足为外曲形弯
足,制作精巧,造型优美。周文矩绘《琉璃堂人物图》中的平顶方箱,四角为圆形,子母口,
有锁。江苏邗江蔡庄五代墓出土衣架和盆架,衣架横杆两端有搭脑出头,足为如意云头
纹,中有横枨(图4-41)。河北曲阳五代墓汉白玉浮雕散乐图,绘有鼓架。

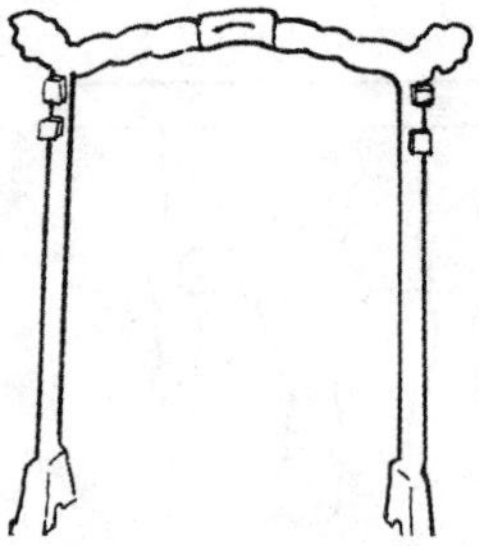

图4-41

(五)妍丽风格

唐代家具装饰风格追求的是一种华丽润妍的审美趣味,
成为欣欣向荣、五彩缤纷大唐社会的缩影。这时期家具装饰之
所以呈现出千姿百态的艺术魅力:

其一,归属于家具所用材料十分广泛,有紫檀、黄杨木、沉
香木、花梨木、梓木、桑木、柿木、苏枋木等,以及竹藤等材料,
由于家具材料十分丰富, 所以使得唐代家具本身具有很强的
表现力。

其二,装饰方法多种多样,运用螺钿、平脱、镂雕、金银绘、髹漆、彩绘镂雕、平脱金银、木画等多种装饰技法,追求华丽润妍的审美效果。唐代的"木画"为著名木工装饰加工方法,大量运用于家具装饰上,所谓木画是唐代创造的一种精巧华美的工艺,实际上就是木镶嵌,是用染色的象牙、

图 4-42

鹿角、黄杨木等制成装饰花纹,镶嵌在以紫檀、桑木等质地的木器上,日本正仓院收藏唐代家具中有木画装饰,有凭几用木画装饰,边镶金银花纹,造型优美,纹饰华丽。多种装饰手法并用,丰富了唐代家具工艺的艺术表现力(图 4-42)。

其三,装饰题材面向自然和生活,采用花朵木草、飞禽走兽、人物水山等现实生活题材,美丽华妍的花朵、生机盎然的卷草、自由飞翔的禽鸟、翩翩起舞的蜂蝶,常常把我们带入到了一个鸟语花香、生机勃勃的春天世界。如晚唐螺钿黑漆经箱,经箱图案用螺钿装饰,盖面用贝片嵌三朵并连团花,盖身正背面各有四组贝片组成花叶纹组成二方连续图案,间饰六只飞鸟贝片,螺钿间饰珠宝。箱身嵌石榴、花卉纹图案,台座四周嵌四瓣花形、鸡心形等小贝片。整个经箱雍容富贵,具有浓厚的生活情趣。

总之,唐代家具的装饰艺术风格是博大清新、华丽润妍,与大唐缤纷富丽的风格特征一致。

家具品类举要

1.陶瓷椅

隋代

1959 年河南安阳张盛墓出土。为明器。椅面呈长条形,椅腿为一筒形,并与长方形靠背连板合成。同出土的还有瓷案、瓷凭几、瓷柜(正面有锁饰)、瓷凳和瓷棋盘等。这套瓷器小家具是目前发现唯一的隋代实物家具。椅、凳属于高型家具,说明这时期人们生活习俗已悄悄改变,开始使用渐高家具。这批高型家具造型古朴笨拙,带有明显的原始特点,从而反映了低矮家具向高型家具过渡的时代特点。高 5.2 厘米、长 7.5 厘米、宽 1.3 厘米。现藏于河南省博物馆(图 4-43)。

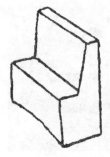

图 4-43

2.徐敏行墓宴享伎乐图

隋代

1976 年山东嘉祥英山 1 号隋墓出土。此图绘于墓室北墙。图中描绘徐敏行夫妇的宴饮场面,绛帐开启,悬垂于榻两旁,徐氏夫妇正襟端坐榻上举杯相敬,面前摆满果蔬食品,后设山水屏风。木榻两边各立侍女和奏乐者。榻前庭中有踢球人身着胡服,球用绳系于腰间,两目注视踢起球,一腿曲盘上踢,两手做起舞状,与鼓乐合拍按节,其全神贯注之状,使观者神往。值得注意的是,图中的榻与魏晋时期箱型结构榻无区别,呈长方形,每边蕊板有两个壸门装饰,墓主人活动于床榻之上,仍保留汉魏以来的坐榻习俗。墓主徐敏行,隋代杨广一朝做过驾部侍郎,此墓葬于隋开皇四年(584 年)。由于隋代时间很短,所出土家具不多,壁画榻的造型填补了隋代床榻型家具的空白,对于研究隋代家具风格有着重要价值。纵 75 厘米、横 94 厘米。现藏于山东省博物馆(图 4-44)。

3.高型陶灶形器

隋代

1953 年湖北武汉出土。此灶形器前有头梳双髻、身穿窄袖罩衫、着长裙、束腰带的女俑,正在低头立于灶形器前洗碗。此灶形器有三孔内空,从人的比例来看为高型家具,即高型陶灶形器。高 21 厘米。现藏于湖北省博物馆(图 4-45)。

图 4-44

4.三彩釉陶榻

初唐

1973 年陕西富平李凤墓出土。榻面呈长方形,四周有围栏,前面阙门。榻四周前各有两个壸门装饰。榻面及榻边均施黄、绿、褐色彩釉,并饰环形纹饰。唐代属于高低家具并存时期,初唐时期人们仍保留跪坐和盘坐遗风,所以低矮榻型家具仍很流行,其他考古资料也可

图 4-45

证实这一特点。由于人们席地而坐、在床榻上伸足平坐、侧身斜坐、盘足坐及垂足坐等习俗同时存在，与之相适应的高低家具同时存在。三彩釉陶榻虽属家具模型，反映了唐代初期家具特点，颇为珍贵。高 6.5 厘米、长 26 厘米、宽 19.2 厘米。现藏陕西省博物馆（图 4-46）。

图 4-46

5.高元珪墓壁画扶手椅

唐代

20 世纪五十年代陕西西安郊区出土。该墓由于壁画剥落，只见有人坐在椅子上，旁边有侍者的部分形象，此椅为四方形立柱状，可能为四足，非常粗大，靠背的立柱与横木之间，由弓形搭脑相托，两端出头并翘起，椅的形象拙朴。该墓死者为大宦官高力士之弟高元珪，他官阶为明威将军，从四品，死于天宝十五年

图 4-47

（756 年）。这是目前所知有纪年的最早世俗生活中使用的椅子图像。敦煌莫高窟壁画中的禅僧座椅一般是陈设于露天院中单独使用，而该椅绘于墓室主壁，椅上之人应为墓主人，居中陈于室内，表明当时较高级官员家庭已使用这种新式高足座具（图 4-47）。

图 4-48

6.三彩陶坐墩俑

唐代

1955 年陕西西安王家坟 90 号唐墓出土。唐代贵妇，头束高髻，面庞丰润，粉面朱唇，额贴花钿，衣着华丽，双臂向上弯曲，双膝并拢端坐于束腰腰鼓形坐墩上，腰鼓形坐墩面上覆蔓草宝相花蒲垫，施黄、绿相间的彩釉，贵妇身穿白地绿色贴花露胸半臂衣，翠绿百褶裙，裙上贴淡褐色柿蒂形花，脚穿云头履遥，并与之相呼应，更显唐式坐墩的华丽风采。此俑所坐腰鼓形坐墩为唐代坐墩的典型形象。高 47.3 厘米、宽 19.2 厘米。现藏于陕西省博物馆（图 4-48）。

7.青瓷翘头案

初唐

1958 年湖南长沙赤岗冲 4 号唐墓出土。明器。案呈长条形,两端卷沿翘头,如同明清时期"飞角""翘头案"。下有栅形足,插入下面横枨之中。青瓷案虽为陶瓷模型,但反映了当时案形家具的特征,仍为矮型,说明初唐高低家具并存的特点。高 3.5 厘米、长 8.5 厘米、宽 4.5 厘米。现藏湖南省博物馆(图 4–49)。

8.青瓷翘头案

唐代

1956 年湖南长沙烈士公园 4 号唐墓出土。其造型与上相同。20 世纪五十年代长沙地区出土过许多类似的唐代案。高 5 厘米、长 12.7 厘米、宽 7.7 厘米。此物现藏于湖南省博物馆(图 4–50)。

9.鎏金花鸟孔雀纹银方箱

唐代

1970 年陕西西安南郊何家村唐代窖藏出土。正方形,盝顶盖,盖与器作子母口扣合。正面有锁,背面以两枚杏叶形钩环使盖与器相连。锤击成型,平錾花纹,鱼子纹地。盖顶满饰花草纹,四坡和盖沿皆饰蔓草纹。正面为一对振翅扬尾的孔雀,各衔一枝蔓草,双脚蹬莲花,口衔下垂的莲蓬状物,并衬以山峰、花鸟、流云、萱草。空间饰花草、岩山、飞鸟和天鹅,地饰鱼子纹。两侧饰蔓草和碎花纹。纹饰细密,主题鲜明,别有情趣。右侧刻两童戏犬,间以鸳鸯和花草。左侧为鼓翼而立的对凤,亦衬以花鸟和流云。背面正中为一株对称的折枝莲蓬,并饰以鸿雁、花草和流云。

何家村唐代窖藏共出土文物一千多件,其中金银器 270 件,鎏金花鸟孔雀纹银方箱为其中的一件。经过鉴定当时金银器工艺极为复杂精细,器物成形以钣金和浇铸为主,技巧纯熟。箱子纹饰和造型一改过去形式,将传统朱雀、云卷等纹饰与外来莲花、葡萄以及对称的花草、鸟衔花带等纹饰巧妙组合,灵活运用,器沿多采取波纹组成的二方连续装饰,器物中心采取单独纹饰。表现了唐代独

图 4–49

图 4–50

古雅精丽:辨藏中国古代家具

有的艺术形式和浓郁的生活气息，充满了花舞大唐春的华贵风采，创造了我国历史上家具装饰的繁荣时期。高10.5厘米、长12.1厘米、宽12.1厘米。现藏于陕西省博物馆（图4-51、4-52、4-53、4-54）。

图4-51

10.螺钿黑漆木胎经箱
晚唐五代时期

1978年江苏苏州瑞光塔塔心窖藏出土。经箱分箱盖、身及台座三部分。盝顶盖，盖面用二十多片大小不同的贝片嵌出三朵并连团花纹，四周大贝片上有钻透胎骨的镶嵌孔。盖身四周有花叶纹图案和展翅的飞鸟贝片。螺钿纹饰中嵌珠宝，这种工艺流行于唐代。箱身正背面嵌石榴、花卉纹图案，两侧用较大的贝片组成花叶图案。台座用须弥座形式，设壶门，两边各施五瓣形贝片图案。盖、身、台座四周边缘由细小贝片镶嵌成带形纹饰。整个经箱具有大唐华丽润妍的风韵。箱板贴麻布髹黑漆，所有纹饰均用螺钿镶嵌图案，所用大小贝片共约七百片，上施细雕刻纹。此箱是目前已知的唐代以来盛行嵌螺钿木胎漆器家具中最早的一件实例，对研究晚唐、五代以来螺钿家具工艺具有重要的意义。高12.5厘米、长35厘米、宽12厘米。现藏于江苏苏州市博物馆（图4-55）。

图4-52

图4-53

11.三彩陶钱柜
唐代

1955年陕西西安王家坟村90号唐墓出土。为明器。柜子呈长方体，柜盖为平顶，呈长方形，柜面两端有脊棱，使四角形成三形柱子。顶部靠一边有长方形盖，可以开启，盖子边上有很小的缝，柜正面有两个小圆孔，穿插锁而用。柜身下有方形四足，较粗壮。柜周身施黄、绿、红色彩釉，柜身四周刻有凸起对称兽面纹和乳丁纹，方形四足也施有乳丁纹，其造型与河南灵宝张湾汉墓出土陶柜相似。高13.3厘米、

图4-54

图4-55

图 4-56　　　　　　　　　图 4-57　　　　　　　　图 4-58

长 15.5 厘米、宽 12.1 厘米。现藏于河南省博物馆(图 4-56)。

12.牧马图八曲屏风画(2 幅)

唐

1972 年新疆维吾尔自治区吐鲁番阿斯塔那 188 号墓出土。牧马图屏风画的一部分,绢本设色。每扇画一鞍马、一侍马人。骏马形象、毛色、姿态各异。侍马人也身着不同服装,或执鞭牵马,或伫立恭候主人。天空中白云缭绕,燕雀纷飞。这批屏风画是代替壁画用来装饰墓室的,生动表现了墓主人生前生活,反映了边塞的牧马风情。屏风画是绘于屏风上的图画,用于装饰屏风。考古发现的唐墓壁画里有屏风式样的绘画,敦煌石窟画中也可寻到唐代屏风的踪迹,而用唐代屏风也有实物出土。唐代许多有名的画家都画过屏风画,屏风画绘画题材有人物、山水,也有鞍马、花鸟。作为装饰品,它美化了唐人的居住环境;作为绘画艺术品,它展示了唐人的绘画艺术;作为一种物化载体,它成为了唐人对物质生活追求的一个缩影。高 73.5—74.7 厘米、宽 56.5—58.3 厘米。现藏于新疆维吾尔自治区博物馆(图 4-57、4-58)。

13.木榻

五代

1975 年江苏邗江蔡庄五代墓出土。榻为平台式,榻面由两根长边、两根短边仿 45 度格角榫做法组成边框。中间设托枨 7 根,上面用铁钉钉上木条 9 根,用钉子钉于托枨上。榻有扁方 4 足,前后腿之间有一根侧撑。足为曲线构成的如意云头,榻的腿部与腿部上端同大边交接所置角牙均为如意云头纹装饰,如意云头装饰是当时流行的式样。榻屉木条上原应铺席荐、织物垫褥等物,今已腐毁无存。榻采用多根有间隙排列的木条做法,有弹性也通风通气。此墓为五代时吴太祖杨行密女儿浔阳公主墓,共出土 4 张这样木器家具,陈增弼先生认为此家具应为榻。高 57 厘米、长 188 厘米、宽 94 厘米。现藏于扬州市博物馆(图 4-59)。

14.王齐翰《勘书图》

五代

王齐翰的《勘书图》纵 28.4 厘米、横 65.7
厘米。绢本,绢质粗而黝黯,已有多处破碎。图
中有三曲屏风,可折叠,其下有托座。屏风面
上描绘着三幅山林丘壑的山水画。屏风前置
一木榻,造型与江苏邗江县蔡庄五代墓出土
的木榻造型和纹饰相同,榻腿部与腿部上端
同大边交接所置角牙为如意云头纹。画面右
边怡然自得的文士正坐在扶手椅上,有椅披,
靠背搭脑挑出。前置一方形桌,四足,四周有
侧枨。王齐翰是五代(907—960 年)南唐著名
画家,后来在李煜画院中担任翰林待诏。《勘
书图》不仅反映了王齐翰的艺术风格,更可贵
的是使人们见到当时贵族家庭的家具陈设和
风俗生活(图 4-60)。

图 4-59

图 4-60

15.《浮雕女乐图》

五代

图 4-61

1996 年河北曲阳五代壁画墓出土。浮雕长 1.36 米、宽 0.82 米、厚 0.17—0.23 米。西壁
浮雕人物有 15 个,两列乐伎所奏乐器,前列自前至后依次为竖箜篌、筝、曲颈琵琶、拍板、
大鼓,竖箜篌及筝置于高凳和矮凳之上,凳面方形,四足,有侧枨。大鼓摆设在鼓架上,鼓
架为四足。后列为笙、方响、答腊鼓各一,筚篥、横笛各二,虽有前列乐会遮挡,但仍可看答
腊鼓置于凳之上,携知方响下也应有凳承托。

河北曲阳五代墓主人是唐末五代时期义武军节度使王处直,是当时河北地区重要藩
镇将领,死于 923 年,次年下葬。王处直墓浮雕精美,《女乐图》中雕刻有凳类高型家具,说
明高型家具已在高级官员家庭推广使用(图 4-61)。

结语

隋唐五代时期家具工艺的发展,以唐代最为典型。因为隋代时间太短,遗留下的家具
实物不多。五代时期也具有明显过渡时期的特点。唐代是我国封建社会鼎盛时期,社会安

定,文化繁荣,家具制作在继承汉魏风格和吸收外来文化的基础上,进入一个新的历史发展阶段。唐代社会经济空前发展,促进家具工艺制作的兴盛。唐代国力富强,政治开明,思想开放,人的思想意识得到解放,使得家具工艺制作和装饰意匠上追求清新自由的格调,摆脱了汉魏以来古拙原始的特点,取而代之是华丽润妍的艺术风格。其主要特点是:

其一,造型浑圆丰满。唐代家具造型设计特点,多运用大弧度外向曲线,家具造型浑厚圆润,与唐代贵妇体态丰腴形象融为一体。从图像资料看唐代家具,不论床榻或凳椅的足,总是博大庄重,月牙凳、腰鼓墩造型体态敦厚,给人一种圆润丰满之感觉。

其二,装饰纹样生活化。唐代家具装饰纹样,一改过去以瑞兽纹、云气纹占主导地位的传统特点,取法自然,面向生活,富有浓厚的生活情趣,大量应用自然界山水花草、珍禽瑞鸟、人物故事、宝相花等纹样,组成了极富生活情趣的画面。

其三,装饰技术多样。运用多种装饰方法,追求华丽润妍的装饰效果,如镂雕、螺钿、平脱金银、木画等。多种装饰手法的并用,大大丰富了唐代家具工艺的艺术表现力,使家具装饰呈现出千姿百态的艺术魅力。

总之,大唐家具品种造型繁多缤纷,装饰风格华丽润妍,它熔铸东南西北、糅合古今中外,创造了灿烂的盛唐家具工艺风格,不仅对国内家具工艺的发展产生了深远影响,而且在世界家具史上占有重要地位,放射出璀璨的光芒。五代家具上承隋唐,下启宋元,是高低型家具共存向高型家具普及的一个特定过渡时期,为后世家具步入成熟奠定了坚实基础。

注释:
1 考古研究所安阳发掘队:《安阳隋张盛墓发掘记》,《考古》1959 年第 10 期。
2 陕西省博物馆、文管会:《唐李寿墓发掘简报》,《文物》1974 年第 9 期。
3 朱大渭:《胡床、小床和椅子》,《文史知识》1989 年第 5 期。
4 贺梓城:《唐墓壁画》,《文物》1959 年第 8 期。
5 崔咏雪:《中国家具史——坐具篇》,明文书局,1990 年。
6 沈从文:《中国古代服饰研究》,上海书店出版社,2002 年。
7 何汉南:《西安东郊王家坟清理了一座唐墓》,《文物》1955 年第 9 期。
8 李献奇:《洛阳清理一座唐墓》,《文物》1965 年第 7 期。
9 杨泓:《敦煌莫高窟与中国古代家具史研究之二》,1992 年明式家具国际学术研讨会。
10 何介钧、刘道义:《湖南长沙牛角塘唐墓》,《考古》1964 年第 12 期。
11 湖南省博物馆馆藏。
12 陕西省博物馆等:《西安南郊何家村发现平顶唐代窖藏文物》,《文物》1972 年第 1 期。
13 陕西省文物管理委员会:《西安王坟村第 90 号唐墓清理简报》,《文物》1956 年第 8 期。
14 聂菲:《法门寺地宫出土内置秘色瓷漆盒应为家具考》,《文物》2014 年第 1 期。
15 唐刚卯:《跋敦煌文书〈某寺常住什物交割点检历〉——关于唐代家具的一点思考》,《魏晋南北朝隋唐史资料》2000 年。
16 唐耕耦、陆宏基编,全国图书馆文献缩微复制中心 1990 年出版的《敦煌社会经济文献真迹释录》第 3 册第39页已将文书照片并加释文收入。编者原题为《年代不明(公元十世纪)某寺常住什物交割点检历》,文书已残,仅存其中38行。

17 唐刚卯:《跋敦煌文书〈某寺常住什物交割点检历〉——关于唐代家具的一点思考》,《魏晋南北朝隋唐史资料》2000年。

18 唐耕耦、陆宏基编,全国图书馆文献缩微复制中心1990年出版的《敦煌社会经济文献真迹释录》;唐刚卯:《跋敦煌文书〈某寺常住什物交割点检历〉——关于唐代家具的一点思考》,《魏晋南北朝隋唐史资料》2000年。

19 唐耕耦、陆宏基编,全国图书馆文献缩微复制中心1990年出版的《敦煌社会经济文献真迹释录》;唐刚卯:《跋敦煌文书〈某寺常住什物交割点检历〉——关于唐代家具的一点思考》,《魏晋南北朝隋唐史资料》2000年。

20 陕西省考古研究院、法门寺博物馆等:《法门寺考古发掘报告》,文物出版社,2007年。

21 布目潮沨著:《中国名茶纪行》(新潮社,1991年)。

22 唐刚卯:《跋敦煌文书〈某寺常住什物交割点检历〉——关于唐代家具的一点思考》,《魏晋南北朝隋唐史资料》2000年。

23 扬州博物馆:《江苏邗江蔡庄五代墓清理简报》,《文物》1980年第8期。

24 陈增弼:《千年古榻》,《文物》1984年第6期。

25 河北省文物研究所等:《河北曲阳五代壁画墓发掘简报》,《文物》1996年第6期。

第五章　简洁隽秀：
宋元时期高型家具

（公元 960 年至公元 1368 年）

社会简况

公元 10 世纪六十年代建立的北宋，结束了五代十国时期的分裂局面，实现了局部统一。与北宋并存的少数民族政权，有东北的辽、西北的西夏、西南的吐鲁和大理。宋、辽、西夏之间发生过多次战争，但也保持了相当长时间的和平局面。1125 年至 1127 年，金相继攻灭北宋，占据了淮河以北的广大地区。赵宋王朝从开封迁都杭州，史称南宋。金军多次南侵，遭到宋军抵抗，形成了长期对峙局面。

宋、辽、西夏、金时期，经济重心转移到南方，农耕生产方式逐渐扩展到边疆地区，突出特点为：大中型城市兴盛、商品经济繁荣、海上贸易频繁、科学技术巨大进步，三大发明闻名于世。这时期官营手工业机构比唐代更为庞大，据《宋史·职官志》所载工部："掌金银犀玉工巧及采绘、装钿之饰"，其中金、银、玉、牙、刺绣、缂丝等有 42 种，手工业生产规模和产品数量都超过了前代。在长期安定的局面下，农业、手工业生产获得新的进步，大批农业人口转向工商行业，促使一批大中型城市迅速崛起，经济贸易突破了坊与市、白昼与黑夜的界限，小城镇也非常兴旺。北宋真宗初年，出现了世界上最早的纸币——交子，并得到广泛使用。宋孟元老《东京梦华录》、吴自牧《梦粱录》等，详细记载了汴梁、杭州等地诸行百市的热闹情况，举世闻名的《清明上河图》再现了汴梁市井繁华景象。宋朝船只航行于内河，也远航于大洋之中，可见木作技术之高超。宋代造纸和印刷业十分发达，丝织品和瓷器远销海外，南宋初年，管理海外贸易市舶司每年收入高达 200 万贯，可见海外贸易之盛况。北宋末还编制了官式建筑法规《营造法式》。总之,两宋手工业的繁荣和商业的发展为宋代家具工艺的发展奠定了经济基础。

1279年,南宋被北方蒙古族成吉思汗建立的游牧民族大帝国所灭。剽悍的蒙古军队先后灭了北方的金、西夏、南方的宋,称国号为元,定都大都(今北京)。元朝是中国历史上蒙古族统治者建立的一个统一王朝,从而结束了自宋以来软弱无力的政治局面。大元帝国版图辽阔,国势强大,海陆交通发达,贸易频繁,密切了众多民族文化联系,促进了海外文化交流,从而也促进了各项手工业的发展。

成熟普及:高型家具繁盛

经济发展,城市繁荣,海外贸易,高超木作技术,为宋代家具的发展奠定了基础。家具发展到这个时期,已基本完成了由席地而坐到垂足而坐的社会变革,高型家具成熟普及,广泛普及到民间,在日常生活中逐渐占据了统治地位,家具结构、造型和制作工艺风格简洁隽秀,呈现出欣欣向荣的局面。至元代,拥有一支浩荡的工匠队伍,促使家具制造业向前发展,由于文化背景的不同,元代家具出现与宋代家具迥异的风格,传世绘画作品和大量考古发现为此提供了丰富多彩的形象资料。总之,宋元时期,是中国古代家具的重要发展时期,为明清家具的繁荣打下了基础。

(一)琳琅隽秀

宋代高型家具已经到了相当成熟的程度,高型家具普及到了普通百姓家庭。其突出特点是:

图5-1

其一,精致成熟的家具工艺。宋代家具在造型和结构方面受建筑梁柱式框架结构影响较大,家具中出现了一种纯仿建筑木构架的式样和做法,以梁柱式框架结构代替以前箱型壶门结构,成为家具结构的主体。家具工艺中大量应用装饰性线脚,丰富家具造型。家具构件更加精致,桌面下出现束腰,面与腿连接处出现牙条、罗锅枨(图5-1)、霸王枨、矮老(图5-2)、托泥下加龟脚等工艺,腿足断面除方形和圆形,不定期出现了马蹄形。

其二,丰富多彩的家具品类。宋代高型家具种类繁多,涉及坐卧类、置物类、储藏类、支架类、屏蔽类等家具的各个方面,还出现了许多新品种,如琴桌(图5-3)、折叠桌、小炕桌、交椅、抽屉橱等。高型几案品种不断增多，有曲足高型几、直足双面高型几、直足单面高型几。出现了家具专门名称，如宋代黄长睿

图 5-2

图 5-3

所著《燕几图》中的燕几，即初为六几，后增一小几，合而为七，纵横排列，按图设席，以娱宾客。还有专门烧香祈祷的香几，进食用的宴几，喝茶时用的茶几等。高型家具的代表桌、椅和凳，自唐、五代以来又有很大的发展，高度增加，结构更加合理。高凳出现了带托泥和不带托泥两种形式，还出现了四周开光的大圆墩(图5-4)。椅子有灯挂椅、太师椅、四出头椅、圈椅、类似睡椅的斜靠背椅(图5-5)等，四出头是指靠背椅子搭脑两端、左右扶手前端出头，隋唐壁画已有出现，金墓中出土了实物。如大同金代阎德源墓出土椅子，高为20.5厘米，形为四出头官帽椅，靠背为竖向木板，前后、左中有枨。椅腿上细下粗，椅面下四周均饰有圆头花牙子(图5-6)。储藏类家具也出现了新品种，如出门仆人挑着的行李箱，为长方形，箱身多层，上有盖，面有拉手，两设提环，下有短足，河南方城盐店庄宋墓出土了行李箱(图5-7)[1]，此箱子在河北宣化下八里辽张世卿墓壁画中出现，为五层带盖多层箱(图5-8)。还有四方书箱。大型立柜源于汉代橱，如宋画《蚕织图》表现村妇将丝织物放入柜内，柜形高大，顶为梯形，类似汉代幄帐顶，门为两面开合形，柜中为二格储藏衣物，四足之间有角牙(图5-9、5-10)。

图 5-4

图 5-5

图 5-6

图 5-7

其三，简洁隽秀的家具风格。面对历次荣辱兴衰，冷静的宋人已进入了一个理性思考的阶段。宋代在政治上，实行"重文抑武"的政策，对于北方少数民族的入侵采取忍辱苟安

图 5-8

的政策，在中国历史上表现得软弱无能。宋人在哲学上，选择尊崇自然的道教、倡导秩序的儒教性理学，以节俭简洁为美和工艺规范为美。宋代皇室重文，这时

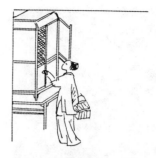

图 5-9

期出现了不少大词家、画家和书法家。至南宋，偏安江南水乡，带有浙江地方特色，南宋园林凭借优越的自然环境和文化背景，与词、画结合意境深长，崇尚简洁疏朗风格。各因素影响着宋代家具的装饰风格，在家具制作和艺术风格方面，与唐代家具宏博华丽风格不同的是宋代文人文化直接影响了家具风格的形成，呈现出结构简洁工整、装饰文雅隽秀的风格。宋代家具仿建筑木构梁架做法，大多方方正正，比例优美，多数以直线部件榫卯而成，这些直线部件均按照严谨尺度刻意推敲出来，使人观其外简洁刚直，观其内隽永挺秀，耐人寻味，体现了宋人以节俭简洁为美的观念(图 5-11)。

图 5-10

图 5-11

其四，诗情画意的家具陈设。宋代家具尺度普遍增高反过来又影响到建筑室内尺度的升高。从宋代起，室内空间布置灵活多样，并与诗、词和画意相结合，家具在室内陈设有了一定格局，大体上有对称和不对称式（图 5-12）。宋代壁画和考古发现为家具组合陈设提供了资料。白沙宋墓出土的壁画，巨鹿宋墓出土的桌椅，说明当时一桌二椅的陈设形式。河南宜阳县莲庄乡坡窑村发现画像石棺上"墓主夫妇饮茶图"更加形象生动，四腿长方桌摆放盘果，墓主夫妇对坐于桌左右两侧靠背椅上，椅上有椅披，为典型灯挂椅，夫妇双手捧茶杯，其余侍从分左右立于主人后面（图 5-13）[2]。宋式住宅屏风通常置于厅堂正面，屏风前置椅，两侧各有四椅相对，或仅在屏风前置二圆凳，供宾主对谈。书房与卧室布局常采用不对称式，此

图 5-12

为明式家具文人居室陈设奠定了基础。

图 5-13

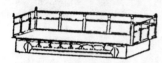

图 5-14

图 5-15

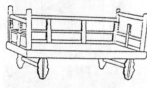

图 5-16

1.有特色的栏杆式围床

两宋时期的箱形结构床榻、四足平板榻、带屏床榻基本上保留了汉唐时期的遗风，只是足有所增高，变化不大。但与宋对峙的辽、金家具却有很大发展，从出土实物和壁画看，栏杆式围床最具特色。带栏杆围床是辽、金床榻类家具中最有特色的家具，床周围有间柱，即嵌有栏杆也有围板，床体有箱型壶门结构和四足形结构。如内蒙古翁牛特旗解放营子出土的辽代箱型结构栏杆式围板木床，通高72厘米、宽112厘米、长237厘米，足为箱型壶门结构，上铺木板。左、右、后三面有间柱，分上下两部分，上部栏杆式，下部嵌围板。角柱用卯榫固定在床板上，栏柱有雕饰。正面床沿镶有八个桃形图案，内涂朱红色。底座与床面不用卯榫固定，可以挪动（图5-14）[3]。山西大同金代阎德源墓出土的金代四足形栏杆式围板床，杏木制，长40.4厘米、宽25.5厘米、高20厘米。由足、围板、间柱、床板四部分组成，形制基本同上，只是床腿为四足，足雕有花纹，两侧有枨，造型美观，结构精致（图5-15、5-16）[4]。

2.以官阶命名的"太师椅"

宋代出现的太师椅是一种具有折叠功能的交椅，它是我国古代家具以官阶命名为数不多的特例，它的命名与当时奸相秦桧相联系。日本人诸桥辙次著《大汉和辞典》中对"太师椅"条做了这样解释："宋朝太师秦桧坐过的椅子。背高呈圆形，现称大圈椅为太师椅。"宋人张端义著《贵耳集》介绍这种椅子是过去胡床发展而来，与宋代太师秦桧有联系，故也称太师椅。《贵耳集》曰："今之校椅，古之胡床也，自来只有栲栳样，宰执侍从皆用之。因秦师垣在国忌所偃仰，片时坠巾。京尹吴渊奉承时相，出意撰制荷叶托首四十柄，载赴国忌所，遗匠者顷刻添上，凡宰执侍从皆有之，遂号太师样。今诸郡守卒必坐银校椅，此藩镇所用之物，今改为太师椅，非古制也。""校椅"即交椅，顾名思义，两足相交的一种椅子，是从胡床发展演变而来的，是宋代一种新型家具。"秦师垣"即秦桧，"奉承时相"而改进"太师样"座椅，是一种所谓"栲栳样"的交椅，《集韵》曰："屈竹为器呼为考老或栲栳……"屈曲竹木为圈形,栲栳即屈木为器,"栲栳样"的交椅就是一种圆形椅圈的交椅,且加有荷叶托首,"非古制也",是创制出来的新型交椅。说宋代太师椅的特征,一种扶手为圆形、可开合折叠的交椅,靠背上插有木制荷叶形托首,可供仰息。

图 5-17

其实,太师椅只是宋代交椅的一种形式,宋代交椅形式很多,陈增弼先生在《太师椅考》文中概括成四种形式:其一,直形搭脑、横向靠背式,如宋画《清明上河图》中的药铺柜前有这种交椅(图 5-17);其二,弓形搭脑、竖向靠背式,见宋萧照《中兴祯应图》,后元明清一直沿用(图 5-18);其三,圆形搭脑、竖向靠背式,又称"栲栳圈",搭脑为圆形,宋画《蕉荫击球图》中有这种交椅,为我国古代木匠的一大创造(图 5-19);其四,圆形搭脑、竖向靠背式、附加荷叶表托首式,圆形搭脑形成圆形的椅圈,上有带柄木制荷叶形托首插于背项后面,可供仰首寝息,椅子可开合折叠,为宋代太师椅特征,宋人称之为"太师椅"。安有荷叶托首太师椅形象,在宋人《春游晚归图》中描绘得很清晰(图 5-20)。《春游晚归图》画的是宋代一个高级官宦春游骑马而归,马前马后有数十侍从簇拥,马后一个侍从肩扛的正是一件这样的太师椅。从发展看,这种功能完备、构造复杂的太师椅是四种交椅中较晚的一种,它出现于南宋,曾经作为一种家具新式样流行一时,宋人笔记中多有记录[5]。

图 5-18

图 5-19

除了与具体的历史人物相联系而命名的"太师椅"(即带荷叶托首的交椅)后世不见以外(也许与唾弃秦桧有关),宋代出现的直形搭脑的两种交椅和圆形搭脑、竖向靠背的交椅,仍然在元、明时期流行,称其为交椅。明代人常把圈椅称为太师椅。清代以来,太师椅是一种风格稳重、尺寸稍大的扶手椅。

3.有趣的灯挂椅

从出土文物和宋代画看,宋代椅子使用非常普及,且品种很多,其中有一种靠背椅最上端横柱即搭脑两端向外挑出,有的形成优美而又富有情趣的弓形,这种式样酷似江南

图 5-20

农村竹制油盏灯的提梁,所以人们又称其为"灯挂椅"。灯挂椅为宋代常见的椅子形式之一。考古发掘中,有关灯挂椅的实物资料很多。

如新中国成立前河北省巨鹿县北宋遗址出土北宋木椅。此木椅沉睡于深泥沙之下达八百年之久,虽已散架,但构件保存完整,后经修复,现藏于南京博物院。该椅通高115.8厘米、座高60厘米、座前宽59厘米、座后宽57厘米、座深53厘米。搭脑水平,两端向外挑出,为灯挂椅式造型。靠背为打槽装板做法,座面为攒边做法,中嵌实木板为芯板,椅面抹头和后大边的与后腿直接相接,而抹头与前大边已用45度夹角榫做法,说明我国家具攒边作法在北宋初期尚处初步形成阶段。前腿下端有双枨,枨间有拦板,枨下有牙板。坐垫下面前、左、右三面皆有带牙头的牙板。椅腿间都有一根枨子。通体髹桐油。椅座下有明确题款纪年,墨书"崇宁叁年叁月贰拾肆日造壹样椅子肆只",另处墨书"徐宅落"三字。说明此椅制作时间为北宋崇宁三年(1104年),当初制造同样椅子共四件,为徐宅所使用的。此件北宋实用木椅的出土,使我们一睹宋代实用家具风貌,也为研究宋代家具树立了标准器。

1994年以来,在浙江宁波东15公里东钱湖周围山岙中发现一百八十多件南宋墓道石刻,南宋史诏墓道前有仿木结构石制靠背椅,根据宋代木椅雕制而成。此石椅被大面积椅披所覆盖,椅子中间为实心,椅面下有牙角,下有腿踏。靠背上方横置的水平搭脑已残断,从残存痕迹看,圆形断面搭脑是向两侧挑出的。椅腿运用侧脚手法,使家具具有一定的稳定感,这种做法被明式椅所继承。使用略向后倾的座倾角,除使人体靠上舒适外,也使椅子造型显得活泼。椅子侧枨使用了剑脊线(指家具构件的线脚采取一种像宝剑的断面造型),这是运用剑脊线较早的一件家具。椅子两侧座屉下部有构造与装饰双重作用的牙板,在钜鹿宋椅,江阴宋椅,盐城宋椅均使用了刀牙板,说明在宋代已广泛使用,并为明代家具所沿用。座屉使用"两格角榫座屉"构造做法。此椅是按木椅真实大小雕制而成的,为人们认识南宋椅类家具提供了直接的各种尺寸数据,此椅还使我们了解到宋代椅子与人体尺寸的关系等。陈增弼先生依据石椅外露构件和其他出土宋椅进行比较,并进行测绘,认为是宋代典型的灯挂椅(图5-21)。

据墓志铭记载,史诏(1057—1130年),字升之。史诏从小知书达理,成年后诗书为伴,以教书为业,倡导所谓"八行",宋徽宗闻奏下诏请他入京,史诏坚辞不受,并从城内迁居东钱湖下水隐居。建炎四年(1130年),史诏死后葬

图5-21

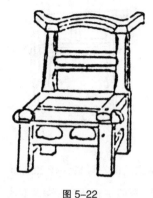

图 5-22

于绿野岙。史诏有五子,其中史师才是政和八年(1118年)的进士,官至参知政事,墓前石雕和石椅子是史师才替他父亲雕造的,石椅原有二把,一把不久被破坏,另一把经文物管理部门努力,从农民家收集后归放原处,于是乎这把石椅就成了一件特殊的随葬品。史诏本人不是贵族,宅居水乡山村,说明至少在北宋末年至南宋初年高型家具不属官府所独享,已经流入普通百姓家庭,此椅在家具史上具有重要的价值。

此外,内蒙古解放营子辽墓出土了木椅(图5-22),河北宣化辽代张文藻墓出土了木椅,辽宁法库叶茂台辽墓出土了漆椅,这些椅都是典型的灯挂椅。以辽宁法库叶茂台辽墓所出土漆椅最为精美,高69.7厘米、长44.7厘米、宽52.8厘米,通本髹赭色漆,漆皮完好[6]。

4.仿建筑木构架做法的桌子

两宋时期所出家具实物很多,有的墓葬甚至于成套出土,使人们一睹宋代实用家具的风貌,洞悉宋代家具尺寸和详细构件,为我们提供了高型家具的丰富信息。

从出土家具看,这时期家具在造型和结构方面,受建筑影响最深的是梁柱式框架结构。我国梁架结构建筑至宋代更加完善,所谓梁架即为我国传统木结构建筑中的一种骨架,一般在柱间上用梁和矮柱重叠装成,用以支承屋面檩条,这种做法对家具影响很大,家具制作中出现一种纯仿建筑木构架的式样和做法,家具造型的梁柱式框架结构代替以前的箱型壸门结构,并成为家具结构的主体。这种纯仿建筑木构架做法在出土的宋代桌、椅中体现尤为突出。如前所述灯挂椅是一种典型仿建筑木构架做法的家具。宋代桌子更具代表性,运用各种装饰手法和结构,有马蹄足、云头足、螺钿装饰、束腰、牙角、横枨及各类线脚的运用。出土的成套木制家具,虽为随葬明器,但也是按实用比例制作而成的,从这些木制家具中可以看到纯仿建筑木构架的做法,从宋代木桌可以看到传统建筑木构架结构的缩影,河北钜鹿北宋木桌、山西大同金代阎德源墓和河北宣化辽代张文藻墓所出木制桌子可以为证。

巨鹿所出北宋木桌,四足高型,高85厘米、长88厘米、宽66.5厘米。面为长方形,腿为圆形,上大下细,像建筑上的柱。前后为单枨,两侧为双枨,像建筑上的梁。桌面与腿子上端有"替木"一样的牙子,一方面起装饰作用,另一方面起辅助支撑作用,边抹与角牙都起有凹线,说明线脚运用已成为当时木工造型的意匠。背面有纪年款"崇宁叁年(1104年)叁月贰肆造壹样桌子贰只",说明此桌为北宋崇宁三年(1104年)制作的,为宋代家具风格

图 5-23

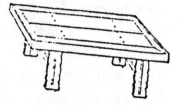

图 5-24

图 5-25

的典型代表(图 5-23)。

内蒙古辽墓和一些宋画出现过此桌。内蒙古解放营子辽墓出土的木矮桌,高 22.8 厘米、长 68 厘米、宽 32 厘米,为四足矮型桌,前后无枨、两侧有枨,有的学者认为是炕桌(图 5-24)。四足作云纹装饰,形制和制作与近代北方小炕桌相似。这时期出现了桌面与单枨之间加矮老(即立柱)的高型桌,一方面为了造型优美,另一方面作为辅托力量,起支撑作用(图 5-25)。

1993 年河北张家口市宣化区出土了辽归化州清河郡张文藻墓[7],张氏一族在当地颇具势力,又是官宦人家。该墓棺前放一大木桌,大木桌上放满了食具,有黄釉和白釉的碗、盘、瓶、漆筷、汤匙以及雁足灯等,碗盘中放置食物。东墙置一小木桌,上置黄釉壶、白瓷碗、碟和匕、筷之类。此外,还有木椅、木镜架、木制衣架等。大木桌,长 97.7 厘米、宽 59 厘米、通高 47 厘米。硬木制成,长方形,四周做出边框。边框两角相交处以榫卯相扣,边框两长边中间用三条横带相连并以榫卯相扣。横带上托由三块薄板组合桌面,桌面和横带之间用楔形木钉钉牢,圆形四足与桌边卯合。四柱足之间有横枨,使四足互相牵制拉紧。小木桌,面长 68.8 厘米、宽 42.5 厘米、通高 33 厘米。属矮脚桌,面为长方形,四周做出边框,中为桌心。边框用长方板做成,四角榫卯扣合。前后边框串以横带上承桌心。桌面和串带间用小木钉契合加固,边框下压出阴线纹。柱足之间以细木为横枨相拉,横枨之间有矮老。此外,在河北宣化下八里辽代张世卿墓壁画,有高低酒桌(图 5-26),四方桌(图 5-27),盝顶箱图像及家具陈设的图像资料(图 5-28)。

1973 年山西大同出土金代道士阎德源墓[8],棺床南侧有三张大供桌,桌上放了小件随葬品,其中出土的二十几件木器放在中间大供桌上,榆木制,高 72 厘米、长 79.5 厘米、宽 53 厘米。由圆腿、圆长、桌面三部分组成。桌面由

图 5-26

四框及中心板组成，下部前后两面饰圆头花牙子。桌上放置各种小件木制明器，有影屏、巾架、榻、茶几、盆架、桌椅等，都是明器小家具。另有长供桌两件，由腿、枨子、桌面三部分组成。木桌1件，杏木质，高12.3厘米、长16.3厘米、宽9.2厘米。由圆腿、圆衬、桌面三部分组成。桌面下前、后两面饰有花牙子。炕桌两件，杏木制，高7.5厘米、面长18.5厘米、宽11.5厘米。由腿、枨、桌面三部分组成。桌面下部前后两面饰有圆头花牙子，桌腿上细下粗。桌面厚重，桌上放置木蜡台。方炕桌1件，由圆腿、圆枨、桌面三部分组成。高8.8厘米、面见方10.5厘米。桌面较厚重，腿粗有侧角，上放置木瓶。山西文水北峪口元墓壁画，有长方形带屉桌，桌面下安两个抽屉，正面有吊环，四足为马蹄形，带托泥（图5-29）。

图 5-27

以上墓中所出木制家具虽为明器，但也是日常用具的仿造，均为纯仿建筑木构架的式样和做法。木桌四足使用圆形构件，像建筑的立柱，将上端渐渐地收细，四脚也向外做出侧脚，两足之间用椭圆形的枨子做成横枨，就好像"梁枋"一样。在桌面和桌腿相结处安装

图 5-28

"替木"一样的木牙子，作为辅助支托力量，以加强承托力，造型古拙而稳重，这种纯仿建筑大木构架式样的家具为后世家具发展奠定了基础。

图 5-29

5.品类繁多的支架

宋代支架类家具迅速发展，品类非常多，有盆架、衣架、镜架、帽架、巾架、灯架等等。如河南禹县白沙1号宋墓壁画绘雕花衣架，衣架有精美雕饰，两头搭脑出头上翘并雕龙首状，搭脑下一两侧有挂牙[9]。此衣架在其他宋墓中也有发现，辽墓张文藻墓出土了一件木衣架，长58厘米、座长31.5厘米、宽31.5厘米、高75厘米。上部呈三角形，上端为一抹角横木杠，木杠两端翘起呈弓角形，以承衣服。横杠中间为一方形抹角立柱，立柱两侧出支撑的斜木，立柱

图 5-30

图 5-31

图 5-32

最下侧为"十"字形座,四面也用斜木支撑。斜枨木之间均做出榫卯,或用竹钉扣嵌以加固。横杠上尚存有织物纹,可以证明为衣架。此墓出土木镜架 1 件,上为横木,横木下左右立柱,柱下做出斜榫,上置斜枨咬定以支撑架身,斜柱下置横木为足。在方横木间夹薄木板两块,以承托镜身。还有镜台(图 5-30)。河南洛阳涧西宋墓西壁浮雕镜架,镜架为三足,侧面两足做曲折状,中部位置有莲花形圆盘(图 5-31),灯架(图 5-32)[10]。白沙宋墓壁浮雕镜台,四足,上端为花叶雕饰,下为方形镜框,底部有花瓣形小足。

宋代盆架为曲足,很像罗汉腿。河南洛阳涧西 13 号宋墓浮雕盆架,三足略向外卷曲。阎德源墓出土盆座两件,杏木质,六棱形,上口椭圆状,由罗汉腿、下衬、围板、座圈四部分组成,足向外卷曲,围板与罗汉腿中间用云纹花牙装饰。罗汉腿与座圈相连接,座圈下部有 6 块十字镂空花纹图案的围板。罗汉腿中部由十字衬支撑。张文藻墓出土木盆架 1 件,顶部为圆形,以 4 块雕成弧形木结合而成,木两端凿成榫卯,下有四个圆柱形足,足中间以"十"字梁相拉,周圈以弧形枨相固。此盆架系实用物,出土时上面放有三彩洗。直径为 34 厘米、残高 24.5 厘米。

此外,在阎德源墓发现帽架、巾架各 1 件,为木制,由四角云头十字架和拱形十字竹架两部分组成。高 14 厘米、见方 34 厘米。出土时放在供桌上,架上有一件绒道冠,冠已朽坏。巾架由十字底座、立杆、横杆三部分组成。通高 18.8 厘米、横杆长 15.2 厘米。横杆两端制成云头状。

6.精致完备的屏风

宋代几乎家家户户厅堂必设屏风,通常总是将屏风摆放在厅堂正中间。家具则以屏风为背景设置。屏风的形式承前并有所发展,并且更加精美。值得一提的是还有一种多扇直立板屏,这种屏风以前不多见。由几扇屏拼在一起为一块整体直立板屏。如宋画《孝经图》有这种屏风(图 5-33)。然而,"宋代屏风的形制较前有了突破性的进展,底座已由汉唐五代时简单的墩子,一跃而成为具有桥形底墩、桨腿站牙以及

图 5-33

窄长横木组合而成的真正的'座'。至此完成了座屏的基本造型。"[11]低窄底座宽大的独扇屏风给人以简单平展、稳定之感。阎德源墓出土屏风两件,为杨木质,通高1.16厘米、全长2.32米,底座高38.7厘米、宽38.3厘米。由云头底座、长方大框、方格架三部分组成,方格架即屏心,系用立档14根、横档4根组成。方格架上裱糊绫,然后书写作画,现仅存残碎片。大同地区辽、金、元墓一般均有壁画,而此墓以屏风画代替壁画,虽为唐、五代屏风画的延续,但少见。

宋代以来,屏风除具有屏蔽风寒、分割空间的实用功能之外,更多是使它赋予某种人格的力量,使其成为一种包含精神文化的载体,屏风审美意义往往大于实用意义。如宋代流行一种小型砚屏,砚屏之名始见于宋人著述。宋赵希鹄《研屏辨》中得知,砚屏是北宋苏东坡、黄山谷等人为刻砚铭以"表而出之"所创始,说明砚屏具有书写展示文字的功用,说明宋代文人试图从家具中寻觅某种精神和道德的力量。宋代还流行小型放置榻端的枕屏,其长度接近榻宽。枕并置于榻端,有避风、避光、屏蔽卧态及审美诸功能,宋人有"枕屏铭"可以为证。宋画《荷亭儿戏图》与《半闲秋兴图》中均绘有枕屏,屏上有峰峦云水状纹理。枕屏、砚屏均中嵌石料,取石头天然纹理加强审美效果[12]。阎德源墓出土砚屏1件,杏木制,由云头底座及屏身两部分组成。通高28.8厘米、屏身长25.7厘米、宽19厘米。大理石画屏,已破碎。在这里,屏风由于精美设计和制作功能完美,而备受人们青睐,由于具有深刻文化内涵和耐人寻味艺术价值,而被世人所珍藏。

(二)风格迥异

元朝时间很短,所留家具资料较少。但有关文献记载,元代拥有一支浩浩荡荡的工匠队伍,促使了家具制作业向前发展。元代榻、屏、桌等家具种类和制作工艺上基本承袭宋、金家具特点,家具功能以实用为主(图5-34),但是与宋代家具有着迥异的风格。由于元朝与宋朝有着不同的文化背景,所处的地理环境也不尽相同,宋代统治者崇文,元朝统治尚武。元朝统治者为蒙古贵族,为了兼并领土,长期作战,习惯于游牧生活,勇猛善战,追求豪华享受,崇尚豪放不羁、雄壮华美的游牧文化的审美趣味。反映在家具制作上,一改宋代家具简洁隽秀的风格,形成了造型厚重粗大、装饰繁复华美的家具风格。随着元代贵族统治者日盛的奢侈风尚,部分家具成为奢侈享用的

图5-34

工艺品，如金银器家具生产日益精美，江苏苏州南郊元代墓葬所出银质镜架，堪称精品（图5-35）。元代家具中多用如意云等图案作装饰，出现了鼓腿彭牙带抽屉桌等新兴家具，

图 5-36　　　　图 5-37

三弯腿（图5-36）、罗汉腿、马蹄足（图5-37）等形式增多，罗锅枨

图 5-35

结构的采用，特别是家具髹漆、雕花、填嵌和雕漆工艺的发展等，说明元代家具的制作技术取得了相当成就。

1.尺寸较大的床榻

床、榻，由于地域上与民族间的接近，元代床榻较多的继承辽金家具的风格，喜用栏杆式带围板的床榻，但尺寸比以前要宽大。如元刻《事林广记》插图中栏杆带围板床。三面有围栏，后栏杆较高，装有雕花围板，两侧栏杆较低，四周有枨，并有牙头装饰，前有踏脚。从图中可以看出，元代栏杆式带围板床榻比辽金时期栏杆式带围板床榻大，硕大床体与豪放不羁、随意而坐的蒙古贵族极为吻合。元墓出土的釉里红瓷床是带围板屏风床，这种屏风床类似以前榻屏，其胎体厚大，雕刻雄丽。元代床榻往往体形硕大，具有典型夸张的审美趣味（图5-38）。

2.有特色的坐具

元代桌、凳、椅等家具已出现外翻马蹄足，所谓马蹄足是一种从腿部延伸到脚头变化微妙的线，这种造型家具足腿自然流畅、坚强有力，具有雄健明快的走势。外翻马蹄足往往与三弯腿连在一起，是明式家具风格特点的典型式样。足头向外称"外翻的马蹄足"，足头向内称"内翻的马蹄足"。内蒙古元宝山元墓壁画圆凳使用向外翻的马蹄足（图5-39）。1976年内蒙古昭盟赤峰三眼井元代壁画墓《出猎图》，有一张花几很有特色，几面较厚，左右、前后两腿间设一横枨，曲足马蹄形。

图 5-38　　　　　　　图 5-39

值得一提的坐具为马杌，在元墓常见扛家具的陶俑，如四川华阳县保和乡元墓出土种肩杌俑，陈增弼先生认为这种扛在肩上的家具是"杌子"，即"下马杌"，专供上马下马踩踏用的[13]。因为元初冠服车舆之制多沿袭金、宋，而骑马之风更为盛行，使用马杌的习惯自然仍旧。《元史·礼乐志一》"进发册宝导从"的仪仗里，有"金杌左，鞭桶右，蒙鞍左，缴手右。"《舆服志》对这几件器物有解释："杌子，四脚小床，银饰之，涂以黄金。"金杌就是涂有金饰的马杌（图5-40）。

图 5-40

这时期圆形搭脑交椅使用更为普遍，还有类似胡床平板交椅也被广泛使用，这就是后来常见的马扎子，也称交杌，永乐宫元代壁画中有交杌。

3.罗锅枨的桌子

元代桌子基本上沿袭两宋的形制，矮型炕桌增多，出现了罗锅枨桌，所谓"罗锅枨"是指中部高两头低的一种枨子，是明式家具中常见样式，罗锅枨最早在元代壁画中被发现。山西洪洞广胜寺水神庙元壁画《渔民售鱼图》，有一长方形桌，其前枨为罗锅枨，可以看出当时工匠在桌子上运用罗锅枨的娴熟程度，这是目前所见且确定使用罗锅枨的最早记录，"改桌子的直枨为罗锅枨是元朝人对中国家具舒适性和适用性的一种创造性的贡献。"[14]

元代高型桌中，出现了长方形带屉桌。山西文水北峪口元墓壁画，有一长方形桌子，其桌面下两个抽屉面上有吊环，四足为马蹄形，带托泥[15]。元代高型桌中另有一种长方形无屉桌。如甘肃漳县元代汪世显家庭墓出土彩绘木桌[16]，两侧有枨，前后无枨，髹朱漆，四足以牡丹花叶纹为地，满雕龙纹，形象生动，刀法有力，雕刻往往采用高浮雕纹饰，有一种凸凹不平的起伏感，具有元代家具风格。

元代方形桌，常加矮老。元画《消夏图》中，有一张方形桌，四周各有二枨，桌面与第一枨之间有三根矮老。《消夏图》大型床榻上放置了一张炕桌，桌面为方形，四足带托泥，有牙头装饰。张德祥先生认为桌腿腋下藏有的曲状结构，其形象极似明代流行的霸王枨（图5-41）。

图 5-41

图 5-42

图 5-43

图 5-44

家具品类举要

1.孩儿卧榻枕

北宋

属景德镇窑的影青。枕座作榻形,一童子侧卧榻之上,悠然酣睡,双手握持荷叶秆茎,荷叶前后下卷,枕面覆盖童子全身。瓷榻为仿木榻而制,榻为长条形,有六个矮足,为卷云纹,榻四周有二方连续卷草花叶纹,可以看出北宋床榻造型优美,纹饰精致。高15厘米、宽15.5厘米、长20.5厘米。现藏于镇江市博物馆(图5-42)。

2.印花三彩陶床

辽

泥质红陶。床为长条形,床沿四边有六圆柱头装饰,四周有对称斜方格纹、海棠花冠和卷云纹图案,床的一端有枕。床周身施绿釉、黄釉,造型别致。高7.8厘米、长15.4厘米、宽7.8厘米。现藏于辽宁省博物馆(图5-43)。

3.木床

金

1973年山西大同阎德源墓出土。杏木制,长方形,由床足、床板、床柱、围板四部分组成。床上铺木板,左、右、后三面有栏杆,栏杆下面有围板,角柱用卯固定在床板上,左、右、后面两面角柱之间各有方形间柱二根,方形间柱雕饰成中间细两头大的两个相对的莲花形。四足为秋叶腿,前后腿之间有侧枨。此床造型美观,结构精致。长40.4厘米、宽25.5厘米、高20厘米(图5-44)。

4.木椅

辽

1993年河北宣化辽代张文藻墓出土。椅座为方形,四边角做出凹槽相扣咬。前两角呈

"十"字形，后两角和靠背相衔接。前后边框凿铆，中置串带两条，带上托椅座面。座面和横带用4枚木钉契合加固，椅背横靠做弓背状，其搭脑两端挑出，很像灯挂椅，下附加一根弓形横梁。四足为方木制成，前两足和椅座边框相卯合，中间装横枨，椅子正面横枨上置挡板，上透雕花朵。四足及横枨压出凹线。此椅出土时置于桌旁，似是桌子的配套家具。高78厘米、长42厘米、宽35.5厘米。此椅为仿建筑梁构架家具，同墓还出土了许多木构架家具。此墓为明确纪年墓葬，墓志记载墓主人死年代为"咸雍十年（1074年）二月二十五日……乃卒"，此墓所出家具可为这时期的断代标准器。椅四足及横枨压出凹线，说明线脚的运用已成为当时木工造型的艺术意匠（图5-45）。

图 5-45

5.四出头扶手椅

金

1973年山西大同阎德源墓出土。杏木制，由腿、椅面、靠背、扶手四部分组成。椅面长方形，四腿，上细下粗，椅背横梁较长，椅面四周均饰有圆头花牙子，为典型的四出头扶手椅。椅子虽制作粗糙，但仍是这个时期出土为数不多的扶椅之一，弥足珍贵。高20.5厘米、长17.4厘米、宽10.5厘米（图5-46）。

图 5-46

6.画像砖高型案桌

北宋

传河南偃师出土。泥质灰色，长方体，画像砖浮雕高髻、着交领上衣、腰系围裙、挽袖的妇女，其前置一高案桌，桌面为方形，桌上置菜和鱼等食物，四足为圆形，四足之间有枨，面板与四足之间很像替木牙子，造型大方清秀，具有宋式简洁隽秀的艺术风格。高34.1厘米、厚2.2厘米、宽24.1厘米。现藏于中国历史博物馆（图5-47）。

图 5-47

7.大木桌

辽

1993年河北宣化辽代张文藻墓出土。硬木打制而成，棕色。桌面长方形，四周做出边

图 5-48

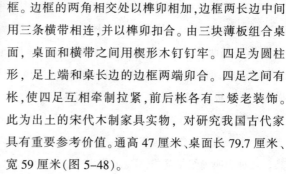

框。边框的两角相交处以榫卯相加,边框两长边中间用三条横带相连,并以榫卯扣合。由三块薄板组合桌面,桌面和横带之间用楔形木钉钉牢。四足为圆柱形,足上端和桌长边的边框两端卯合。四足之间有枨,使四足互相牵制拉紧,前后枨各有二矮老装饰。此为出土的宋代木制家具实物,对研究我国古代家具有重要参考价值。通高 47 厘米、桌面长 79.7 厘米、宽 59 厘米(图 5-48)。

图 5-49

8."童嬉图"

辽

1993 年河北宣化辽代张文藻墓壁画。绘于墓前室东壁。由八个人物和有关茶道的道具组成。图中有一朱色方桌,为长条形,方桌攒边做法,前有双枨和矮老装饰,其后还有一方形桌,上置书稿、笔架、匣子等物。桌前左方有叠箱,可能是食箱,箱顶为盝顶,共有六层,每层有拿手,四周拐角有铜饰件,有壸门装饰底座。此图让人们一睹当时贵族家庭中家具陈设。长 1.7 米、宽 1.45 米(图 5-49)。

图 5-50

9.供桌

金

1973 年山西大同阎德源墓出土。榆木制,此桌放在三张供桌中间。由桌面、圆腿、圆枨三部分组成。桌面为长条形,桌面由四框及中心板组成。桌面下有圆腿,桌面与前后腿连接处有替木牙子装饰。桌上放置各种小件木制明器。高 72 厘米、桌面长 79.5 厘米、宽 53 厘米(图 5-50)。

10.盆架

辽

1993 年河北宣化辽代张文藻墓出土。架顶间为圆形,以四块雕成弧形圆木结合而成,木两端凿成榫卯,下有四个圆柱形足,足中间以"十"字梁相拉,周圈以弧形枨相固,此盆架系实用物,出土时上面放有三彩洗,对研究古代实物家具有重要的参考价值。残高

24.5 厘米、直径 34 厘米(图 5-51)。

11.盆座
金

1973 年山西大同阎德源墓出土。为杏木制，六边形。上口为椭圆状，由罗汉腿、下衬、围板、座圈四部分组成。围板与罗汉腿中间用云纹花牙装饰。罗汉腿与座圈相连接，座圈下部有六块十字镂空花纹图案的围板，罗汉腿中部由十字衬栿支撑，此盆座造型别致。通高 13.8 厘米、座圈直径 12.8 厘米(图 5-52)。

图 5-51

图 5-52

12.鎏金银花片镶包经箱
北宋

1956 年江苏苏州虎丘云岩寺塔出土。楠木制。外髹广漆，边缘及各部接缝，均以鎏金银花片镶包，花片饰有莲花纹和蔓草纹。箱为长方体，盝顶盖，四角各缀鎏金莲花一朵。箱盖与箱身为子母口，正面铰链茧形上凿双钩"孙仁裕"字样。箱口有鎏金镂花长锁。须弥座式箱底，有镂雕的壸门装饰，上凿有"建隆二年(961 年)男弟子孙仁朗镂，愿生安乐国为僧"十八字，建隆为宋太祖赵匡胤年号。箱底还墨书记载制作箱子的艺人姓名。箱内藏《妙法莲华经》。该箱镂金制作工艺精雕细刻，堪称一绝。高21 厘米、长 37.8 厘米、宽 19.2 厘米。现藏于苏州市博物馆(图 5-53)。

图 5-53

13.戗金细钩填漆箱
南宋

1977 年江苏常州武进南宋墓出土。木胎，长方形，由盖与盒身上下扣合而成。以黑漆作地，满饰戗金细钩填漆纹。盖面为柳叶池塘小景，水中鱼儿穿梭菱芰及莲花丛中。盖、身四周为莲枝花卉。柳树枝条及花卉叶瓣间钩纹戗金钿，纹饰外均填漆磨平为地。盖内有朱漆书"庚申温州丁字桥巷廨七叔上牢"十三字。此盒填漆是在黑漆地上钻满斑点，中填以

图 5-54

图 5-55

朱漆,然后磨平,制成了布满红点的细斑纹地,不同于一般制法,为研究我国漆木家具工艺发展提供了珍贵的资料。通高 11 厘米、长 15.4 厘米、宽 8.3 厘米。现藏于江苏常州市博物馆(图 5-54)。

14.釉里赭花卉纹宝座

元

属景德镇窑。座面呈长方形,屏风式靠背与扶手,后背后为三扇屏风,左右各一扇,共计五扇屏风,下承须弥座,须弥座与宝座以倒立的摩羯鱼相交。四足为云头转珠纹,此为元代家具装饰特点。宝座整体满饰花卉蔓草纹。宝座为釉下赭色,赭色花卉纹宝座给人感觉是造型饱满,形体厚重,色彩浓艳,雕饰繁复,雄壮奔放,是元代家具风格的典型代表。高 24.1 厘米、长 29.3 厘米、宽 15.3 厘米。现藏于故宫博物院(图 5-55)。

15.罗锅枨桌

元代

山西洪洞县广胜寺水神庙壁画《渔民售鱼图》中的造型。图中靠左边置一长方形高桌,桌子腿下双枨为罗锅枨,这是家具史上有关罗锅枨形象的较早记录。高高拱起罗锅枨桌子,造型成熟婉转,说明罗锅枨至少在这以前已经使用了相当长的时期(图 5-56)。

16.银镜架

元

1964 年江苏苏州元代张士诚父母合葬墓出土。折合式,整体由前后两个支架构成,后支架为主体。主框架呈长方形,上半部满饰繁复镂空花纹。正中浮雕团龙为核心,两侧装饰各自对称,为镂空折枝牡丹,上方为镂空双凤戏牡丹,四角为菱形如意。下部为折架,前支架为附架,高与后支架等同,嵌合相吻,左右双杆中间亦有铆孔,两者用以铆销相连,为折式可开可合,中间浮雕鸟雀花草。另一框架也呈方形,面板凸起葵瓣形边框,间浮雕太阳和寓意月亮玉兔,斜向连接主架上部与副架上端的横杆之间,遂为斜面,放置银镜。框架横杆均出挑如意头,使银架更加美观。此物是元代银作工艺的杰作。

图 5-56

此镜架为元末吴王张士诚之父母合葬墓出土,为其母曹太妃棺内随葬器皿。据《张士诚载记》考证:"元至正二十三年(1363年),士诚自立为吴王,尊母曹氏为王太妃。"同随葬的《哀册》记载其母死于"至正二十五年(1365年)乙巳岁次五月戊年午朔十七日甲戌"。其父早故。至正二十五年由泰州丁溪九龙口迁葬,是年六月十五日与其母"合茔"。 银镜架的出土,说明元代上层贵族家庭使用的是豪华贵重的家具。此镜设计构思新奇,造型美丽,工艺精巧,是元代不可多得的精美家具。通高32.8厘米、宽17.8厘米。现藏于苏州市博物馆(图5-57)。

图 5-57

结语

两宋时期是中国古代家具迅速走向成熟的时期,新的生活方式带来了高型家具的普及与发展,这时期高型家具已深入到百姓家庭,且各种新型家具不断出现。宋代家具风格简洁隽秀,各类家具都以朴质雅致的造型取胜,很少有繁缛的装饰,其特点:

其一,造型简洁。宋代、辽、金家具均采用洗练单纯的框架结构,采用严谨的尺寸比例,仿建筑大木构梁架式样和做法,并成为一种发展趋势,从而为明清家具发展打下了基础。

其二,装饰隽秀。宋代家具采用极素雅的装饰风格,不做大面积雕刻装饰,最多在局部画龙点睛,如装饰线脚,家具腿部稍加点缀。这种以质朴造型取胜,很少有繁缛装饰的艺术风格,成为明式家具艺术风格的前奏曲。

其三,高型家具成熟普及。两宋时期终于改变了商周以来的跪坐习惯,高型家具广泛普及民间,高型家具种类丰富多彩,新的产品不断出现,在制作上有很大的变化。宋代在中国古代家具史上处于高型家具品种齐备、制作成熟、广泛普及的时代。

元代是我国蒙古族贵族建立的又一个封建政权,由于蒙古族少数民族长期过着游牧生活,崇尚武力,追求豪华的享受,反映在家具造型上是形体厚重粗大,雕饰繁缛华美,具有雄伟、豪放、华美的艺术风格。这时期家具制作开始出现鼓腿彭牙带屉桌、罗锅枨等样式,三弯腿和罗汉腿形式增多,装饰图案中多用如意云纹,说明元代家具制作也取得了相当成就,可以说它是明清家具繁荣的前奏。

注释:
1 河南省文化局文物工作队:《河南方城盐店庄村宋墓》,《文物》1958年第11期。

2 洛阳市第二文物工作队等:《河南宜阳北宋画像石棺》,《文物》1996 年第 8 期。

3 翁牛特旗文化馆等:《内蒙古解放营子辽墓发掘简报》,《考古》1979 年第 4 期。

4 大同市博物馆:《大同金代阎德源墓发掘简报》,《文物》1978 年第 4 期。

5 陈增弼:《太师椅考》,《文物》1983 年第 8 期。

6 辽宁省博物馆等:《法库叶茂台辽墓记略》,《文物》1975 年第 12 期。

7 河北省文物研究所等:《河北宣化辽张文藻壁画墓发掘简报》,《文物》1996 年第 9 期。

8 大同市博物馆:《大同金代阎德源墓发掘简报》,《文物》1978 年第 4 期。

9 《白沙宋墓》,文物出版社,1957 年。

10 《洛阳涧西三座宋代仿构砖室墓》,《文物》1983 年第 8 期。

11 张德祥:《中国古代屏风源流》,《收藏家》第 11 期。

12 张德祥:《中国古代屏风源流》,《收藏家》第 11 期。

13 陈增弼:《马机简谈》,《文物》1980 年第 4 期。

14 张德祥:《元代家具风格》,96 明式家具国际学术讨论会论文。

15 翁牛特旗文化馆:《内蒙古解放营子辽墓发掘简报》,《考古》1961 年第 3 期。

16 《甘肃漳县元代汪世显家族墓葬简报》,《文物》1982 年第 2 期。

第六章　古雅精丽:明式家具

（公元 1368 年至公元 1644 年）

社会简况

1368 年,明太祖朱元璋在元末农民起义的基础上建立起了明朝统治。明朝统治时间长、范围广,在我国封建社会后期占有较重要的地位。朱棣夺位后迁都北京,改变洪武时期闭关政策,多次派使臣出使中亚及海外诸国,其中最著名的是郑和七次下西洋,远至亚非三十多个国家,扩大中外交往和交易,农业、手工业迅速发展。明朝改善官营手工作坊劳动者工奴身份,使得非服役期间的工匠可以自由生产,对手工业发展有一定促进作用,明代手工业生产空前繁荣。

随着农业和手工业生产发展,商业和城市也日趋繁荣。北京、南京、苏州、杭州、嘉兴、湖州、松州、福州、宁波、广州等地都是较大的商业繁华城市和地区,其中一些是当时对外贸易的主要港口。这些地区人文昌盛、生产兴隆,聚集着各种手工业生产作坊和店铺,出现了资本主义生产关系的萌芽。

明代在科学技术、哲学和文学艺术等方面都有新的成就,出现了许多重要著作和著名科学家、哲学家、文学家和艺术家。出现了博览群书的博学派和研究经史的经史派,讲求实用,注重自然科学的研究,从而产生了宋应星的《天工开物》等有关手工业方面的专门著作。

总之,明代经济繁荣、城市兴起、海外贸易发达、资本主义萌芽,以及与之相适应新的文化和科学的产生,使得家具制作工艺步入了一个崭新的阶段。

鼎盛巅峰:民族工艺的精粹

至明代,古代木工制作工艺更加完备和科学,用材讲究,大量选用硬木为材料,以及不肯轻易装饰的品格和精湛的工艺,与我国传统漆木家具有着迥异的风格,我国古代家具进入到了一个新时代,一直被誉为我国古代家具史上的巅峰时期,视为中华民族的精粹,这种史无前例和富有时代感的硬木优秀家具,史称"明式家具"。明式家具确切的是指明代至清代早期(约当公元15~17世纪)所生产的以黄花梨、紫檀、红木、铁力木、鸡翅木等为主要用材的优质硬木家具。由于制作年代主要在明代,故称"明式"。由于明式家具蕴藏着一种耐人寻味的艺术品位和独树一帜的装饰意匠,名扬四海,深得海内外人士的推崇和欣赏。

(一)品类空前绝后

明式家具品类非常齐全, 坐卧家具有:围子床(图6-1)、木榻、架子床(图6-2)、拔步床、罗汉床(图6-3)、灯挂椅(图6-4)、圈椅(图6-5)、宝椅、交椅、直背交椅(图6-6)、南官帽椅、四出头官帽椅(图6-7)、屏背椅(图6-8)、玫瑰椅、梳背椅(图6-9)、方凳、条凳、鼓墩、瓜墩(图6-10)等。置物类家具有:炕几、茶几(图6-11)、香几、书案、画案、平头案、翘头案、架几案、琴桌、供桌、方桌、八仙桌、月牙桌(图6-12)等。储藏类家具有:门户橱、书橱、书柜、衣柜、亮格柜(图6-13)、方角柜(图6-14)、连二柜、四件柜、书箱、衣箱、百宝箱等。支架类家具:灯台、花台、镜台、衣架(图6-15)、书架、百宝架、盆架(图6-16、6-17)、巾架等。屏蔽类家具有:座屏、曲屏等,明式家具品类之丰富前所未有。因为明代建筑不断发展,室内陈设分厅堂、居室、书房、祠庙、亭阁等,由于明式家具品类日益齐备,所以家具品种的功能区域划分日趋明显。受建筑纵轴线上对称院落式布置的影响,室内陈设布置

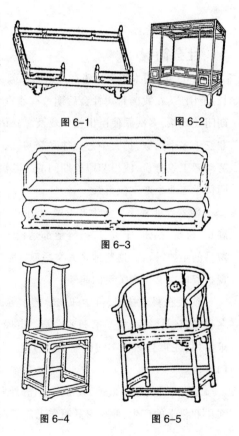

图6-1　　　　图6-2

图6-3

图6-4　　　　图6-5

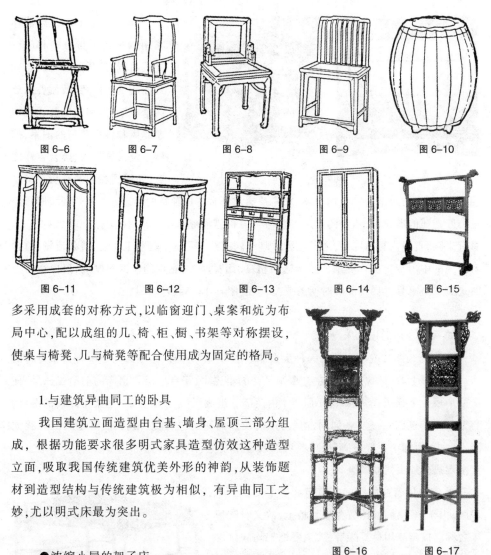

图 6-6　　　　图 6-7　　　　图 6-8　　　　图 6-9　　　　图 6-10

图 6-11　　　　图 6-12　　　　图 6-13　　　　图 6-14　　　　图 6-15

多采用成套的对称方式,以临窗迎门、桌案和炕为布局中心,配以成组的几、椅、柜、橱、书架等对称摆设,使桌与椅凳、几与椅凳等配合使用成为固定的格局。

1.与建筑异曲同工的卧具

我国建筑立面造型由台基、墙身、屋顶三部分组成, 根据功能要求很多明式家具造型仿效这种造型立面,吸取我国传统建筑优美外形的神韵,从装饰题材到造型结构与传统建筑极为相似, 有异曲同工之妙,尤以明式床最为突出。

图 6-16　　　　图 6-17

●浓缩小屋的架子床

架子床因床上有顶架而得名,它是明代非常流行的一种硬木床。通常架子床四角安立柱,床面两侧和后面装有雕镂围栏。上端四面装有横楣板,顶上有盖,俗名"承尘"。有的正面床沿上多安两根立柱,两边各装方形栏板,名"门围子"。架子床造型好像一座缩小的房屋,床的柱杆如同建筑的"立柱",床顶下周围有挂檐(又称楣子),很像建筑中的"雀替",床下端有矮围子,其做法图案纹样如建筑的柱及栏杆。整个架子床从立面看有如建筑的开间,所以说整个床的造型酷似一座浓缩的小屋。

黄花梨架子床,床顶挂檐用八根横枨与角柱和门柱榫接组成,挂牙前后各用小立柱隔成三个框架,两侧各隔成两个框架,框架中满装透雕螭龙夔凤和吉祥花鸟的图案,挂檐下设云纹牙条,蕴含吉祥之意。四周围栏中的云头花都是

图 6-18

四叶纹饰,中间包围着一个螭龙环,每一条螭龙都有各自独特的形态。左右门围子嵌有经过巧匠透雕的雕花板,精致的鼎形寿字与五朵卷莲紧密相连,同样代表了永恒的含义。床身有束腰,直腿内翻马蹄足,牙条边缘线脚与四腿线脚贯通。其雕工华丽,线条流畅,蕴含着深邃的中国传统文化底蕴。整床选料精良,用材厚重,竟用同一巨料制成,可以称得上明式黄花梨家具发展到巅峰时期的典型代表(图 6-18、6-19)。

● 房中套房的拔步床

拔步床为明代晚期出现的一种大型床。"拔步床",亦称"踏步床",是一种造型奇特的床。从外形上看,好像把床放在有木制平台的小屋中,平台前沿长出床的前沿二三尺,使床前形成一个廊子,酷似一栋小屋子。由两部分组成,一是架子床,二是架子床前的围廊,与架子床相连,为一整体,如同古代房屋前设置的回廊,悬挂蚊帐后,人可步入回廊犹如跨入室内,回廊中间置一脚踏,两侧可以放置小桌凳、便桶、灯盏等小型家具,它是适宜于江南湿热多蚊虫气候的卧具。

此床整体营造的空间环境宛如房中又套一小房屋。由于地下铺板,床置身于地板上,故又有踏板床之称。拔步床用材颇为奢侈,主要框架均施以厚重的方材,边沿起线,造型简洁明快,形体上以高大、宽敞见长,颇有大木作的梁架结构形式,在明式家具中极具特色。拔步床的兴起与明代士大夫阶级豪华奢侈生活习惯有关,至明代晚期,官吏腐败,他们平时以侈靡争雄,高筑宅第,室内布置出现了房中套房现象,明刊本《烈女传》中插图有这种拔步床的图像资料。廊柱式拔步床,为拔步床的一种早期

图 6-19

图 6-20

形态,而围廊式拔步床,为一种典型的拔步床。

出土和传世的拔步床很少,保存较好的一件为苏州博物馆藏明代首辅王锡爵墓出土拔步床明器,仿厅廊结构,自身为束腰带门围子柱架子床结构,这张拔步床组成围廊四根立柱下还保留了四块鼓形石础,说明拔步床造型保留了房屋结构的遗迹 [1](图 6-20)。上海潘允徵墓出土的拔步床模型,是一件难得的标准器 [2]。潘允徵是明代嘉靖至万历年间的人,生前从八品为光禄寺掌醢监事。此拔步床主体结构是有束腰带门围子的六柱式架子床,床前沿铺地板并立柱四根,柱间有围栏,如同古代房屋前设轩的廊子。

上海博物馆藏明代绿釉陶床,造型完全仿古代殿堂建筑结构,其特点:其一,床前安立柱四根,与床体之间形成廊庑。立柱上端有滴水和斗拱,下端置石础,这是古代房屋常见的建筑形式,也就是古建筑中面阔三间的典型格调。立柱后面的床体位置和布局,又形同进深二间的堂室做法;其二,床面以下结构是古代常见的须弥座建筑形式。传统家具束腰结构就是从古代须弥座形式演变而来;其三,床面以上部位均用格子窗做床帷子,这是把房屋建筑结构中门窗移植到床体上的又一证据 [3]。

拔步床因制作不易,故传世品甚少。如榉木红漆大拔步床,综合运用了圆雕、浅浮雕、镂雕及阴雕等技法,床顶四周均设镂雕挂牙,楣板中间装雕刻成透光鱼门洞的绦环板,下设倒挂十字纹牙条。床顶安盖。有三面床帷子和门围子,围子空档都斗接四簇云头纹饰,以十字相互连接。床为软屉面。床底座是一个木制平台,平台四周立柱,床沿前加设两根门柱,中间镶接十字连四簇云头纹饰围栏,立柱间底枨下设牙条,有亮脚。脚很低矮,迎面脚之间用落地浅浮雕券口牙条封满。此床制作十分繁琐。整体纹饰一致,榫卯考究,结构严谨,硕大的床却给人透灵细巧的感觉。床和地面以平台相间,使用时十分舒适,极具艺术价值(图 6-21)。

总之,架子床、拔步床完全按照房屋框架和装饰而制作,犹如房中又套一座小房屋。

● 庄严肃穆的罗汉床

罗汉床是指一种床铺为独板、左右、后面装有围栏但不带床架的一种榻。屏榻在汉代是专门的坐具,发展成为可供数人同坐的大榻,具备坐卧二种功能。后来又在座面左右和后面加围子。这种床的腿牙曲线向外,有较大的弧度,有如寺庙中的大肚罗汉,故又俗称"罗汉床"。早期罗汉床的特点为五屏围子,前置踏板,有托泥,三弯腿宽厚,截面呈矩尺

图 6-21

形。中期床前踏板消失,三弯腿一改其臃肿之态,腿足出现兽形状。到晚期仅三屏,这种罗汉床床面三边设有矮围子,围子做法有繁有简,最简洁质朴的做法是三块光素的整板,正中较高两侧稍矮,整板上浮雕图案和透空纹饰,四边加框中部做几何图案,如万字、十字加套方等,其形式如建筑的挡板。不设托泥,三弯腿变成了马蹄足。根据罗汉床的早晚时期可分为五围屏带踏板罗汉床、五围屏罗汉床、三围屏罗汉床。罗汉床一般陈设于王公贵族殿堂,给人一种庄严肃穆之感觉。黄花梨几何纹罗汉床,床围呈三屏风式,每扇攒边做,三面围屏用小木材斗接成十字连双层四云头纹饰,图案透灵华美,曲直相间,意趣盎然。席心床屉,下衬硬板,屉面下冰盘沿打洼,沿下带束腰,边沿起线与腿子里口边缘交圈,直腿下足内翻,牙板光素,全无雕饰,器型质朴。此床造型简练舒展,上繁下简,相互呼应,工艺精练,体形轻巧,具有浓厚明式家具的风格特点(图 6-22)。

2.浓缩精华的座椅

椅子是高型家具的典型代表,经过宋元时期的发展,至明代椅子在制作技术和品类上都达到前所未有的水平。其实明式座椅不是一种简单的抽象实体,而是一种复杂的情感表现,一种传统文化和地位的表征,它与明代文人生活,如琴棋书画、携琴访友等关系紧密,往往融合了文人的思想、价值和情趣。以太师椅为例,它所反映的是封建意识的秩序感,即正襟危坐的士大夫式坐姿,指向儒家恪守的伦理准则,表明的是一种对功利效益的认同,一种合乎儒学规范的抉择,一种凝固的家具造型式样。

明式座椅具有强烈中华民族文化特色,有着极高的艺术价值,成为中华民族的精粹,备受世人的青睐。在探讨中西家具文化渊源时,学者们所共识的是中国明式家具风格,于 17 世纪至 18 世纪对西方家具设计所产生的较大影响。被誉为西方家具史上两个高峰时期的法国巴洛克式家具(1643—1715 年)和洛可可式家具(1715—1774 年),皆从中

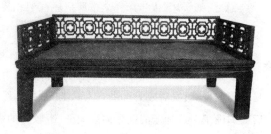

图 6-22

国明式家具弯曲优美的造型和线脚中受到启发,一些优美的线型、装饰纹样、漆饰工艺都被用于西方新式家具中去。影响最大的西方家具设计师齐宾泰尔 (Thomas Chippendale,1705—1779 年),从明式家具中"龙爪珠"脚型中受到启示,设计出"猫抓球"(Claw and ball)。明式座椅到 19 世纪大量外销英国,甚至意大利、日本等国所呈现的新颖座椅也不断取明式座椅一些构件、造型和比例的精华,制作出精致的家具,明式家具对世界各国家具做出了较大的贡献。时至今日,中国明式黄花梨座椅在全球古董艺术收藏中仍独领风骚。

明式座椅品种繁多,大体可分扶手椅、靠背椅和交椅三大类。

●扶手椅

扶手椅样式很多,大致分四出头官帽椅、南官帽椅、屏背椅、玫瑰椅、宝座、圈椅等,并常与茶几配合成套,以四椅二几置于厅堂的两侧对式陈列。在明式座椅中有一种最典型和富有民族传统特色的扶手椅,称为"官帽椅",学术界一般认为它像古代官吏所戴的冠帽式样而得名,座椅搭脑形式有所谓"纱帽翅式"。"古代冠帽式样很多,但为一般人所熟悉的是在画中和舞台上常见的,亦即明王圻《三才图会》中附有图式的幞头。幞头有展脚、交脚之分,但不管哪一种,都是前低后高,显然分成两部。倘拿所谓官帽椅和它相比,尤其是以椅子的侧面来看,那么扶手略如帽子的前部,椅背略如帽子的后部,二者有几分相似。"[4]官帽椅又为分两种,一种是搭脑和扶手都出头的称为"四出头官帽椅",另一种是四处无一处出头的称为"南官帽椅"。也有学者认为:将搭脑出头而扶手不出头的"二出头"扶手椅命名为"官帽椅",将搭脑和扶手都出头的扶手椅称"四出头扶手椅"(图 6-23),而四处都有不出头的称为"文椅"[5]。

四出头官帽椅中的所谓"四出头"是指:椅子的"搭脑"两端出头、左右扶手前端出头。其标准的式样是后背为一块靠背板,两侧扶手各安一根"联帮棍"。这种四出头式椅一般用黄花梨木制成,是我国明式家具中椅子造型的一种典型款式。清华大学美术学院藏黄花梨四出头官帽椅,座椅的搭脑形式为弓形,真像所谓"纱帽翅式",两扶手依附着人的手臂自然呈弧度向前弯曲,整个椅背依据人体工程学设计,按照

图 6-23

人体脊背自然曲线做成。座屉为藤棕,有一定的弹性,凡是与人体接触的部位尽可能磨成圆头,做得含蓄而圆润,而不锋芒毕露。使人感到柔婉滑润和心情轻快(图6-24)。

图 6-24

南官帽椅,是明式椅子的代表样式。清华大学美术学院藏黄花梨南官帽椅,扶手、鹅脖和联帮棍为曲线。背板为 S 形曲线,曲线富于弹性,上部施以小面积浮雕如意云纹,最下镶一朝下的牙板,浮雕花纹,前枨下镶有托角牙子,饰而不繁,非常精美(图6-25)。"椅的搭脑、靠背、扶手、座屉边沿等处都做得圆润细柔,使用时通过细部触觉的舒适必然使人感到家具设计的完美和周到。明式家具表现出来的这种圆润特征,有美学方面的因素,更重要的是掌握了家具微细设计原理所获得的理想后果。"[6]"我们有理由认为,明代优秀的家具匠师,在长期劳动实践中已经实际上应用了人体工程学方面的知识,因而使明式家具功能合理,使用舒适。这正是明代家具其他成就得以成立的重要基础。"[7]

圈椅,最明显的特征是圈背连着扶手。清华大学美术学院藏黄花梨圈椅,椅搭脑向两侧前方延伸,从高到低一顺而下,与扶手融合成一条优美曲线,靠背板与两侧联帮棍也为较大曲率的曲线,坐靠时可使人的臂膀都倚着圈形的扶手,感到十分舒适。圈椅也称罗圈椅,四根直腿略向中心倾斜,明代的圈椅与宋代相比更注重造型和装饰结构的韵律美。扶手两端向外翻卷,做"鳝鱼头"式的浑圆处理。背板有浮雕如意团花,有牙子装饰,底枨用步步高的做法(前后左右的底枨依次渐高)。此椅各构件的截面都是大小不同的圆、椭圆等形状,没有一处是方的(图6-26)。

屏背椅,是指把后背做成屏风式的靠背椅。常见的有"独屏背"和"三屏式"等,是明式家具的一种式样,至清代其体形较大,又有称"太师椅"。玫瑰椅的特点是后背与扶手高低相差不大,比一般椅子的后背低,便于靠窗台陈设使用时而不致高出窗沿。常见的式样是在靠背和扶手内部装券口牙条,在靠背和扶手下装横枨,中安短柱

图 6-25

图 6-26

或结子花。也有在靠背上做透雕，式样较多，别具一格。是明式家具常见的一种椅子式样(图6-27)。

宝座为封建宫廷大殿上皇帝使用的一种特殊的扶手椅。一般都施以云龙等繁复的雕刻纹样，髹涂金漆，极度富丽华贵。现藏北京故宫博物院明代紫檀木荷花宝座。高199厘米、宽98厘米、深78

图6-27　　　　　　　　图6-28

厘米。可见是尺寸远大于椅凳的坐具。面板为长方形，束腰，四足为内翻马蹄，上连彭牙，下坐托泥。宝座围子为七屏式。全身浮雕莲花、荷叶、莲蓬、蒲草。纹样构图饱满，刻工圆浑。是我国家具史上少见的精品(图6-28)。

图6-29

图6-30

● 靠背椅

凡椅子没有扶手的都称靠背椅。靠背椅由于搭脑与靠背的变化，又有许多式样。如单靠椅、灯挂椅、梳背椅等。单靠椅也称"一统碑"椅，言其像一座碑碣。南方民间亦称"单靠"。明式灯挂椅比宋代的灯挂椅更注重装饰结构的局部变化，如运用矮老、罗锅枨、霸王枨、托角牙子、步步高等手法，整个造型简洁清秀，是明式家具中的典型代表。而梳背椅则是椅靠背部分用圆梗均匀排列的一种靠背椅(图6-29、6-30)。

明式家具最大的特点就是功能设计合理，而且注重人体尺度，尤以明式靠背椅最为典型。功能的实用性是一切家具的基本属性，家具结构和形式设计在考虑最完美式样之前，首先必须满足人们生活某种使用要求。对此陈增弼先生曾以黄花梨靠背椅为例进行过精辟的论述，他引用杨耀先生早年对此椅做过的测绘，说明此靠背椅的各项尺寸与现代椅子几乎完全一样，从而反映出明式家具在确定各种关键尺寸时是以人体尺度作为依据的。在明式靠背椅出现以前靠背椅的靠背大多没有曲线，为平直形，而到了明式靠背椅上的靠背不是直角，而是有一定的倾斜度和曲线，那么明式椅的靠背倾角和曲线充分体现了其科学性。

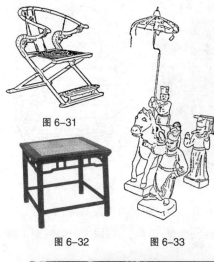

图 6-31

图 6-32　　　图 6-33

图 6-34

"椅子靠背应有适宜的背倾角和曲线,在今天看来是很平常的,但从家具发展史上考察,则可以看到,根据人体特点设计椅类家具靠背的背倾角和曲线,是明代匠师的一大创造。人体脊柱的侧面,在自然状态时呈'S'形。明代匠师根据这一特点,将靠背做成与脊柱相适应的'S'形曲线;并根据人体休息时必要后倾度,使靠背具有近于100度的背倾角。这样处理的结果,人坐椅上,后背与椅子靠背有较大的接触面,肌肉就得到充分的休息,因而产生舒适感。坐时不易感到疲乏。"[8]

当然明式其他座椅,包括床类、柜类、架类、桌案类等明式家具的设计,同样都很注重人体尺度,做到功能设计合理。

● 交椅与坐墩

明代交椅基本上保留着前代形制。有圆背交椅和直背交椅之分,不过这时直背交椅较前代少见。交椅靠背和扶手是三节或五节榫接而成的曲线椅圈,非常流畅。并有光洁的背板,两足相交,并且有脚踏。直背交椅是一种没有扶手、靠背为直板的交椅(图6-31)。

明式凳子很多,有方凳、长条形凳和圆凳等。以方凳最多,也称杌凳,它是杌子、凳子的总称(图6-32)。屡见于宋代以来的史籍中,杌凳是专供上下马踩踏用的,常见于明墓之中。如四川成都白马寺明墓出土肩杌俑,四川岳池明墓出土石刻出行图中的肩杌者、山东邹县九龙山明墓出土木雕仪仗俑(图6-33)。该凳多数用方材,由于凳面下起束腰,故足底做出兜转的马蹄式,为明式家具的一种典型做法。四川省博物馆馆藏明成化六年间制造的铜神像就是坐在这种方形束腰凳上,其背后有记年款(图6-34、6-35)。

长条凳大的一般称为春凳(图6-36)。明式制作最精美的要数开光式坐墩,它是源于宋代的坐墩。开光,或开四、开五(图6-37、6-38),所谓"开光",为明清家具工艺术语,指为了加强装饰效果,将家具某些部件镂挖成方形、圆形或其他装饰孔洞,并称这种装饰方法为"开光",除开圆、开方外常见的还有"菱花洞""双圈洞""禹门洞"等(图6-39)。明式坐墩

上常用这些装饰方法。如承德
避暑山庄藏明代紫檀四开光
坐墩,开光做圆角方形,在上
下彭牙上做出两面三刀道弦
纹和鼓钉,既简洁又美观,四
足里面削圆,上下用插肩榫,
制作细腻,是明代家具代表作
品之一(图6-40)。

图 6-36

图 6-35

4.制作精良的几案桌

明代的桌与几案种类繁多。高型桌、几案有方
形、长条形、月牙形等,桌有高型桌,月牙形桌,也就
是半圆。明式圆桌和半圆桌并不多见,也分有束
腰和无束腰两种。其圆桌有些做成两张半圆形桌,
并合成而用,单独的半圆桌俗称"月牙桌",可以单
独使用,迄今在江南民间流行。矮型桌一般为炕桌。

图 6-37

● "一腿三牙"的方桌

方桌为桌面呈正方形的桌子,有大小之分和无
束腰及有束腰两种。明式家具方桌中最典型式样是
"八仙桌""四仙桌",枨上样式也很多,有罗锅枨、直
枨和霸王枨等样式很多。其中有一种"一腿三牙"方
桌,其造型最具特色,为明式家具的典型式样,该桌

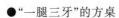

四条腿中的任何一条都和
三个牙子相接,三个牙子
即两侧的两根长牙条和桌
角的一块角牙,也就是说
三个桌牙同装在一条桌腿
上,共同支撑着桌面,俗称
"一腿三牙"(图6-41)。这
种方桌不但造型有变化不

图 6-38

图 6-40

图 6-39

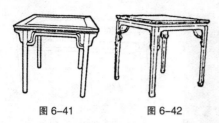

图 6-41   图 6-42

图 6-43

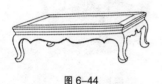

图 6-44

单调，而且坚实牢固。另有圆腿无束腰加矮老罗锅枨方桌，还有方腿带束腰加霸王枨方桌，该桌方腿内卷马蹄束腰，用一斜枨，将它安在腿足的内侧，另端与家具面子底部连接，可把桌面承受的重量产生分力，均衡地传递到腿足上来，俗称"霸王枨"（图 6-42、6-43）。

● "三弯腿"和"鼓腿彭牙"的炕桌

炕桌为矮型桌，炕桌也为明式家具中一个重要的内容，使用于床榻之上。一般有束腰，多用托泥。典型样式有外翻马蹄三弯腿炕桌，鼓腿彭牙里翻马蹄式炕桌。所谓"三弯腿炕桌"是指：一般明式家具脚料或圆或方，但有将脚柱在上段与下段过渡处向里挖成弯折形，又向外急转弯，腿足来一处凸起的或外翻的足头，苏州工匠称之为"三弯脚"（图 6-44、6-45）。所谓"鼓腿彭牙桌"，是指腿自拱肩处彭出后向里挖成弯折形后又向内收，足一般为内翻马蹄形。式样与三弯腿炕桌的上部基本相似。牙板因向外鼓出，所以又有人称为"弧腿蓬牙"（图 6-46、6-47）。

长条桌，桌面呈长条形，也就是说桌面的长度超过桌子的宽度，也称条桌为"长桌"的。一般四腿与桌面为直线，为马蹄足。其造型与方桌相同，亦有束腰和无束腰之分，也有罗锅枨矮老等装饰。式样很多。还有长方形带屉桌。

● 感情共鸣的琴桌

琴桌是一种弹琴专用的家具，其形制大约沿用前制。因为琴置于琴几上，为了便于弹奏，故琴几要矮于桌案。有的用郭公砖代替桌面的，且两端透孔。使用时，琴音在空心砖内引起共鸣，使音色效果更佳。琴几只用三块板式构

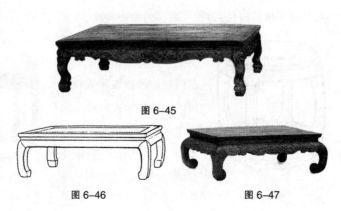

图 6-45

图 6-46   图 6-47

成,造型简洁,琴几两端挡板一般各开椭圆形亮洞,既减少一块整板给人厚重和呆板感,也起到画龙点睛的装饰作用。挡板式腿与几面交角处有雕刻纹饰作为角牙,丰富了琴几造型和装饰,具有简洁精致、轻盈秀丽的审美效果(图6-48)。此外,明式几中还有矮几、茶几、蝶几等。

图 6-48

●翘起飞角的"翘头案"

明式案种类很多,由于案和条形桌在造型上有些相似,人们往往称大型的为案,小型的为桌,严格说案、桌是有区别的,其最大的区别是桌的四腿在桌面四角且成直角,而案的四足不在四角而缩进案面,且多夹头榫,两腿之间多镶有雕刻板心或圈口。案的装饰千变万化,具有特色的有平头案和翘头案,平头案一般案面平整,且四足缩进案面,两挡板多为雕刻纹饰。而翘头案面两端装有翘起"飞角",如同羊角一般,健壮优美,故称"翘头案",翘头案的长度一般都超过宽度几倍以上,所以又称"翘头案"为"条案"。明式翘头案多用铁力木和花梨木制成。翘头的两端常与案面抹头联作。并施加精美的雕刻,由于挡板用料较其他家具厚,常作镂空雕(图6-49)。明代平头画案也很

图 6-49

图 6-50

有特色,南京博物院藏明万历允庵铭画案,铭云:"材美而坚,工朴而妍,假尔为凭,逸我百年。"(图6-50)。

●亭亭玉立的香几

香几为承放香炉用的家具,或置炉梵香,也有的是置花尊插花,较高且多三弯腿,三弯式,自束腰下开始向外鼓出,拱肩最大处较几面外沿突出。几面或用大理石、玛瑙石等,足下有"托泥"。一般香几造型修长优美,有亭亭玉立之感觉。杨耀先生后人收藏有名的黄花梨五腿香几,黄金分割率被认为是最完美的比值,其比率为1:1.618,从香几的比例来看,略等于黄金分割率。所以这些家具都给人们留下秀丽俊俏的印象。陈增弼先生曾进行过精辟的描述:从使用功能看,这样的尺寸是合理和适用的,从造型看几面圆形,高束腰做圆形外凸,插肩榫与几腿相连,五条几腿做大曲率的"S"形状,足外翻为卷叶纹,明代工匠称此为"螳螂腿"。整个几腿修长柔媚而富于弹性。腿下端踩圆珠与圆形托泥相接。托

图 6-51

泥下有 5 个矮脚触地,使整体获得一种稳定感。为明式家具的上乘之作(图 6-51)。

4.方方正正的箱与柜

箱柜类家具种类也很多,一般形体较高大,方方正正,分横式和竖式立柜二种。竖式立柜典型的有亮格柜、圆角柜、方角柜、四件柜等。横式矮柜也称矮柜,统称高不过宽的立柜为矮柜,其高大多在 60 厘米以下,有钱柜、箱柜、药柜等。

●外圆内方的圆角柜

圆角柜的四框和腿足用一根木料做成,顶转角呈圆弧形,柜柱脚也相应地做成外圆内方形,四足"侧脚",柜体上小下大作"收分"。对开两门,一般用整块板镶成。一般柜门转动采用门枢结构而不用合页。因立栓与门边较窄,板心又落堂镶成,所以配置条形面叶,北京工匠又称其为"面条柜",是一种很有特征的明式家具。清华大学美术学院藏圆角柜,制作精美,是明式家具中的一件典型作品(图 6-52)。

●没有柜帽的方角柜

方角柜的柜顶没有柜帽,就像帽子没有帽檐一样,故不喷出,四角交接为直角,且柜体上下垂直,即上下一样宽,柜门一般采用明合页构造,简称"立柜"。小型的方角柜,又称其为"一封书"式立柜(图 6-53)。

●可连可分的四件柜

两组顶竖柜的连体称作四件柜,有的可分开使用,有的连在一起。分开使用称顶竖柜,所谓顶竖柜,就是由底柜和顶柜两部组成,底柜的长宽与顶柜的长宽相同,所以称为"顶竖柜"。因顶竖柜大多成对在室内陈设,因为它是由两个底柜和两个顶柜组成,如果分开来共四件,因而又名"四件柜"。如清华大学工艺美院收藏的门芯四件柜,有铜合页、铜面叶、

图 6-52

图 6-53

图 6-54   图 6-55

铜吊牌和腿下的铜包脚,装饰非常美丽(图 6-54)。

●融多种功能为一体的亮格柜

亮格柜的亮格是指没有门的隔层,柜是指有门的隔层,故带有亮格层的立柜,统称"亮格柜"。明式亮格柜通常下层为柜,对开,内有分格板,即为柜的功能。上层是没有门的隔层,为两层空格,内中存放何物一目了然。正面有挂牙子装饰,具有书格的作用,没有门的隔层与有隔层的中间还有抽屉,又为橱的功能。是明式家具中一种较典型的式样。明式书格,具有亮格柜格的功能,专放书类物品。其形制大多正面不装门,两侧和后面也多透空(图 6-55)。

●暗藏机关的闷户橱

明代橱类家具也很发达,常见的有衣橱、碗橱等。有特点为闷户橱,它是一种具备承置物品和储藏物品双重功能的家具,外形如条案,与一般桌案同高,其上面作桌案使用,所以它仍具有桌案的功能。桌面下专置有抽屉,抽屉下还有可供储藏的空间箱体,叫作"闷仓"。存放、取出东西时都需取出抽屉,故谓闷户橱,南方不多见,北方使用较普遍。闷户橱设置两个抽屉的称连二橱(图 6-56)。闷户橱设有三个抽屉的称连三橱(图 6-57)。闷户橱设有四个抽屉的称连四橱。此类家具非常具有实用价值,为大多数人所喜爱。此外明式橱柜也很有特点,为橱柜结合起来的家具,具有其功能,形制也与桌案相同。

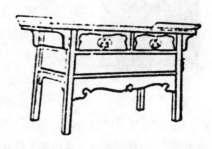

图 6-56

●设计巧妙的官皮箱

明式箱既保留着传统的样式,但不论在造型或装饰上都有所创新。种类也不断增加,有大到衣箱、药箱,小到官皮箱、百宝箱。为家居中必不可少的贮藏类家具。装饰手法也很丰富,有剔红、

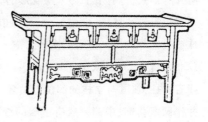

图 6-57

图 6-58

图 6-59

图 6-60

嵌螺钿、描金,且多数有纪年。有传统式上开盖的衣箱,正面有铜饰件和如意云纹拍子、蛐蛐等,可上锁。为了便于外出携带和挪动,故一般形体不大,且装有提环,上锁,拉环在两侧。明代万历年间龙纹黑漆描金药柜,是明代描金漆器中的一件珍品,现藏故宫博物院。明代有特色为带屉箱,正面有插门、插门后安抽屉、体积较大。明代宫廷大都采用此种高而方的箱具,与房内大床、高橱、衣架、高脸盆架等彼此协调,融为一体。

明式小体积箱类家具中尤其设计巧妙的要数官皮箱。它形体不大,但结构复杂,是一种体积较小制作较精美的小型皮具,它是从宋代镜箱演进而来的,其上有开盖,盖下约有十厘米深的空间,可以放镜子,古代用铜镜,里面有支架。再下有抽屉,往往是三层。最下是底座,是古时的梳妆用具。抽屉前有门两扇,箱盖放下时可以和门上的子口扣合,使门不能打开。箱的两侧有提环,多为铜质。假若要开箱的话,就必须先打开金属锁具,后掀起子母口的顶盖,再打开两门才能取出抽屉,这便是官皮箱的特点。官皮箱合适于存放一些精巧的物品,如文书、契约、玺印之类的物品。这种箱子除为家居用品之外,由于携带方便所以也常用于官员巡视出游之用,所以也称为"官皮箱",它不但是明代常用的家具,同时也是清代较为常见的家具(图 6-58)。

5.精心设计的支架

明式支架类家具非常发达,制作装饰也很精美,有衣架(图 6-59)、盆架、镜架(图 6-60)、灯架等,其中明式盆架一般与巾架结合起来使用,盆架是为了承托盆类器皿的架子,分四、五、六、八角等几种形式,也有上下为米字纹形的架子,架柱一般为六柱,分上下二层可放盆具(图 6-61)。上部为巾架式,上横梁两端雕出龙戏珠或灵芝等纹饰,中间二横枨间镶一镂雕花板或浮雕绦环板,制作非常精美。明式衣架尤其更甚,一般下有雕花木墩为座,两墩之间有立柱,在墩与立柱的部位有站牙,两柱之上有搭脑两端出挑,并作圆雕装饰,中部一般有透雕的绦环板构成的中牌子,凡是横材与立柱相交之处,均有雕花挂牙和角牙支托(图 6-62)。明式灯

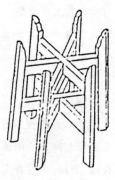

图 6-61

古雅精丽:辨藏中国古代家具

架中除固定式灯架外(图6-63)，还出现了一种升降式灯架(图6-64)，设计巧妙，可根据需要随时调节灯台的高度。

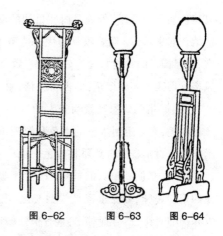

6.技巧娴熟的屏风

明式屏风较之宋代屏风，在制作技巧、品种样式上都有较大的发展，分插座屏风、曲屏两大类。装饰方法或雕刻、或镶嵌、或绘画、或书法。座屏中的屏座装饰比以前制作更加精巧，技术也更加娴熟，明代中期以后出现了有名的"披水牙子"。

图6-62　　　图6-63　　　图6-64

所谓"披水牙子"，为明清家具术语，也称"勒水花牙"，是牙条的一种，指屏风等设于两脚与屏座横档之间带斜坡的长条花牙，也就是指余坡状的牙子，北京匠师称"披水牙子"，言其像墙头上斜面砌砖的披水(图6-65)。曲屏属于无固定陈设式家具，每扇屏风之间装有销钩，可张可合，非常轻巧，一般为较轻质的木材做成屏框，屏风用绢纸装裱，其上或绘山水花鸟，或绘名人书法，具有很高的文人品位。样式有六屏、八屏、十二屏不等。到明代晚期出现了一种悬挂墙上的挂屏成组成双，或二挂屏、或四挂屏。

(二)风格古雅精丽

著名学者王世襄先生曾用"品"来评述明式家具特色，得"十六品"曰："简练、淳朴、厚拙、凝重、雄伟、圆浑、沉穆、秾华、文绮、妍秀、劲挺、柔婉、空灵、玲珑、典雅、清新"[9]。著名学者杨耀先生认为："明式家具有很明显的特征，一点是由结构而成立的式样；一点是因配合肢体而演出的权衡。从这两点着眼，虽然它的种类千变万化，综合起来，它始终维持着不太动摇的格调。那就是'简洁、合度'。但在简洁的形态之中，具有雅的韵味。这韵味的表现是在:(1)外形轮廓的舒畅与忠实;(2)各部线条的雄劲而流利，更加上它顾全到人体形态的环境，为使处处得到实用的功能，而做成随意的比例和曲度"[10]。著名学者陈增弼先生阐述："一件优秀的家具之所以能被人们喜爱和欣赏，是由于它适用、结实以及由此表现出来的最恰当的形式，也就是说，是由于适用、经济、美观三者的统一。因此，我们在探讨明式家具造型问题时，不想孤立地就形式谈形式，或赋予某件家具

图6-65

以某种抽象的品评。外观是内在目的的反映。我们希望把家具的造型与功能尺寸、结构构造结合起来研讨。明式家具的优美造型,表现为:美好的比例,变化中求统一,雕饰繁简相宜,金属饰件的功能与装饰效果的一致,髹饰的民族特色等。"[11]换言之,明代家具的艺术风格可用四个字来概括,即古、雅、精、丽。

古:是指明式家具崇尚先人的质朴之风,追求大自然本身的朴素无华,不加装饰,注意材料美,充分运用木材的本色和纹理不加遮饰,利用木质肌理本色特有的材料美,来显示家具木材本身的自然质朴特色。

雅:是指明式家具的材料、工艺、造型、装饰所形成的总体风格具有典雅质朴、大方端庄的审美趣味,如注重家具线型变化、边框券口接触柔和适用,形成直线和曲线的对比,方和圆的对比、横与直对比,具有很强的形式美。装饰寓于造型之中,精练扼要,不失朴素大方,以清秀雅致见长,以简练大方取胜。金属附件,实用而兼装饰,为之增辉。明式家具风格典雅清新、不落俗套、耐人寻味,具有极高的艺术品位。

精:是指明式家具其做工精益求精,严谨准确,一丝不苟。非常注意结构美,在尽可能的情况下不用钉和胶,因为不用胶可以防潮,不用钉可以防锈,而主要运用卯榫结构,榫有多种,适应多方面结构适用。既符合功能要求和力学结构,又使之牢固,美观耐用。

丽:是说明式家具体态秀丽、造型洗练、形象淳朴、不善繁缛。特别注意意匠美,注重面的处理,比例掌握合度,线脚运用适当。并运用中国传统建筑框架结构,使家具造型方圆立脚如柱、横档枨子似梁,变化适宜,从而形成了以框架为主的、以造型美取胜的明式家具特色,使得明式家具具有造型简洁利落、淳朴劲挺、柔婉秀丽的工艺美。

古雅精丽体现了明式家具简练质朴的艺术风格,饱含了明代工匠的精湛技艺,浸润了明代文人的审美情趣。

(三)明式家具发展的原因

探讨明式家具的繁荣昌盛,离不开讨论明式家具发展的历史原因,其主要成因:

其一,明代社会经济发展起到重要的促进作用。元朝统一全国后,新兴城市工商业繁荣,带动了手工业、建筑业的发展,为明代经济繁荣奠定了基础。据《明史·职官志》载,朱元璋建立明朝后,对手工业设官员管理:"洪武二十五年(1392年)置营缮所,改将作司为营缮所,秩正七品,设所正、所副、所丞各二人,以诸匠之精艺者为之"。16世纪初叶,商品经济有了较大发展,中国社会出现了资本主义萌芽,海禁开放后,对外贸易频繁,促进了城市的繁荣。《明书·食货志》载:宣德时(1426—1435年)设有税收机构的大工商业城市有33个。明代中后期,在政策上采取"以银代役",手工业者获得更多的自由,推动了手工业的向前发展,据当时统计,仅南京一地匠户即有四千五百多家。随着手工业的发展,苏州、北京等地逐渐发展成家具制作中心。隆庆初年(1567年),为缓和财政危机,开辟税源,开放海禁,南洋各地名贵木材得以进口,东南亚一带的木材如黄花梨、紫檀、红木等源源输入中国,这些出产热带木材质地坚硬,色泽和纹理优美,强度高,在制作家具时,可采用较小构件断面,制作精密榫卯,还可以进行精细雕饰和线脚加工,手工艺进步,为明式家具风格的形成准备了必要的物质条件。这些都是推动明代家具的质和量达到高峰的直接原因。

其二,中国木构架结构体的完备和园林宅第的兴起对明式家具的深远影响。中国木构架结构体系经过几千年的发展,到明代已经发展到由简陋到成熟复杂再进而趋向简练的过程。明清建筑可以说是中国古代建筑的集大成者,进一步完善和发展的木构架建筑系统已经达到最完美程度。明代木构架建筑从整个形体到各部分构件,都是利用木构架的组合和各自的形状及材料本身的质感等进行艺术加工,最后达到建筑的功能、结构和艺术的统一。中国家具式样是由建筑形式演变出来的,明代建筑对明式家具结构的影响,也是一个重要方面。明式家具装饰、榫卯与中国古典建筑有着异曲同工之妙,一脉相承。这个时期城市园林、宅第建筑兴起,人们已将房屋、结构、装修、家具、字画、工艺美术品等陈设品作为一个整体来处理,不同功能的室内空间有相应配套的家具与之适应。达官贵族府第均把家具作为室内设计的重要部分。在建房之初就根据室内进深、开间等尺度与功能需求筹划配置家具。特别是到明后期家具已成为商品化,各种家具门类很多。《天水冰山录》载,隆庆时(1565年),严世蕃获罪抄家涉及家具很多,屏风就有389件,各样床657张,其他家具7444件。木构架建筑的完备对家具产生了深远的影响,园林宅第的兴起为家具大量生产提供了广阔的市场。

其三,工匠精湛的技艺和完善的木工工具对明式家具的积极作用。我国传统工匠们技艺经过几千年的发展到了明代已经相当娴熟,特别是木工工具的提高,由"淬火技术"而改进提高了工效,更适应于制作质地坚韧的硬木家具,木工工具种类增多,如刨就有细线刨、推刨、蜈公刨等,不同种类的工具运用于各类家具的加工。由于工匠们继承和发扬了先辈们的工艺技术,加之先进工具的利用,才能做出如此精良的明式家具。明代黄成著《髹饰录》备受中外人士的重视。名师巧匠辈出,浙江嘉兴西塘人张德刚、杨明,吴中(苏州)的杨埙、周翥、江春波等都是技艺精巧的名匠,众多传世家具珍品,多出自他们之手。

其四,文人参与促使明代家具独特风格的形成。由于中国封建社会从宋以后,文人阶层受到重视,至明代在文化教育方面采取了一系列新政策,新的科举制度推动了大批文人热衷"四书""五经",尤以苏州最为集中,这一带经济发达,人文昌盛。博学广识,多才多艺,成为明代文人的特色,对艺术广泛爱好和深厚涵养,他们对各种艺术都有极高的品位。文人雅士,出于嗜爱古董珍玩和琴棋书画,对家具品种、形制、用材做深入研究。许多文人雅士摆脱了以往"百工、六艺之人,君子不齿"旧思想的羁绊,直接参与家具造型、工艺的研究,著书立说,推波助澜。从现存明代文人书札、文集、诗书、绘画中,可以看到明代文人热衷于家具研究和亲自参与家具设计。曹明仲著《格古要论》、文震亨的《长物志》、屠隆《考盘余事·起居四服笺》、高濂的《遵生八笺·起居安乐笺》、谷应泰的《博物要览》、王圻王思义的《三才图绘》等,可以为证。戈汕著《蝶几谱》,书中介绍了组合家具蝶几的设计,由等边三角形、直角三角形和等腰三角形三个组成单元,之间可以任意排列组合,拼成 8 类 150 种格局和有美丽图案的组合桌,这是继宋代黄白思《燕几图》组合式家具的新发展。

明式家具在继承宋代家具基础上,又不守旧制,得益于文人的参与,文人审美情趣对家具制作风格的形成具有一定影响作用,家具风格形成与文人所崇尚的工艺美术思想是不可分的。明中叶以后,中国古代美学思想进入新时期,表现出一种推尊自我、崇尚独创之风,崇尚"自然之为美",主张化古为我,文人淡泊明志、平凡淡雅的美学思想,对明式家具影响较大。文人们站在各自立场上,探讨家具风格与审美,强调家具的古雅精丽,崇尚远古的质朴之风,追求大自然的朴素无华。总之,明式家具不但饱含了工匠的精湛技艺,也浸润了明代文人们审美情趣。所以说,文人的参与对明式家具风格的形成具有重大的影响。

家具品类举要

1.黄花梨六柱架子床

明式

床面上四角立柱,上安顶架,床沿加设两根门柱,又名"六柱床"。床三面设围,正面两块方形门围子及后、左、右三面长围子,都用短料攒接,以透雕成整齐的☆字花卉组成二方连续图案,上部是环形卡子花。床顶四周的挂檐由花卉图案的绦环板组成,下面衬以实板牙条。此架子床造型繁简适度,制作严谨,是明代同类传世家具较为突出的一件。床屉下为小束腰,座面前沿有浮雕牙板,下有粗壮的三弯腿,虽高大,然而稳定。黄花梨木六柱式架子床四角有立柱,前面两柱间增设两柱,为六柱架子床。立面四柱间采取两侧窄、中间宽的分割方法,在两窄间安装门围子,所以又称"带门围子的架子床"。此床做工精美,清雅别致,为明式家具的代表。现藏上海博物馆中国明清家具馆(图 6-66)。

2.黄花梨罗汉床

明式

一种三面设围的床,又称弥勒榻,高濂《遵生八笺》曰:"矮榻,高九寸,方圆四尺六寸,三面靠背,后背稍高如傍……甚便斜倚,又曰'弥勒榻'。"体形较大,有无束腰和有束腰两种类型。束腰且牙条中部较宽,曲线弧度较大的,俗称"罗汉肚皮",故又称"罗汉床"。黄花梨罗汉床,两侧各二屏,后背三屏,共设七屏,背屏高于侧屏。屏心以透雕花卉和穿梭的龙纹为主,龙纹盘旋回转于花草丛中。有束腰,座面下前沿有浮雕牙板,直到腿子上也都饰以凸线装饰,腿为三弯腿。此床制作十分精致(图6-67)。

图 6-66

图 6-67

3.黄花梨四出头官帽椅

明式

椅子搭脑出挑,靠背板、靠背搭脑、扶手、联帮棍都成"S"曲线形,联帮棍上细下粗,有收分变化,鹅脖则是直线,靠背板高而且薄施以小面积浮雕,自然而富有弹性,能适应人的特点。足间枨子采用"步步高"形式,座面下的前腿之间,镶以壶门券口,枨下镶有牙条和牙头,踏脚枨下也有牙条装饰。"四出头"是指椅子"搭脑"两端出头,左右扶手前端出头。其标准的式样是后背为一块靠背板,两侧扶手各安一根"联帮棍"。这是我国明式家具中椅子造型的一种典型款式。此椅造型简洁,饰而不繁,体态秀丽,为典型的四出头官帽椅。现藏上海博物馆中国明清家具馆(图6-68)。

4.紫檀南官帽椅

明式

南官帽椅搭脑平直,背板是直板式,上部施以小面积浮雕,该椅搭脑、腿子、扶手、鹅脖都是圆形,扶手和联帮棍是弯曲形,椅面下前沿壶门券口为鱼肚形。腿为"步步高"做法。南官帽椅也称官帽椅,它的主要特征是搭脑左右和扶手前端不出挑,故称南官帽椅。其中有许多是我国明式家具中椅子的代表样式。此椅造型以简洁明快为主,是一件不多见的明

图 6-68

式椅子代表作。现藏上海博物馆中国明清家具馆(图 6–69)。

图 6–69

5.黄花梨圆后背交椅
明式

此交椅以黄花梨木作材,椅面软屉以丝绳编成,全身光素,只在靠背板上加一浮雕,由云头及螭龙纹组成,这种图案在明代家具中最为典型。靠背板的弯度,与人体背部曲线相一致。该椅椅圈 5 接,接缝处均有金属饰件连接,两侧接处又各有一金属棍与角牙相接。两只前腿之间有踏床(踏脚)既可翻转,又能卸下,踏床边框有浮雕装饰。交椅是椅子的一种,可以折叠,便于携带,是一种较为轻便的户外或室内坐具,亦称"交床"。总之,黄花梨圆后背交椅整个装饰构件运用得恰到好处,为明式家具的上乘之作。现藏上海博物馆中国明清家具馆(图 6–70)。

图 6–70

6.石面心长方木桌
明式

1971 年山东邹县鲁王朱檀墓出土。木胎上敷以麻布,再施红漆。呈长方形,桌面系石面,为砾石面心。四足垂直,呈圆柱形。前后有透雕牙花,高罗锅枨,两侧足间施双枨。四足在顶端出榫,系用透榫,与案面底面的铆眼结合,非常稳固。石面心长方木桌俗称酒桌。朱檀死于洪武二十二年(1389 年),所以此漆桌可视为明早期漆器家具的代表作。其形制庄重,结构坚实,制作质朴,是研究我国明代早期家具的重要实物史料。高 94 厘米、长 110 厘米、宽 71.5 厘米。现藏于山东省博物馆(图 6–71)。

图 6–71

7.黄花梨兽面虎爪炕桌
明式

桌面为长方形,有束腰,束腰之下有牙子装饰,三弯腿,腿的上部浮雕兽面,腿足为虎爪装饰。炕桌是配合人们坐在炕上使用的家具,是北方特有的家具。黄花梨兽面虎爪炕桌是明式家具中一件精品。炕桌高 284 厘米、长 902 厘米、宽 566 厘米。现藏清华大学工艺美术学院(图 6–72)。

古雅精丽:辨藏中国古代家具

图 6-72

8. 花梨包镶框瘿木门心大四件柜

明式

柜门心为瘿木制成,花梨包镶柜门框。柜体形方正平直,柜顶上面没有顶箱,其上部是两件箱形的矮柜,下部是两件较高的立柜组合而成,柜正面有总镀金合页、面页和钮头、吊牌。明清柜橱分两大类,一类是圆角柜,一类是方角柜。方角柜的特点是上下同大,垂直没有侧脚,柜帽不喷出,其端角使用三面互成直角的综角榫,柜门不使用门枢而用明合页。这方角柜又分硬挤门和有闩杆两种做法。其上无顶箱独立一个柜子,犹如一套中国的木版书,故又称其为"一封书"式立柜。上面顶箱下有柜体的俗称"顶箱立柜",顶箱立柜成对制作和摆放,也称四件柜。花梨包镶框瘿木门心大四件柜工艺精细,具有典雅清秀的风格。现藏清华大学工艺美术学院(图 6-73)。

9. 朱漆戗金团龙纹木箱

明式

1971 年山东邹县鲁王朱檀墓出土。长方形。盝顶,盖作推拉式。内分三层,中有套斗,下有抽屉,分置冕、弁、袍、靴等物。内外髹朱漆,戗金花纹。盖面与四面立墙各戗划一团龙,空间饰云纹。角饰变形花蕊纹。箱子提环、锁等均用减金铁,亦饰云龙纹等。朱漆光滑明净,并在干到合度的朱漆上用勾刀划刻花纹,用熟桐油填入刻线内,待金胶干到适当程度再施金,即"打金胶"。从金色及阴级中勾刀划刻留下

图 6-73

的黏着金粉厚度判断,填金可能是泥金。整个戗金花纹无明显裂纹,戗金技术极为熟练,刀法刚劲挺秀,显示了明初漆木家具工艺的高超水平和艺术造诣。高 61.5 厘米、长与宽各 58.5 厘米、板厚 1 厘米。现藏于山东省博物馆(图 6-74)。

图 6-74

10. 黄花梨衣架

明式

由搭脑、坐墩、横枨、立柱等部分组成。最上端为搭

脑，无雕饰但两端出挑，立体圆雕翻卷云纹。往下有由三块透雕凤纹绦环板构成的中牌子，图案优美。再往下两墩之间由纵八横四直材组成的棂格，将整个衣架下部连成一体。坐墩为雕花厚木墩子，美观结实。每柱前后用凤纹站牙抵夹，横材与立柱相交处有玲珑剔透的雕花挂牙和角牙支托。整个衣架比例合理，雕饰繁简相宜。该件衣架为是传世衣架中制作最为精美的一件。高 168.5 厘米，衣架底座 176×47.5 厘米。王世襄先生私人收藏物(图 6-75)。

图 6-75

结语

　　明式家具是中国古代家具发展史上的辉煌时期,多少世纪以来一直受到人们的赞誉和世界的瞩目,其严谨科学的制作工艺和古雅简洁的艺术风格给世人留下了深刻的印象。

　　其一,明式家具结构科学,制作精良。家具承中国古代建筑并以木结构为主,其结构除非绝对必要是不用木钉和胶粘的,主要运用榫的结构,所以卯榫比较发达。不同的部位运用不同形式的榫卯,既符合功能要求,又使之牢固。具有较高的科学性,美国著名学者艾克先生在总结明式家具榫卯结构提出的原则是:"非绝对必要,不用木销钉;在能避免处尽可能不用胶粘;任何地方都不用镟制——这是中国家具工匠的三条基本法则。"明式家具榫卯精良,构件之间,不用金属钉子固定,全凭榫卯上下左右连接,如攒边枝法颇具特色。榫卯种类,有明榫、暗榫、闷榫、燕尾榫、格角榫、半榫、套榫、夹头榫、插勾挂垫榫、棕角榫等。合理地运用结构部件,使它们既起装饰作用,又起加固作用。家具与结构紧密相连的装饰,有牙子、券口、圈口、挡板、卡子花、托泥、矮老、帐子、铜饰件等,牙子有云纹牙子、站牙、壶瓶牙子、披水牙子、勒水花牙、券口牙子、托角牙子、层式托牙等。帐子有罗锅帐、裹腿帐、十字帐等。金属饰件不仅具有实用价值,而且与木材在色泽、体量强烈对比中发挥了良好的装饰作用。明代家具腿部的变化形式也很多,有三弯脚、琴脚、彭牙鼓腿、蜻蜓腿、一腿三牙等。明代家具雕刻技法精湛、繁简相宜,有直线、凸线、凹线、浮雕、镂雕、圆雕等。工艺精确严谨,既外观优美,又有不易变形、坚固可靠。

　　明式家具从选料下料到安装,其各道工艺都十分严谨,几乎不用钉胶,但仍严密坚固,装配尺寸和外形准确无误。内部皆批灰挂漆,看面使用蜡饰工艺,使用苏木水或其他有机颜料调匀底色,罩在打磨光家具上,家具整体一致,然后边把家具烘热边涂蜡,蜡质浸入木质内部,再用力擦抹,家具表面光腻如脂,显露出硬质木家具自然之美。

其二，明式家具用材讲究，古朴雅致。明式家具充分运用木材的木色和纹理，不加修饰。由于海禁开放，明代进口了大量名贵木材，家具用材、配料非常讲究，选用木材主要有紫檀、红木、花梨木、鸡翅木、铁力木、楠木、榉木等，还采用乌木、金丝木、胡桃木、樟木等木材，这些属硬质树种，通称硬木家具，具有木材坚致细腻、色泽纹理美观的特点，木制显露出本身生长肌理和天然色泽，紫檀沉静，红木雅艳，花梨质朴，楠木清香，乌木深重，金丝木闪光，这些木质不加油漆，可以磨光打蜡增辉。根据家具本身造型的需要，配用不同质地木材，充分体现木材本色的自然美，以蜡饰表现天然纹理和色泽，浸润了明代文人追求古朴雅致的审美趣味。

其三，明式家具设计合理，含蓄圆润。根据人体尺度，推敲一定的比例尺度，适合人的坐卧高度，设计出适度的家具比例和造型。杨耀先生曾对明式椅做过测绘，其尺寸与现代椅的国家标准相近，当人们使用这些家具时倍感舒适。特别是在家具关键部位的细微设计更是讲究。陈增弼先生对大量传世明式家具进行研究中，发现明式家具是与人体接触的部位，做到含蓄、圆润，而不锋芒毕露，人体触及这些家具就会感到柔婉滑润。

其四，明式家具造型简洁，装饰相宜。明式家具多以框架结构为主，以直线诸多，造型多采用直线与曲线相结合的方式，集中了直线与曲线的优点，柔中带刚，虚中带实，造型洗练，不烦琐，不堆砌。为了克服以直线为主的家具单调，多做成随意的曲线装饰，装饰在家具的适当部位，如柜类家具上的铜饰件等。注重家具个别部位的雕饰工艺和构件的装饰性，如明代柜架夹角之间的替木牙子、托角牙子、云头牙子，四周边框间的椭圆券口、方圆券口、海棠券口，腿面之间的霸王枨、对角十字枨，边缘轮廓线的线脚等。明式橱柜之类多用金属附件，有合页、锁钥、拉手诸件。多金、银、合金铜所制，光亮不锈，对称布局，单一居中，成双分居边角，对大面积木制家具起到点缀装饰作用。明代同时还有漆木家具，或彩漆，或戗金，或描金，或雕漆，或镶嵌，或螺钿等，纹饰题材多以动物、花卉、山水、人物等为题材。有学者对"大漆家具"归明式家具时代风貌提出异议，明代朱檀墓出土龙纹戗金朱漆盝顶衣箱，刻有"大明万历年制"款黑漆描金方角药品柜，明代红雕漆提盒，螺钿十二扇围屏等富丽大漆家具，这些能算"明式家具"，有人也提出不同看法[12]，此为学术之争。

总之，明式家具作为民族精粹在中国古代家具史上占有重要地位，具有划时代的意义。从此，我国传统家具进入一个前所未有的以"硬木家具"为代表的新纪元。

注释：
1 王正书：《上海潘允徵墓出土的明代家具模型刍议》，《上海博物馆集刊》1996 年第 7 期。
2 濮安国：《明式家具研究二题议》，明式家具国际学术研讨会论文，1992 年。
3 陈增弼：《明式家具的功能与造型》，《文物》1981 年第 3 期。

4 陈增弼:《明式家具的功能与造型》,《文物》1981 年第 3 期。
5 陈增弼:《明式家具的功能与造型》,《文物》1981 年第 3 期。
6 苏州博物馆:《苏州虎丘王锡爵墓清理纪略》,《文物》1975 年第 3 期。
7 王正书:《上海潘允徵墓出土的明代家具模型刍议》,《上海博物馆集刊》1996 年第 7 期。
8 王正书:《上海潘允徵墓出土的明代家具模型刍议》,《上海博物馆集刊》1996 年第 7 期。
9 王世襄:《明式家具研究》,三联书店,1980 年第 4 期。
10 杨耀:《明式家具研究》,中国建筑工业出版社,1986 年 7 月。
11 陈增弼:《明式家具的功能与造型》,《文物》1981 年第 3 期。
12 濮安国:《明式家具研究二题议》,92 明式家具国际学术研讨会。

第七章　盛世风度：清式家具

（公元 1616 至公元 1911 年）

社会简况

清朝是中国历史上最后一个封建王朝。清朝大体上承袭了明朝的制度，清初农业、手工业、商业和对外贸易得到全面恢复和发展，人口增长，手工业发展，城市繁荣，江宁、苏州资本主义萌芽发展更为显著，至乾隆盛世一片繁荣。清代文化、科学技术也有了新发展，汉学形成，名家涌现，《四库全书》、《古今图书集成》编纂，诗、词、散文、绘画发展，文学名著问世，科学技术有许多突出成绩。政治稳定，经济繁荣，为清式家具的发展创造条件。许多皇室贵族和满汉达官贵人大兴土木，建造府邸宅园，为家具的繁荣起到了推波助澜的作用。

千文万华：家具工艺的新特征

明代后期至清代早期，海外贸易进一步扩大，手工业不断繁荣，明式家具得到了空前发展，大量高质量家具不断涌现，同时又孕育了"清式家具"的产生。

清代家具发展状况，大致分为三个阶段。清初到康熙中期，家具大体保留明代家具的风格，其形制仍保持简练质朴的结构特征。康熙中期以后至雍正、乾隆三代，为清代经济繁荣盛世，社会侈靡之风使人们对家具风格爱好转向追求雍容华贵、繁缛雕琢的风尚，加上清宫内院的追随和提倡，清代中叶以后，家具用材厚重，用料宽绰，体态凝重，体型宽大，装饰上求多求满，采用多种材料并用、多种工艺结合的手法，充分发挥了雕、嵌、描绘等手段,千文万华,精雕细作,各类技艺争奇斗胜,家具制作技术到了炉火纯青的程度。并吸收了外来文化的长处,变肃穆为流畅,化简素为雍容,一改前代风格,与传统明式家具的简朴、素雅风格形成强烈对照,家具制作完全进入一个新时期,故在中国古代家具史上称为"清式家具"。

清式家具另一个特征就是形成了地域性特点,制造地点主要是北京、苏州和广州,分别被称为"京式"、"苏式"和"广式",家具制作风格形成了地域特色。

晚清以后,中国传统家具开始逐渐走向衰落,同时也受到外来文化影响,造型向中西结合转变。而广大民间,仍以实用、经济的家具为主。

总之,清式家具在继承数千年传统家具制作工艺和装饰手法的基础上,有所发展、有所创新,制作技术更加纯熟,装饰更加繁缛,家具制作工艺进入一个新的历史阶段。

(一)艺精技绝

清式家具品类、质地、工艺、装饰等方面都到了炉火纯青的程度。家具品类,几乎囊括前代所有种类,至乾隆极盛,博采众长,品种繁多。如清式橱一改明式抽屉下设闷仓,常以门代之,使用方便,做工考究,还出现了一种柜门装镜子的柜子。清式屏风以其高大华丽而显其特有魅力,皇宫大型折屏更显统治者的庄严肃穆。清式家具出现了折叠式书桌、炕书桌、炕格等众多新品类。家具制作运用各种材料,除木质外,还有象牙、大理石、景泰蓝、雕漆、竹藤、丝绳等材质。家具装饰手法广泛,镶嵌、螺钿、雕漆、金漆、彩绘、珐琅、丝绣、玉雕、石刻、款彩等五彩缤纷,康熙初期,黑漆五彩螺钿家具流行,后期云母染色,沉静华美,技艺高超,令世人赞绝。清代中后期出现了中西结合的家具,故宫传世精品,如贴金罩漆雕龙宝座、贴金罩漆雕龙屏风、红木雕刻屏风座、紫檀雕镂宝座、紫檀多宝格等,风格上繁缛堆砌,仿西欧家具样式,与法国洛可可风格有相似之处。

1.繁缛雕琢的卧具

清式床榻基本上承明式,但用料粗壮,形体宏伟,雕饰繁缛,工艺复杂。皇宫贵族喜用沉穆雍容的紫檀木料,不惜工时,在床体上四处雕龙画凤,架子床顶上加装有雕饰的飘檐,多繁雕成"松鹤百年"、"葫芦万代"、"蝙蝠流云"、"子孙满堂"等富禄寿喜的吉祥图案,力求繁缛多致,追求庞大豪华,纹饰常以寓意吉祥图案为主,与明式床榻简约风格形成鲜明对比。

如湖南省博物馆藏晚清至民国初朱漆贴金雕花床,此为"拔步床",亦称"踏步床",由三个木工用一年半时间雕制而成,故又名"千工床"。因制作不易,故传世品甚少,它为研究

图 7-1

图 7-2

江南地区民间起居习俗提供了宝贵的实物资料。整床造型奇特,仿佛将床置于木制平台的小屋中,不但可以悬挂蚊帐,还可安放一些小型家具。床由架子和雕花板组成,并设有床围、门围子、踏步、窗户和栏杆。通体髹饰朱漆,局部贴金,综合运用了圆雕、浅浮雕、镂雕及阴雕等技法,迎面安置浮雕人物故事纹门罩,整个门罩用硕大的雕花板制成,两侧随雕刻的纹饰自然成型,有如戏台幕布。床顶前面装有飘檐,呈曲屏式,其上雕刻有戏曲典故、祥禽瑞兽和亭台楼阁等众多图案。床顶安盖,楣板中间镂雕云纹、花卉等纹饰。床左右围子为窗棂式,镶接拐子纹、云纹和动物等纹饰形成如园林走廊常设的窗户。床两侧和后面还装有内围栏,围挡用横竖枨材先攒接成框,分上下两截,上截装有云纹、动物纹等形结子花,两端设云纹托角牙子起固定作用。下截安雕花挡板。床面条木卯榫相接,平台四周设立柱,脚很低矮,迎面脚之间有弧形牙条。该床体形硕大,却给人透灵细巧之感,是一件难得的艺术珍品。高 300 厘米,宽 255 厘米,深 250 厘米(图 7-1、7-2)。

清代罗汉床出现大面积雕饰,有三围屏、五围屏、七围屏不等,有镶嵌玉石、大理石、螺钿和金漆彩画等,雕饰精细,制作方法千姿百态(图 7-3)。

2.雕饰精细的凳与墩

凳、墩总体造型延续明代风格,出现了地域性差别。清代凳子,苏式基本承接明代形式,广式外部装饰和形体变化较大,京式则矜持稳重,繁缛雕琢,喜用铜饰件等装饰方法。清式凳分方、圆两形,方形里有长方形和正方形,圆形里又分梅花形、海棠形等,有开光和不开光、带托泥和不带托泥之分。其装饰力度增强,形式上变化多端,如出现了罗锅枨加矮老、直枨加矮老做法、裹腿做法、劈料做法、十字枨做法等。腿部有直腿、屈腿、三弯腿。足部有内翻或外翻马蹄、虎头足、羊蹄足、回纹足等。面心有各式硬木、镶嵌彩

图 7-3

图 7-4

石、影木、嵌大理石心等。南北方对凳的称呼有异,北方称凳为机凳,南方则称为圆凳、方凳。马机凳是一种专供上下马踩踏用的,也称"下马机子"。清代折叠凳形式很多,也称"马扎子",方形交机出现了支架与机腿相交处用铜环相连接的制作方法,甚是精美。

●有套脚的凳子

套脚为家具铜饰件,是套在家具足端的一种铜饰件,铜足可保护凳足,既可防止腿足受潮腐朽,避免开裂,又具特殊装饰作用,为清式凳足的一种装饰方法。紫檀木方凳,四足底部有铜套,铜足头高 5.5 厘米。铜足做筒状,有底,中塞圆木,凿方孔,凳足也凿方榫眼,用铜栽榫接合一体。此凳紫檀制作,边抹攒框榫接,面心为独板落塘肚。四腿如四根圆形立柱支撑凳面,罗锅枨加矮老与凳面相接,每边为四个矮老,罗锅枨和矮老均为圆形,矮老上端以齐头碰和束腰榫接,下以格肩榫和罗锅枨相接(图 7-4)。

清式凳子除了普通木材制作外,还用紫檀、花梨、红木、楠木等高级木材制造。座面或木制,或大理石心。边框有镶玉、镶珐琅、包镶文竹等装饰。用材和制作讲究而不拘一格,丰富多彩。带托泥束腰方凳,有高束腰,下接透雕牙条,三弯腿外翻足,足下有托泥,四角有小龟足。制作之精细是前代家具所无法比拟的。如清乾隆年紫檀木镶珐琅方凳,是这时精品。还有一种凳称为骨牌凳,是江南民间凳子中常见的一种款式,因凳面长宽比例与"骨牌"类似而得名,此凳整体结构简练,质朴无华。

●民俗意浓的春凳

春凳是一种可供两人坐用、凳面较宽、无靠背的一种凳子,江南地区往往把二人凳称春凳。常在婚嫁时上置被褥,贴上喜花,作为抬进夫家的嫁妆家具。春凳可供婴儿睡觉及放衣物,故制作时常与床同高。明式家具中已有春凳,春凳的形制在清代宫中制作时有一定规制,有黑光漆嵌螺钿春凳等精品。民间却无一定尺寸,为粗木制作,一般用本色或刷色罩油。

●形态各异的凳与墩

圆凳和墩常设在小面积房间里,而坐墩不仅在室内使用,也常在庭园室外设置。清式圆凳、坐墩在继承明式做法同时,在造型和装饰方面处处翻新,一般四面都有装饰,有黑漆描金彩绘、雕漆、填漆以及各种木制、瓷制、珐琅制等,精美异常。凳面有圆形,也有变形圆形。乾隆年间圆凳,又有海棠式、梅花式、桃式、扇面式等。梅花凳是一种颇有特色的凳子,其凳面呈梅花形,故设有五脚,造型别致,做工考究,式样较多,做法不一,尤以鼓腿彭牙加设托泥最为复杂。海棠式五开光坐墩也具有特色,其形体瘦高,是清式常用式样(图7-5)。圆形墩,腹部大,上下小,称为"鼓墩",形体各异形成坐具中很有趣的品

图7-5 　　　　　　　　　图7-6

种,一般在上下彭牙上做两道弦纹和鼓钉,保留蒙皮革、钉帽钉的形式,墩身四面开光,墩身雕满云纹,雕工细腻,为清式精品(图7-6)。瓜墩是呈甜瓜形的一种坐墩,墩体下设四个外翻马蹄小足,装上铜饰,更显古色盎然。

3.精致豪华的椅子

清式椅子传世实物丰富,其在继承明式椅子基础上有很大发展,用材较明代宽厚粗壮,装饰上由明式椅子的背板圆形浮雕或根本不装饰,而变为繁缛雕琢。椅面,清式喜用硬板,明式常用软屉。清式官帽椅比明式官帽椅更注重用材,多用紫檀、红木制成,而苏式多用榉木制作。清初梳背椅仍保存明代样式,清代太师椅式样无定式,人们一般将体形较大、做工精致、设于厅堂的扶手椅、屏背椅等都称太师椅。清代扶手椅常与几成套使用,对称式陈列。清式交椅演化出一种交足而靠背后仰的躺椅,亦称"折椅",可随意平放、竖立或折叠,可坐可卧。总之,清式座椅制作比以前更加精致,繁雕更加豪华,是清式家具的典型代表。

图7-7

● 名副其实的一统碑椅

清式靠背椅在明式靠背椅基础上有很大发展,最具特色是一统碑式靠背椅,此椅比灯挂椅后背宽而直,搭脑两端不出头,像一座碑碣,故而得名"一统碑"椅,南方民间亦称"单靠"(图7-7)。清式一统碑椅基本保持了明式式样,装饰逐渐繁琐,其背板一般用浅雕纹饰,整体上出现繁缛雕刻和镶嵌装饰,变化最大的是广式做法,一般用红木制作。苏式做法亦具特色,即所谓"一统碑木梳靠背椅"。民间喜用红木、榉木、铁力木等种木材纹清晰和坚硬的材料做成,一般不上色,所谓"清水货"。

●纹饰繁缛的圈椅

清式家具纹饰繁缛,尤以回纹最具代表性。它是一种方折角的回旋线条,往复自中心向外环绕的构图,有单个同一方向旋转、两个向心形旋转、S形旋转等,为仿商周青铜器纹饰。常用在椅子背板、扶手、腿足部分,桌案的牙条、牙头等部分也最喜欢用回纹。以至于人们将带有回纹装饰的家具作为清式家具的代名词,有回纹装饰的家具一般视为清式家具,清式圈椅的足部喜欢用回纹装饰,雕饰程度增加,回纹细腻有序。椅背常用回纹浅雕,配有镂雕纹饰或蝙蝠倒挂形纹饰。清式圈椅和明式圈椅最大区别是基本不做束腰式,明式直腿多,清式有直腿也有三弯腿,常在直线腿部中间挖料,回纹足上又挖去一小块,从而显得繁琐。

黄花梨圈椅,虽仿明式形式,但纹饰明显增多。圈椅背板上部两侧有挂牙扶持、背板上部有一圆形浮雕,背板下部有透雕纹饰。圈背连着扶手,座屉前沿为浮雕纹饰,此椅纹饰繁缛,为清式家具的代表。

●气派非凡的宝座

清式扶手椅有一种外形硕大的扶手椅,俗称"宝座"。宝座是宫廷大殿上供皇帝、后妃和皇室使用的椅子,常用硕大的材料制成。常带托泥和踏脚,技法上常使用透雕、浮雕相结合的方法,常以蟠龙纹为主,辅以回纹、莲瓣纹,还施以云龙等繁复的雕刻纹样,再贴金箔,髹涂金漆,镶嵌真珠宝,座面铺黄色织锦软垫。整个座椅金碧辉煌,极度华贵,成为至高无上的皇权象征,常在大殿中和屏风配套使用。如故宫太和殿的"金漆雕龙宝座"和"紫檀雕莲花宝座",显得气派非凡。美国纳尔逊美术馆藏清代紫檀描金双扶手大宝座,繁缛透雕螭龙纹、拐子纹、回纹等纹饰,造型硕大,装饰豪华,体现了皇室的尊严和气派。

皇亲国戚、满汉达官显贵日常生活用的椅子也比一般民间生活用椅宽大,称"大椅",常雕镂精美。清代园林和大户人家厅堂上使用的扶手椅,江南俗称"独座",吸取大椅和宝座的特征,是由太师椅演变而来的,一般靠背还嵌有云石,是江南地区别具一格的座椅。

清式屏背椅常见有独屏式、三屏式、五屏式,将形体较大的又称"太师椅"(图7-8)。清式太师椅有三屏式、五屏式不等,椅背三扇,扶手左右各一扇,雕饰花纹,嵌装瓷板,花纹有云纹、拐子纹、山水花草纹等,整体气势雄伟。

●芳名玫瑰的座椅

清式座椅中有许多是由花来命名的,有所谓梅花形凳、海棠形凳等,基本上是由形而得名,玫瑰椅得名是否与形有关不得而知,但这种座椅非常精致美丽。这种扶手椅后背与扶手高低相差不多,比一般椅子后背低,在居室中陈设较灵活,靠窗台陈设使用时不致高出窗沿而阻挡视线,椅型较小,造型别致,用材轻巧,易搬动。常见式样是在靠背和扶手内部装券口牙条,与牙条端口相连的横枨下又安短柱或结子花。也有在靠背上作透雕,式样较多,别具一格,是明清家具常见的一种椅子式样。玫瑰椅在江南一带常称"文椅",是明式家具中"苏做"的一种椅子款式,一般常供文人书房、画轩、小馆陈设和使用,式样考究,制作精工,造型优美,有"书卷之气",故称"文椅"。清式玫瑰椅用材较贵重,多用红木、铁力木,也有用紫檀,脚面用剑棱线。如承德避暑山庄藏紫檀双鱼纹玫瑰座椅,雕刻精细,文气十足(图7-9)。

图7-8

4.品类多样的几案与桌

清式桌子、几、案制作更加精美,品类繁多,装饰手法千姿百态,基本分为有束腰和无束腰两类,造型有方形、长条形、圆形等。

●千姿百态的桌子

图7-11

图7-12

清代桌子名称繁多,有膳桌、供桌、油桌、千拼桌、账桌、八仙桌、炕桌。清代桌子装饰美观,有无束腰攒牙子方桌、束腰攒牙子方桌、一腿三牙式罗锅枨方桌、垛边柿蒂纹麻将桌、绳纹连环套八仙桌、透雕大方桌(图7-10)、束腰回纹条桌、三屉书桌等(图7-11),做工十分考究。清式八仙桌品种多,装饰千姿百态,桌面或嵌大理石,有束腰(图7-12),四面透雕牙板。清式琴桌透雕繁复,下部为木架,上为空心屉可置琴,奏琴时会发出共鸣,为清式家具典型式样之一。

清式圆桌变化也很多,有五足、六足、八足者不等。桌面

图7-9

图7-10

图 7-13

图 7-14

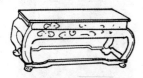

图 7-15

图 7-16

制作讲究,或厚木板,或天然彩石镶嵌而成,颜色丰富。有无束腰五环圆桌、高束腰组合圆桌、束腰带托泥圆桌、镶大理石雕花大圆桌等,以圆柱式独腿圆桌最具特色。如故宫博物院珍藏紫檀圆桌,通高84.5厘米、面径118.5厘米。桌面下正中制圆柱式独腿,上有六个花角牙支撑桌面,下为六个站牙抵住圆柱,并与下面踏脚相接,起支撑稳固作用。上、下节圆柱以圆孔和轴相套接,桌面可自由转动。此桌造型优美、稳重灵巧(图7-13)。清式分为两半的圆桌,称半圆桌,可分可合,两个半圆桌合在一起时腿靠严实,是清式家具中常见的家具品种之一。

● 发达的炕桌与炕几

清式家具中炕桌、炕几比较发达,属矮式家具,但严格区分的话,炕桌较宽,炕几较窄,这类家具可放在炕、大榻和床上使用。在北方,在炕中间置放小桌吃饭或喝茶交谈,精致的还设有抽屉,称炕桌(图7-14)。故炕桌、炕几及炕案只是形体和结构上有所区别。有束腰内翻马蹄炕桌、有束腰鼓腿彭牙炕桌、黄花梨外翻马蹄足炕桌等。

● 众多的套叠几

清式几类繁多,有高有矮,有圆有方,形体各异。有香几、花几、盘几、茶几、天然几、套几等。天然几是厅堂迎面常用的一种陈设家具,苏州园林厅堂中,常用天然几作陈设。带托泥条形几很有特色,如故宫博物院藏山水花卉纹嵌螺钿加金银片黑漆几,几面呈委角长方形,腰部内束,鼓腿彭牙,下带托泥。高13厘米、长32厘米、宽17.5厘米(图7-15)。最具特色的是从大到小套叠起来的一种套几,有三几、四几不等,故又称"套三"、"套四"等,套几可分可合,使用方便,利于陈设(图7-16)。

● 象形的卷书案

清式案有翘头案、平头案、卷书案、画案,造型较小的有炕案、条案等。案发展至清代,形式基本上无大改变,但形体上变得较为高大,结构上有了较固定的做法,并常施以精美

图 7-17

图 7-18

的雕饰,如拐子纹大香案、夹头榫翘头条案、紫檀雕花书案(图7-17),其中尤以大型卷书条案变化明显,案两头像卷书一般,非常形象,如花梨木双龙戏珠纹卷书案,案面下的牙板透雕龙纹戏珠,很有特点(图7-18)。

清式画桌的制作方法和画案相似,桌面宽大,人在其上书画时,挥毫自如。习惯上人们将腿足装在四角的曰"桌",腿足缩进的曰"案",所以有画桌和画案之分。

5.精雕细刻的支架类家具

继宋元之后明清进入到了一个摆设艺术高度成熟化阶段。由于清代上层社会追求室内豪华的装饰和摆设,居室之中广泛运用落地罩、古玩书画、博古架、书架、衣架、盆架、鸟笼架、巾架、镜架等各种室内装饰和用具,不仅选料考究,做工精细,而且多与室内整体格局统一设计融为一体,注重多件艺术品之间和谐,追求富于变化的空间韵律艺术效果,以此体现主人轩昂尊显的贵族气派,使得支架类家具有更多的展露姿态的机会,从而促使清式支架类家具的繁荣和发展。可以说支架类家具以及有关的陈设,乃至于整个建筑,表现出当时人们的审美方式,造型豪华奔放、雕琢细腻的支架类家具是当时文化特征的体现。

●古香古色的多宝格

架格是立架空间被分隔成若干格层的一种家具,主要供存放物品用,其中以设有背板、有券口牙子的较为讲究。最为考究的是多宝架,这是一种类似书架式的家具,中分不同样式的小格,格内陈设各种古玩,又称博古架。有清一代,由于满汉达官显贵嗜好佩戴饰物、贮藏珍宝,多宝格家具就应运而生了,它兼有收藏、陈设的双重作用。与一般贮藏箱不同,之所以称"多宝格",是由于每一件珍宝,按其形制占一"格"位置之故。多宝格形式繁多,各不类似,由于制作精美,其本身就是一件绝妙的工艺品,其价值不亚于陈设的珍宝,河北承德避暑山庄藏紫檀描金多宝格就是其中的一件代表作品(图7-19)。

依据书体规格制作的家具称之书格或书架,如故宫博物院藏康熙年制五彩螺钿加金、银片书架,高223厘米、长114厘米、宽57.5厘米。楠木胎,周身为黑退光漆,上面用五彩螺钿和金、银片托嵌成花纹图案。上刻"大清康熙癸丑年制"款。书格工精、图案优美,是件难得的大件精美工艺品。

图 7-19

●百宝嵌的巾架

皇宫制品的面盆架一般都镶嵌百宝什锦,这种技法明代开始流行,清初达到高峰。所谓"百宝嵌",是用珊瑚、玛瑙、琥珀、玳瑁、螺钿、象牙、犀角、玉石等做成嵌件,镶成绚丽华美的图案,整个家具琳琅满目。有四足、六足不等,后两足与巾架相连,有花牌子,巾架搭脑两端出挑,多雕有云纹、凤首等,圆柱用两组"米"字横枨结构连接,面盆直接坐在上层"米"字形横枨上,为清式支架类家具中颇具特色的家具,现藏故宫博物院黄花梨面盆架,搭脑两端安装灰玉琢成的龙头,黄花梨木上镶嵌百宝饰物,十分富丽豪华,是古典家具中的精品(图7-20)。

●精致华美的灯架

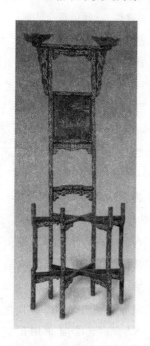

图 7-20

灯台是当时室内照明用具之一,功能与现代落地台灯相似,既可不依桌案,又可随意移动,还具有陈设作用,清式固定式和升降式灯台十分精美。

升降式灯台是清时室内照明用具之一,当时室内照明用的蜡烛或油灯放置台,往往做成架子样式,底座采用座屏形式,灯杆下端有横木,构成丁字形,横木两端出榫,纳入底座主柱内侧的直槽中。横木和灯杆可以顺直槽上下滑动。灯杆从立柱顶部横杆中央的圆孔穿出,孔旁设木楔。当灯杆提到需用的高度时,按下木楔固定灯杆。杆头托平台,可承灯罩。升降式灯架南方俗称"满堂红",因民间喜庆吉日都用其设置厅堂上照明而得名。

固定式灯台其结构由十字形式三角形的木墩底座,中竖立柱作灯杆,并用站牙把灯竿夹住,杆头上托平台,可承灯罩。

此外,清式镜架也很有特点,有一种架做交叉状,可撑斜镜面,小巧精美(图7-21)。

6.室内不可或缺的装饰品

至清代,屏风不仅是实用家具,更是室内不可缺少的
装饰品,大体有座屏、插屏、折屏和挂屏等。如湖南湘潭博
物馆藏木雕人物山水围屏,系九扇挂钩半围式组合而成,
两侧站牙与雕花横枨相连。正中稍高,两边略低,中间界
出五格,镶深褐色樟木条,内嵌杏黄色木屏心,各作透雕
如意云纹式开光。顶端楣板浮雕暗八仙和人物故事纹,中
间腰板雕刻博古图,裙板饰蝙在眼前纹,下为透雕如意云
纹花牙。上、下屏心高浮雕山水人物、亭台楼阁、树木草
丛、飞禽走兽等图案,画面以各种历史故事和民间传说等
为题材。整个屏风从用材、造型、雕刻和纹饰等方面看,都
突出地表现了湖湘雕刻独特的艺术风格和高超的技艺水
平,为湘潭地区雕屏之精品(图7-22、7-23)。

图7-21

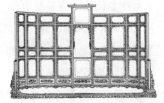

图7-22

(二)形成地域性特点

清式家具的另一个重要特征就是形成了地域性特
点,不同制作地点具有各自的地方风格,所以称为"京式"、"苏式"和"广式"。

"广式"是指以广州为中心地区生产出来的家具。广州是清代家具发展较有特色的地
区。广州地处南海之滨珠江三角洲,经济繁荣,商业和手工业发达。广州由于它特有的地
理位置,成为我国对外贸易和文化交流的一个重要门户。
至清代中叶,商业建筑大都模仿西洋形式,与建筑相适应
的家具也逐渐形成时代所需要的新款式,吸取西欧豪华
高雅风格,用料粗大,体质厚重,雕刻繁缛,成为"广式"家
具主要艺术风格。广式家具用材很讲究,木质一致,一件
家具用一种木料制成。在制作时不油漆里,上面罩漆,不
上灰粉,打磨后直接揩漆,即所谓广漆,其木质显露。

"苏式"是指以江苏为中心长江下游一带所生产的家
具,苏式家具形成较早,是明式家具的主要发祥地。苏式
家具大体继承明式家具的特点,在造型和纹饰方面较朴
素、大方。人们把"苏式"往往看成是"明式",但进入清代
中叶以后,随着社会风气变化,苏式家具多少也受富丽繁

图7-23

复、重摆设等风格影响。苏式家具制作形体小,大多为安放陈设于桌案之上的小型家具,小木作较强,技艺精湛。常用包镶手法,即用杂木为骨架,外面粘贴硬木薄板,一般将接缝做在棱角处,使家具木质纹理保持完整,包镶技艺达到炉火纯青的地步。由于硬质木料来之不易,用料精打细算,木方多为小块木雕成,常在看面以外处掺杂其他杂木,所以家具制作大都油饰漆里,起掩饰和防潮作用。苏式家具主要用生漆,在制作过程中对漆工要求相当高,在用料上与广式家具风格截然不同。

"京式"家具一般以清代宫廷制造机构所制家具为代表。清代康、雍、乾三代盛世时,由于经济繁荣,清帝为了显示正统地位,对皇室家具制作、用料、尺寸、雕刻、摆设等都要过问,在家具造型上竭力显示其正统、威严,为迎合清皇室爱好,他们刻意创新,无休止地追求精巧豪华,这种风尚使民间大受影响,达官豪贵也争先效仿,炫奇斗富、靡费奢侈之风日盛,甚至有些名流学士也参与设计,加之四方能工巧匠汇集于京师,设计出前所未有的"京式"家具。京式家具风格大体介于广式和苏式之间。用料较广式要小,较苏式要实。外在用料上与苏式有些相似,但不用包镶做法,不掺假。而在家具装饰纹样上巧妙地利用皇宫收藏的商周青铜器以及汉画像石、画像砖为素材,使之显露出古色富丽的艺术风格,庄重威严的皇室气派,京式家具常常都是清式家具。此外,其他地区的家具制作也各有特点。

总之,清式家具在继承历代传统家具制作工艺和装饰手法上有所发展和创新,以造型浑厚稳定、装饰雍容华贵而著称,形成的家具新风尚与清代康乾盛世的国势与民风吻合,为世人所称赞。

家具品类举要

1.紫檀嵌螺钿云龙纹宝座

清代

宝座用紫檀木制作。椅围子由后靠背、扶手三扇构成,但做成高低错落五块屏风式样,极为美观。靠背用螺钿、玳瑁、染牙、寿山石镶嵌成云龙、蝙蝠、寿字图案。座盘长方,座屉四周镶嵌螺钿变体夔纹。四腿为内翻马蹄,上连彭牙,下坐托泥。这类椅子体形浮重,尺度较大,有气魄,并常雕刻云纹、灵芝纹等,一般靠背还嵌有云石,是江南地区别具一格的座椅。

我国自古就认为紫檀是最名贵的木材,用紫檀木做家具少于黄花梨家具,对大型紫檀家具更视同珠宝,此乃宝座之贵也。此件宝座其尺寸远大于椅凳的坐具,取材厚重,木质精美,雕饰精巧,纹样自然生动,构图饱满,刻工圆浑,是件不可多得的家具艺术杰作。高66厘米、长148厘米、宽90厘米。现藏于北京故宫博物院(图7-24)。

图 7-24

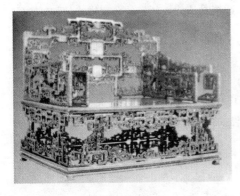

图 7-25

2.紫檀描金双扶手大宝座

清代中期

此座椅为双扶手,整座繁缛空透雕刻有螭龙纹、拐子纹、回纹等纹饰。硕大的造型、豪华的装饰体现了皇室的尊严和气派,为清式皇家典型家具。高 129 厘米、长 155 厘米、宽 101.6 厘米。现藏美国纳尔逊美术馆(图 7-25)。

3.黄花梨圈椅

清代

此圈椅仿明式样式。背板上部两侧有挂牙扶持、背板上部有一圆形浮雕,背板下部也有透雕的纹饰。圈背连着扶手,搭脑向两侧前下方延伸,从高到低一顺而下,顺势与扶手融合为一体,扶手两端向外翻卷,扶手两端与鹅脖相交处有牙子。座屉前沿为浮雕纹饰。底枨为"步步高"做法。

圈椅最明显的特征是圈背连着扶手,座靠时可使人的臂膀都倚着圈形的扶手,这条曲线圆滑、流畅似罗圈,是这种家具的主要特征。此椅造型圆婉优美,体态丰满劲健,是我们民族独具特色的椅子样式之一,具有简洁秀气的明代遗风(图 7-26)。

4.一统碑式靠背椅

清乾隆时期

由靠背、扶手、座屉、椅腿等部分组成。而靠背搭脑不出头,且为罗锅枨搭脑,背板描金且透雕花饰,座面的两侧及前缘,都有透雕五蝠云纹牙板为饰,四腿下有四边枨,而四边枨下均有描金牙板,黑漆描金十分富丽。

一统碑式靠背椅特征非常明显,它比灯挂椅的后背宽而且搭脑两端不出头,言其像一座碑碣,故称"一统碑"椅。南方民间亦称"单靠"。一统碑式靠背椅为典型的清式椅,历代工匠给

图 7-26

留下了许多不朽名作（图7-27）。

图7-27

5.粉彩瓷屏太师椅

清雍正时期

此为清式典型的屏背椅。背靠为屏背式，即将后背做成屏风式的靠背，此椅背后为三屏式，加之左右各一侧屏，如围屏。靠背中间高并依次递减至扶手。屏背为紫檀木为地并镶有桦木框，框内再嵌粉彩瓷片，瓷片上粉彩各种花卉。座屉下有束腰。四直腿有回纹形内翻马蹄。屏背椅是明式家具的一种式样，至清代体形较大的又有称"太师椅"。此椅是清式太师椅的典型样式（图7-28）。

图7-28

6.梳背椅

清康熙

此椅后背部分用圆梗均匀等距排列制作而成，二扶手用圆棍排列而成，因形如梳齿所以叫梳背式。其座面下是罗锅枨加矮老，四面底枨也是罗锅枨。搭脑、中枨、底枨统一为罗锅枨。此椅为清代座椅的代表（图7-29）。

图7-29

7.黑漆描金绣墩

清乾隆时期

此墩座面下饰描金回纹一周，再下鼓钉隐起并相间卷云纹。墩腔五开光做圆角方形，沿边起阳线，并饰以描金用云卷纹作为装饰。此外牙子和底座周边都是描金云卷纹。黑漆描金，黑地与金黄相配，金碧辉煌，相得益彰。平时鼓墩常有铺锦披绣的，故亦称"绣墩"（图7-30）。

图7-30

8.黄花梨官皮箱

清代

黄花梨官皮箱为长方体，两侧面有铜镀金提环，面及顶盖安装可以抽插的门。插门、箱盖箱边缘有铜包角。正面插门上铜饰件制作精细。黄花梨上嵌镶铜饰，使其相互辉映，绚丽夺目（图7-31）。

9.紫檀木雕云龙纹嵌玉石座屏风

清代中期

此座屏风共有5曲,正面漆地嵌各色玉石,
屏中嵌有白兰花和茶花,美丽的树梢上还嵌有站
立着的两只喜鹊,左右其他几屏均镶嵌有盛开的
花树,其间有山石及喜鹊等做点缀,翔舞栖鸣,各
具神态,画面富丽堂皇、热闹非凡。整幅画面上群
芳争艳,鸟儿争鸣,一派欢腾繁盛景象。在这些景
物之下屏风中部还镶嵌花瓶、蔬果等装饰带。在
屏风四周,高浮雕龙纹,龙身婉转曲折,张口吐
舌,飞腾于云气之间。中屏上下高浮雕刻一正面
祥龙,左右各屏分别为侧面飞龙,并面向中间。屏
座也均刻有细小的浮雕饰纹。屏背雕地滚云和描
金彩绘山石、松、竹、梅。此屏风家具装饰华丽,构
图饱满,工艺精湛,镶嵌繁缛,多种材料和多种工
艺的结合手法体现了典型清式家具典雅精致和
雍容华贵的艺术风格(图7-32)。

图 7-31

图 7-32

图 7-33

10.雕漆大屏风

清代

雕漆大屏风为插屏。高208厘米。红漆上高浮雕山
水树石人物,屏座为一对圆雕的狮子,很有情趣。此屏体
态宽大,雕工精细,极具立体感(图7-33)。

结语

人们在研究清式家具时, 往往与明式家具做比较,
一般认为明式家具以造型简练、神态古雅取胜,清式家具
以装饰繁缛、体态凝重而见长。实际上,我们运用科学的
眼光,全面、整体地看待清式家具,清式家具自有其特点,
并在一定的历史时期起着重要的作用。

第一,清代是我国封建社会最后一个朝代,封建体制已经到达非常完善的程度。就家具工艺制作精湛而言,也达到了高峰时期。清式家具在继承传统家具制作技术过程中,吸收外来文化形成了鲜明时代特点。由于经济的繁荣,形成了不同地区家具风格,大大丰富了我国古代家具制作艺术传统样式。

第二,清式家具自有其独特的艺术风格,造型上以浑厚稳定、装饰上以富丽繁缛、工艺上以技术精湛而著称。许多清式家具佳作造型新颖,雕饰精细,色泽黝黑,漆质坚好,雄伟中不显臃肿,富丽中不显低俗,繁缛中不显累赘,精雕中不显繁琐,不乏古代家具中的上乘之作,给我们留下众多值得寻味和鉴赏的艺术珍品。

第三,由于清式家具距离我们现在时间较近,留传下来许多家具实物,对我们现代社会影响比较大,所以说"投资与鉴赏"就成了一个非常实际的问题。总之,清式家具有着深厚的文化内涵,凝聚着几千年来中华民族工匠们的聪明与才智,是我国珍贵的文化遗产。

插图出处

【图 1-1】　浙江余姚河姆渡新石器时代第一期文化干栏建筑遗址出土燕尾榫 YM(4):木 337
　　　　　采自:浙江省文物考古研究所:《河姆渡——新石器时代遗址考古发掘报告》,
　　　　　文物出版社,2003 年,图版八,1。

【图 1-2】　浙江余姚河姆渡新石器时代第一期文化干栏建筑遗址出土直棂栏杆 YM(4):木 26
　　　　　采自: 浙江省文物考古研究所:《河姆渡——新石器时代遗址考古发掘报告》,
　　　　　文物出版社,2003 年,图版八,2。

【图 1-3】　浙江余姚河姆渡新石器时代第一期文化干栏建筑遗址出土直棂栏杆卯眼 YM
　　　　　(4):木 27
　　　　　采自:浙江省文物考古研究所:《河姆渡——新石器时代遗址考古发掘报告》,
　　　　　文物出版社,2003 年,彩版四,4。

【图 1-4】　浙江余姚河姆渡新石器时代遗址第一期文化建筑遗址第 4B 层建筑遗迹
　　　　　采自:浙江省文物考古研究所:《河姆渡——新石器时代遗址考古发掘报告》,
　　　　　文物出版社,2003 年,图版五,1。

【图 1-5】　浙江余姚河姆渡新石器时代第一期文化遗址出土漆碗 T231(3B):30
　　　　　采自:浙江省文物考古研究所:《河姆渡——新石器时代遗址考古发掘报告》,
　　　　　文物出版社,2003 年,彩版五七,3。

【图 1-6】　澧县八十垱新石器遗址出土木器
　　　　　采自:湖南省考古文物研究所藏。

文物出版社,2003年,图版九二,5。

【图1-20】 **浙江余姚河姆渡新石器时代文化遗址出土槌 T231(3B):23**
采自:浙江省文物考古研究所:《河姆渡——新石器时代遗址考古发掘报告》,
文物出版社,2003年,彩版五七,2。

【图1-21】 **浙江余姚河姆渡新石器时代文化遗址出土纺轮 T28(4):43**
采自:浙江省文物考古研究所:《河姆渡——新石器时代遗址考古发掘报告》,
文物出版社,2003年,图版九三,1。

【图1-22】 **浙江余姚河姆渡新石器时代文化遗址出土锯形器 T222(4A):153**
采自:浙江省文物考古研究所:《河姆渡——新石器时代遗址考古发掘报告》,
文物出版社,2003年,图版九三,6。

【图1-23】 **浙江余姚河姆渡新石器时代文化遗址出土曲尺形器柄 T231(4A):135**
采自:浙江省文物考古研究所:《河姆渡——新石器时代遗址考古发掘报告》,
文物出版社,2003年,彩版三六,2。

【图1-24】 **浙江余姚河姆渡新石器时代文化遗址出土柱头和柱脚榫 YM(4):木 50**
采自:浙江省文物考古研究所:《河姆渡——新石器时代遗址考古发掘报告》,
文物出版社,2003年,图版七,1。

【图1-25】 **浙江余姚河姆渡新石器时代文化遗址出土梁头榫 YM(4):木 40**
采自:浙江省文物考古研究所:《河姆渡——新石器时代遗址考古发掘报告》,
文物出版社,2003年,图版七,2。

【图1-26】 **浙江余姚河姆渡新石器时代文化遗址出土销钉孔榫 YM(4):木 58**
采自:浙江省文物考古研究所:《河姆渡——新石器时代遗址考古发掘报告》,
文物出版社,2003年,图版七,3。

【图1-27】 **浙江余姚河姆渡新石器时代文化遗址出土燕尾榫 YM(4):木 338**
采自:浙江省文物考古研究所:《河姆渡——新石器时代遗址考古发掘报告》,
文物出版社,2003年,彩版四,3。

【图1-28】 **浙江余姚河姆渡新石器时代文化遗址出土企口板 YM(4):木 2**
采自:浙江省文物考古研究所:《河姆渡——新石器时代遗址考古发掘报告》,
文物出版社,2003年,图版九,1。

【图1-29】 **浙江余姚河姆渡新石器时代文化遗址出土蝶形器 T17(4):37**
采自:浙江省文物考古研究所:《河姆渡——新石器时代遗址考古发掘报告》,
文物出版社,2003年,图版九五,3。

【图 1-30】 浙江余姚河姆渡新石器时代文化遗址出土凹形器 T23(4):31、T36(4):55

采自:浙江省文物考古研究所:《河姆渡——新石器时代遗址考古发掘报告》,

文物出版社,2003 年,图版九六,2。

【图 1-31】 浙江余姚河姆渡新石器时代文化遗址出土各种木制工具

采自: 中国国家博物馆编:《文物中国史·史前时代》(1),山西教育出版社,

2003 年,第 142 页。

【图 1-32】 浙江余姚河姆渡新石器时代遗址第一期文化第 4 层干栏式建筑遗迹

采自:浙江省文物考古研究所:《河姆渡——新石器时代遗址考古发掘报告》,

文物出版社,2003 年,图版四,1。

【图 1-33】 浙江余姚河姆渡新石器时代文化遗址出土芦席编结物 T233(4A):105

采自:浙江省文物考古研究所:《河姆渡——新石器时代遗址考古发掘报告》,

文物出版社,2003 年,彩版三八,1。

【图 1-34】 山西襄汾陶寺遗址宫殿建筑夯土基址局部

采自:解希恭主编:《襄汾陶寺遗址研究》,科学出版社,2007 年,彩版 2 页。

【图 1-35】 湖南澧县优周岗新石器遗址大溪文化灰坑 H87 出土了芦席编织物

采自:湖南省文物考古研究所赵亚峰先生摄赠

【图 1-36】 西藏昌都卡若新石器时代遗址出土骨针、骨锥和纺轮

采自:中国国家博物馆编:《文物中国史·史前时代》(1),山西教育出版社,2003

年,第 101 页。

【图 1-37】 陕西西安半坡出土席纹陶钵底部印痕

采自: 中国国家博物馆编:《文物中国史·史前时代》(1), 山西教育出版社,

2003 年,第 136 页。

【图 1-38】 河北磁山文化出土石磨盘和石磨棒

采自: 文化部文物局, 故宫博物院编:《全国出土文物珍品选》(1976—1984

年),文物出版社,1987 年,图 82。

【图 1-39】 河南新郑裴李岗文化遗址石磨盘和石磨棒

采自:中国国家博物馆编:《文物中国史·史前时代》(1),山西教育出版社,2003

年,第 116 页。

【图 1-40】 山西襄汾新石器时代陶寺类型墓葬出土彩绘长方形木案

采自:中国漆器全集编辑部黄迪杞主编:《中国漆器全集 1》,福建美术出版社,

1997 年,第 10 页。

【图1-41】 山西襄汾新石器时代陶寺类型墓葬出土彩绘圆形木案

采自:中国漆器全集编辑部黄迪杞主编:《中国漆器全集1》,福建美术出版社, 1997年,第11页。

【图1-42】 山西襄汾新石器时代陶寺类型3015墓出土木俎线描图

采自:高炜:《陶寺龙山文化木器的初步研究》,载《襄汾陶寺遗址研究》,科学 出版社,2007年,图三,1,2。

【图1-43】 河南安阳殷墟妇好墓出土商代踞坐玉人

采自:湖南省博物馆编,《国家宝藏》,2007年,第18页。

【图1-44】 河南安阳大司空村商代墓出土石俎线描图

采自:李缙云、于炳文主编:《文物收藏图解辞典》,浙江人民出版社,2002年, 第285页。

【图1-45】 辽宁义县出土周早期带铃铜俎线描图

采自:李缙云、于炳文主编:《文物收藏图解辞典》,浙江人民出版社,2002年, 第283页。

【图1-46】 商代晚期妇好墓出土三联甗线描图

采自:中国社会科学院考古研究所:《殷墟妇好墓》,文物出版社,1980年,第 45页,图三〇。

【图1-47】 陕西宝鸡斗鸡台出土西周早期夔龙纹青铜禁

采自:马承源:《中国青铜器》,上海古籍出版社,1988年,第265页。

【图1-48】 美国纽约大都会博物馆收藏西周早期青铜鸟纹禁线描图

采自:马承源:《中国青铜器》,上海古籍出版社,1988年,第265页。

【图1-49】 陕西长安张家坡西周墓出土漆俎线描图

采自:中国社会科学院考古研究所沣西发掘队:《1967年长安张家坡西周墓 葬的发掘》,《考古学报》1980年第4期,第486页。

【图1-50】 商西兽面纹(饕餮纹)

采自:马承源:《中国青铜器》,上海古籍出版社,1988年,第345页。

【图1-51】 商西夔龙纹

采自:马承源:《中国青铜器》,上海古籍出版社,1988年,第347—348页。

【图1-52】 《商周彝器通考》收录商代晚期兽面纹铜俎线描图

采自:容庚:《商周彝器通考》,哈佛燕京学社,1941年,图406。

【图 1-53】 《商周彝器通考》收录商代晚期蝉龙纹铜俎线描图

采自:容庚:《商周彝器通考》,哈佛燕京学社,1941 年,图 407。

【图 1-54】 商代晚期妇好墓出土三联铜甗

采自: 中国大百科全书编委员会考古学编辑委员会:《中国大百科全书·考古学》,中国大百科全书出版社,1986 年,彩版第 22 页。

【图 1-55】 辽宁义县商周铜器窖藏出土板形足铜俎

采自:文化部文物局,故宫博物院编:《全国出土文物珍品选》(1976 年-1984 年),文物出版社,1987 年,180—171 条。

【图 1-56】 辽宁义县商周铜器窖藏出土板形足铜俎局部

采自:文化部文物局,故宫博物院编:《全国出土文物珍品选》(1976 年-1984 年),文物出版社,1987 年,180—171 条。

【图 1-57】 陕西宝鸡斗鸡台出土西周早期夔纹铜禁

采自:国家文物局主编:《中国文物精华大辞典》(青铜卷),上海辞书出版社、商务书馆(香港),1996 年,图第 005 条。

【图 1-58】 陕西岐山礼村出土西周连方座禁铜簋

采自:湖南省博物馆编:《国家宝藏》,第 26 页。

【图 1-59】 湖南桃江连河冲金泉出土西周马纹铜簋

采自:湖南省博物馆编:《湖南省博物馆》,中西书局,2012 年,第 27 页。

【图 2-1】 湖北当阳金家山 1 号春秋楚墓出土柱形四足俎(MI:1)线描图

采自:张吟午:《先秦楚系礼俎考述》,载《楚文化研究论集》,黄山书社,2003 年第五集,第 472 页,图一。

【图 2-2】 湖北当阳赵巷 4 号春秋楚墓出土曲尺形四足俎(M4:13)线描图

采自:张吟午:《先秦楚系礼俎考述》,载《楚文化研究论集》,黄山书社,2003 年第五集,第 472 页,图二。

【图 2-3】 河南淅川下寺春秋楚墓出土铜俎线描图

采自: 河南省文物研究所等:《淅川下寺春秋楚墓》,文物出版社,1991 年,第 127 页,图一〇三。

【图 2-4】 河南淅川下寺春秋楚墓出土铜俎

采自:河南省文物研究所等:《淅川下寺春秋楚墓》,文物出版社,1991 年,图版四八,2。

【图 2-5】 湖北荆门包山 2 号楚墓出土"大房"俎(M2:157)线描图

采自:湖北省荆沙铁路考古队:《包山楚墓》,文物出版社,1991 年,第 130 页,图八〇。

【图 2-6】 河南信阳 1 号楚墓出土"大房"俎线描图

采自:河南省文物研究所:《信阳楚墓》,文物出版社,1986 年,第 38 页,图二七,1。

【图 2-7】 湖北江陵望山 2 号楚墓出土"大房"俎(M2:B28)线描图

采自:湖北省文物考古研究所:《江陵望山沙冢楚墓》,文物出版社,1996 年,第 147 页,图九八,3。

【图 2-8】 湖北荆门包山 2 号楚墓出土"小房"俎(M2:111)线描图

采自:张吟午:《先秦楚系礼俎考述》,载《楚文化研究论集》,黄山书社,2003 年第五集,第 474 页,图七。

【图 2-9】 湖北江陵望山 2 号楚墓出土房俎线描图

采自:湖北省文物考古研究所:《江陵望山沙冢楚墓》,文物出版社,1996 年,第 148 页(据此图描绘)。

【图 2-10】 河南信阳 2 号楚墓出土房俎(M2:90)线描图

采自:河南省文物研究所:《信阳楚墓》,文物出版社,1986 年,第 97 页,图六九,6。

【图 2-11】 1901 年陕西宝鸡斗鸡台出土西周初期长方箱形无足铜禁

采自:中国青铜器全集编辑委员会编:《中国美术分类全集·中国青铜器全集》(第 8 卷东周 2),文物出版社,1995 年,第 159 页,图 0550。

【图 2-12】 1926 年陕西宝鸡斗鸡台戴家沟出土铜禁

采自:天津市文物管理处:《西周夔纹铜禁》,《文物》1975 年第 3 期,图版壹。

【图 2-13】 传世西周合铸的簋与禁线描图

采自:马承源:《中国青铜器》,上海古籍出版社出版,1988 年,第 139 页,图 26。

【图 2-14】 曾侯乙墓出土合铸的簋与禁线描图

采自:湖北省博物馆:《曾侯乙墓》,文物出版社,1989 年,第 208 页,图一〇七。

【图 2-15】 山西长治分水岭 12 号战国早期墓出土壶、禁刻纹铜匜线描图

采自:山西省文物管理委员会:《山西长治市分水岭古墓的清理》,《考古学报》1957 年第 1 期,第 109 页,图二。

【图 2-16】　河南陕县后川 2041 号东周墓出土壶、禁刻纹铜匜线描图

采自：黄河水库考古工作队：《1957 年陕西县发掘简报》，《考古通讯》1958 年第
11 期，第 75 页，图四，1。

【图 2-17】　江苏六合县和仁战国墓出土壶、禁刻纹铜匜线描图

采自：吴山青：《江苏六合县和仁东周墓》，《考古》1957 年第 5 期，第 300 页，
图六。

【图 2-18】　长沙黄泥坑 5 号战国墓出土壶、禁刻纹铜匜线描图

采自：湖南省博物馆：《长沙楚墓》，《考古学报》1959 年第 1 期，第 49 页，图二，2。

【图 2-19】　陕西凤翔高王寺战国铜器窖藏出土壶、禁刻纹铜壶线描图

采自：韩会伟、曹明檀：《陕西凤翔高王寺战国铜器窖藏》，《文物》1981 年第 1
期，图版 6，4。

【图 2-20】　故宫博物院藏战国宴乐狩猎水陆攻战纹铜壶线描图

采自：《中国文物精华大辞典·青铜卷》，上海辞书出版社 1995 年，第 240 页，
图 0860。

【图 2-21】　有足禁 A 型 I 式　河南淅川下寺墓出土春秋铜禁 (M2:65) 线描图

采自：河南省文物考古研究所等：《淅川下寺春秋楚墓》，文物出版社，1991 年，
第 128 页，图一○四。

【图 2-22】　有足禁 B 型 I 式　湖北随县曾侯乙墓出土漆绘雕刻木禁 (C.21) 线描图

采自：湖北省博物馆：《曾侯乙墓》，文物出版社，1989 年，第 375 页，图二三三。

【图 2-23】　有足禁 B 型 II 式　曾侯乙墓出土漆木禁 (E.18) 线描图

采自：湖北省博物馆：《曾侯乙墓》，文物出版社，1989 年，第 376 页，图二三四，2。

【图 2-24】　无足禁 I 式　湖北望山 1 号楚墓出土木禁 (M1:102) 线描图

采自：湖北省文物考古研究所：《江陵望山沙冢楚墓》，文物出版社，1996 年，
第 92 页，图六一，7。

【图 2-25】　有足禁 B 型 III 式　湖北荆州天星观 1 号楚墓出土漆木禁 (M1:50) 线描图

采自：湖北省荆州地区博物馆：《江陵天星观 1 号楚墓》，《考古学报》1982 年第
1 期，第 102 页，图二六，1。

【图 2-26】　无足禁 II 式　湖北天星观 1 号楚墓出土木禁 (M1:183) 及线描图

采自：湖北省荆州地区博物馆：《江陵天星观 1 号楚墓》，《考古学报》1982 年
第 1 期，第 102 页，图版二二，6；图二六，2。

【图 2-39】 湖北随县曾侯乙墓出土漆绘雕刻有足木箱线描图

采自:李缙云:《文物收藏图解辞典》,浙江人民出版社,2002 年,第 303 页。

【图 2-40】 湖北随县曾侯乙墓出土彩绘星宿纹木箱

采自:陈建明主编:《凤舞九天——楚文物特展》,湖南美术出版社,2009 年,
第 91 页。

【图 2-41】 湖北包山 2 号楚墓出土方形彩绘竹笥

采自:湖北省荆沙铁路考古队编:《包山楚墓》,文物出版社,1991 年,彩版九,3。

【图 2-42】 湖北随县曾侯乙墓出土战国彩绘木衣架线描图

采自:湖北省博物馆:《曾侯乙墓》,文物出版社,1989 年,第 379 页,图二三六。

【图 2-43】 湖南长沙杨家湾 6 号楚墓出土漆耳杯"市攻"戳印

采自:湖南省文物管理委员会:《长沙出土的三座大型木椁墓》,《考古学报》
1957 年第 1 期,图版三,5。

【图 2-44】 旧金山亚洲艺术博物馆藏长沙楚墓出土廿九年漆樽

采自:蒋玄怡:《长沙——楚民族及其艺术》,美术考古学社,1949 年,图版九。

【图 2-45】 山西长治分水岭春秋墓出土漆箱铜铺首线描图

采自:聂菲:《家具鉴赏》,漓江出版社,1998 年,第 58 页,图 16。

【图 2-46】 湖南湘乡牛形山 1 号墓出土漆几

采自:湖南省博物馆拍摄。

【图 2-47】 长沙子弹库楚墓出土"人物御龙帛画"

采自:湖南省博物馆拍摄。

【图 2-48】 长沙子弹库楚墓出土"人物御龙帛画"线描图

采自:陈建明主编:《湖南省博物馆》,中西书局,2012 年,第 97 页。

【图 2-49】 湖北荆州天星观 2 号楚墓出土立凤

采自:陈建明主编:《凤舞九天——楚文物特展》,湖南美术出版社,2009 年,
第 213 页。

【图 2-50】 湖南长沙浏城桥 1 号楚墓出土彩绘木雕梅花卧鹿

采自:陈建明主编:《凤舞九天——楚文物特展》,湖南美术出版社,2009 年,
第 217 页。

【图 2-51】 长沙马王堆汉墓出土黑地彩绘棺头档纹饰

采自:湖南省博物馆拍摄。

古雅精丽:辨藏中国古代家具

【图 2-52】 湖北枣阳九连墩 1、2 号楚墓坑航拍图

　　　　　采自:陈建明主编:《凤舞九天——楚文物特展》,湖南美术出版社,2009 年,第
　　　　　149 页。

【图 2-53】 河南淅川下寺 2 号楚墓出土透雕夔龙纹铜禁

　　　　　采自:中国文物交流服务中心《中国文物精华》编委会:《中国文物精华》,文物
　　　　　出版社,1990 年,57 条。

【图 2-54】 故宫博物院藏的战国燕乐狩猎水陆攻战纹铜壶上的执勺挹酒图线描图

　　　　　采自:陈建明主编:《凤舞九天——楚文物特展》,湖南美术出版社,2009 年,
　　　　　第 160 页。

【图 2-55】 江苏六合和仁东周墓铜匜上的设禁陈壶图线描图

　　　　　采自:陈建明主编:《凤舞九天——楚文物特展》,湖南美术出版社,2009 年,
　　　　　第 160 页。

【图 2-56】 湖北随县曾侯乙墓出土透雕漆木禁

　　　　　采自:陈建明主编:《凤舞九天——楚文物特展》,湖南美术出版社,2009 年,
　　　　　第 159 页。

【图 2-57】 湖北当阳赵巷 4 号墓出土漆方壶

　　　　　采自:当阳市政协编:《当阳楚文物图集》,湖北美术出版社,2009 年,115 图。

【图 2-58】 湖北随州市曾侯乙墓出土青铜联禁大壶

　　　　　采自:湖北省博物馆:《曾侯乙墓》,文物出版社,1980 年,彩版九,2。

【图 2-59】 湖北枣阳九连墩 2 号墓出土彩绘云鸟纹漆簋

　　　　　采自:陈建明主编:《凤舞九天——楚文物特展》,湖南美术出版社,2009 年,
　　　　　第 157 页。

【图 2-60】 河南淅川下寺 2 号楚墓出土镂空蟠虺纹铜俎

　　　　　采自:国家文物局主编:《中国文物精华大辞典》(青铜卷),上海辞书出版社,
　　　　　商务印书馆(香港),1996 年,0735 条。

【图 2-61】 湖北当阳赵巷 4 号楚墓出土彩绘瑞兽纹漆俎

　　　　　采自:当阳市政协编:《当阳楚文物图集》,湖北美术出版社,2009 年,112 图。

【图 2-62】 湖北当阳赵巷 4 号楚墓出土彩绘瑞兽纹漆俎

　　　　　采自:当阳市政协编:《当阳楚文物图集》,湖北美术出版社,2009 年,113 图。

【图 2-63】 湖北枣阳九连墩 2 号墓出土彩绘带立板凹形板足漆俎

　　　　　采自:陈建明主编:《凤舞九天——楚文物特展》,湖南美术出版社,2009 年,

第 150 页。

【图 2-64】 湖北枣阳九连墩 2 号墓出土彩绘方柱形四足漆俎

　　采自:陈建明主编:《凤舞九天——楚文物特展》,湖南美术出版社,2009 年,
　　第 151 页。

【图 2-65】 成都百花潭中学 10 号战国墓铜壶上陈鼎设俎图

　　采自:陈建明主编:《凤舞九天——楚文物特展》,湖南美术出版社,2009 年,
　　第 151 页。

【图 2-66】 湖北枣阳九连墩 2 号墓出土漆豆出土时情况

　　采自:陈建明主编:《凤舞九天——楚文物特展》,湖南美术出版社,2009 年,
　　第 152 页。

【图 2-67】 成都市郊出土的进餐图汉画像石

　　采自:陈建明主编:《凤舞九天——楚文物特展》,湖南美术出版社,2009 年,
　　第 173 页。

【图 2-68】 湖南湘乡牛形山 1 号墓出土彩绘圆涡纹漆案图案

　　采自:湖南省博物馆拍摄。

【图 2-69】 湖北江陵马山 1 号墓出土彩绘凤鸟纹夹纻(zhù)胎漆盘

　　采自:陈建明主编:《凤舞九天——楚文物特展》,湖南美术出版社,2009 年,
　　第 173 页。

【图 2-70】 湖北枣阳九连墩 1 号墓出土镂空青铜案

　　采自:陈建明主编:《凤舞九天——楚文物特展》,湖南美术出版社,2009 年,
　　第 111 页。

【图 2-71、2-72】 河北平山中山王墓出土错金银龙凤纹铜案和线描图

　　采自:中国文物交流服务中心《中国文物精华》编辑委员会编:《中国文物
　　精华》,文物出版社,1990 年,第 69 条。

【图 2-73】 成都百花潭中学 10 号战国墓出土燕射水陆攻战纹铜壶上的依几执翣(shà)
图线描图

　　采自:陈建明主编:《凤舞九天——楚文物特展》,湖南美术出版社,2009 年,
　　第 167 页。

【图 2-74】 长沙浏城桥 1 号墓雕花云纹漆几复制品

　　采自:陈建明主编:《凤舞九天——楚文物特展》,湖南美术出版社,2009 年,
　　第 163 页。

【图 2-87】　湖北随县曾侯乙墓出土云雷纹漆木衣架

采自:中国漆器全集编辑委员会,本卷主编陈振裕编:《中国漆器全集》(1),福建美术出版社,1997 年,第 127 页,图一四四。

【图 2-88】　河南信阳长台关 1 号楚墓出土木架

采自:河南省文物研究所:《信阳楚墓》,文物出版社,1986 年,图版二九,5。

【图 2-89】　湖北江陵望山 1 号墓出土情况

采自:湖北省文物考古研究所藏资料。

【图 2-90】　湖北江陵望山 1 号墓出土彩绘凤鸟纹木雕漆座屏

采自:陈建明主编:《凤舞九天——楚文物特展》,湖南美术出版社,2009 年,168 页。

【图 2-91】　浙江绍兴狮子山 306 号墓出土伎乐铜屋

采自:浙江省文物管理委员会等:《绍兴 306 号战国墓发掘简报》,《文物》1984 年第 1 期,彩色插图。

【图 2-92】　湖南临澧九里 1 号墓出土漆案线描图

采自:湖南省博物馆、常德地区文物工作队:《临澧九里楚墓发掘报告》,载《湖南考古辑刊》(第 3 集),岳麓书社,1986 年,第 104 页,图二十四,4。

【图 2-93】　安徽天长三角圩汉墓出土铁质木工具

采自:周崇云:《天长三角圩汉代木工工具》,载安徽省文物考古研究所:《文物研究》第 11 辑,黄山书社,1998 年,第 51 页。

【图 2-94】　长沙马王堆三座汉墓外景

采自:湖南省博物馆拍摄。

【图 2-95】　长沙望城坡西汉长沙王后渔阳墓出土情况

采自:长沙市文物考古研究所等:《湖南长沙望城坡西汉渔阳墓发掘简报》,《文物》2010 年第 4 期,图九。

【图 2-96】　长沙马王堆 1 号汉墓出土情况

采自:湖南省博物馆拍摄。

【图 2-97】　长沙马王堆 1 号汉墓云纹漆案出土情形

采自:陈建明主编:《马王堆汉墓:古长沙国的艺术和生活》,岳麓书社,2008 年,第 115 页。

【图 2-98】　长沙马王堆 3 号汉墓椁边厢器物出土照

采自:湖南省博物馆拍摄。

【图2-99】 长沙望城坡西汉渔阳墓漆器出土照

采自：长沙市文物考古研究所等：《湖南长沙望城坡西汉渔阳墓发掘简报》，
《文物》2010年第4期，图十五。

【图2-100】 长沙马王堆1号汉墓出土漆几线描图

采自：湖南省博物馆、中国社会科学院考古研究所：《马王堆一号汉墓》，文
物出版社，1973年，第94页，图八八。

【图2-101】 长沙马王堆1号墓出土木杖

采自：湖南省博物馆拍摄。

【图2-102】 长沙王后渔阳墓出土漆凭几

采自：长沙市文物考古研究所等：《湖南长沙望城坡西汉渔阳墓发掘简报》，
《文物》2010年第4期，图三二。

【图2-103】 长沙马王堆1号墓出土云龙纹漆屏风线描图

采自：湖南省博物馆、中国社会科学院考古研究所：《马王堆一号汉墓》，文
物出版社，1973年，第94页，图八九。

【图2-104】 长沙马王堆1号汉墓出土竹笥

采自：湖南省博物馆拍摄。

【图2-105】 长沙马王堆1号汉墓出土竹熏罩

采自：湖南省博物馆拍摄。

【图2-106】 长沙马王堆3号汉墓出土漆木灯

采自：湖南省博物馆拍摄。

【图2-107】 长沙马王堆1号汉墓出土长柄大竹扇

采自：湖南省博物馆拍摄。

【图2-108】 长沙王后渔阳墓出土漆支座

采自：长沙市文物考古研究所等：《湖南长沙望城坡西汉渔阳墓发掘简报》，
《文物》2010年第4期，图三九。

【图2-109】 长沙马王堆3号汉墓出土活动几线描图

采自：湖南省博物馆等：《长沙马王堆二、三号汉墓》（第一卷田野考古发掘
报告），文物出版社，2004年，第159页，图七四。

【图2-110】 江苏连云港唐庄汉墓出土汉代彩绘八龙纹漆几线描图

采自：聂菲：《家具鉴赏》，漓江出版社，1998年，第74页，图34。

【图 2-111】 长沙马王堆 3 号汉墓出土漆屏风线描图

采自:湖南省博物馆等:《长沙马王堆二、三号汉墓》(第一卷田野考古发掘报告),文物出版社,2004 年,第 161 页,图七六。

【图 2-112】 长沙马王堆 2 号墓出土漆盘

采自:湖南省博物馆拍摄。

【图 2-113】 长沙砂子塘 1 号汉墓出土舞蹈漆奁

采自:李正光:《汉代漆器艺术》,文物出版社,1987 年,第 108、109 页。

【图 2-114】 扬州邗江西湖胡场 1 号西汉中晚墓出土彩绘云气鸟兽纹漆案

采自:扬州博物馆:《广陵国漆器》,文物出版社,2004 年,图 53。

【图 2-115】 长沙马王堆 1 号汉墓出土彩绘云气纹漆案

采自:湖南省博物馆拍摄。

【图 2-116】 扬州邗江西湖胡场 20 号西汉中晚墓出土"鲍笋一笥"铭文纹漆笥

采自:扬州博物馆:《广陵国漆器》,文物出版社,2004 年,图 46。

【图 2-117】 扬州邗江西湖胡场 20 号西汉中晚期墓出土彩绘云气纹漆笥

采自:扬州博物馆:《广陵国漆器》,文物出版社,2004 年,图 48。

【图 2-118】 安徽天长城南乡三角墟西汉中期墓出土怪神云气纹漆盒盖

采自:傅举有主编:《中国漆器全集·3》,福建美术出版社,1998 年,第 114 页。

【图 2-119】 长沙马王堆 1 号汉墓黑地彩绘棺上云气纹

采自:湖南省博物馆拍摄。

【图 2-120】 扬州平山雷塘 26 号西汉晚期墓出土彩绘云气鸟兽人物纹漆面罩

采自:扬州博物馆:《广陵国漆器》,文物出版社,2004 年,图 94。

【图 2-121】 北魏时期司马金龙墓出土彩绘人物故事漆屏

采自:陈晶主编:《中国漆器全集·4》,福建美术出版社,1998 年,第 44 页,彩图四〇。

【图 2-122】 扬州邗江西湖胡场 14 号西汉晚期墓出土彩绘云纹漆笥

采自:扬州博物馆:《广陵国漆器》,文物出版社,2004 年,图 84。

【图 2-123】 扬州邗江西湖胡场 22 号西汉中晚期墓出土彩绘云气龙凤纹漆案

采自:扬州博物馆:《广陵国漆器》,文物出版社,2004 年,图 52。

【图 2-124】 包山 2 号楚墓"一收床"260 号简

采自:湖北省荆沙铁路考古队:《包山楚墓》,文物出版社,1991 年,图版二〇二,260 号简。

【图 2-125】 河北望都 2 号东汉墓出土汉代石床线描图

采自:孙机:《汉代物质文化资料图说》,文物出版社,1991 年,图 55-4。

【图 2-126】 河北望都汉墓壁画独坐枰线描图

采自:姚鉴:《河北望都汉墓的墓室结构及壁画》,《文物参考资料》1954 年第
12 期,第 54 页。

【图 2-127】 山东嘉祥武梁祠画像石独坐图线描图

采自:冯云鹏等:《金石索》,商务印书馆,1926 年,第 394 页(据此图描绘)。

【图 2-128】 河南郸城出土西汉铭文石榻线描图

采自:曹桂岑:《河南郸城发现汉代石坐榻》,《考古》1965 年第 5 期,第 258
页,图一。

【图 2-129-1】 河南灵宝张湾墓出土双人榻

采自:中国国家博物馆编:《文物中国史·秦汉时代》(4),山西教育出版社,
2003 年,第 238 页。

【图 2-129-2】 河南灵宝张湾墓出土双人榻线描图

采自:聂菲:《家具鉴赏》,漓江出版社,1998 年,第 73 页,图 32。

【图 2-130】 江苏铜山岗 1 号东汉墓画像石双人榻线描图

采自:江苏省文物理管委员会等:《江苏徐州、铜山岗五座汉墓清理简报》,
《考古》1964 年第 10 期,第 513 页,图一三(据此图描绘)。

【图 2-131】 江苏徐州铜山汉画像石凭几线描图

采自:徐州汉画像艺术馆:《徐州汉画像石》,线装书局,2004 年,图 81。

【图 2-132】 江苏徐州茅村汉画像石凭几线描图

采自:徐州汉画像艺术馆:《徐州汉画像石》,线装书局,2004 年,图 81。

【图 2-133】 汉画像凭几者线描图

采自:孙机:《汉代物质文化资料图说》,文物出版社,1991 年,图 55-10。

【图 2-134】 山东嘉祥洪山村采集汉画像石凭几图

采自:中国国家博物馆编:《文物中国史·秦汉时代》(4),山西教育出版社,
2003 年,第 197 页。

【图 2-135】 "庋物"几线描图

采自:孙机:《汉代物质文化资料图说》,文物出版社,1991 年,图 54-4。

【图 2-136】 山东沂南汉画像石双几线描图

采自:华东文物工作队山东组:《山东沂南汉画像石墓》,《文物》1954 年第 8 期

（据此图描绘）。

【图 2-137】 **洛阳烧沟 1035 墓出土卷耳几线描图**

　　采自:聂菲:《家具鉴赏》,漓江出版社,1998 年,第 75 页,图 36。

【图 2-138】 **四川成都扬子山汉画像砖观伎图**

　　采自:中国国家博物馆:《文物中国·秦汉时代》(4),山西教育出版社,2003
　　　　年,第 230 页。

【图 2-139】 **河南灵宝张湾东汉墓出土四足陶案线描图**

　　采自:杨育彬等:《灵宝张湾汉墓》,《文物》1975 年第 11 期,第 88 页,图二四
　　　　(据此图描绘)。

【图 2-140】 **广州沙河顶 5054 号东汉墓出土圆形三足案线描图**

　　采自: 广州市文物管理委员会:《广州东郊沙河顶汉墓发掘简报》,《文物》
　　　　1961 年第 2 期,54-57(据此图描绘)。

【图 2-141】 **山东沂南汉画像石八足案线描图**

　　采自:聂菲:《家具鉴赏》,漓江出版社,1998 年,第 77 页,图 40。

【图 2-142】 **重庆化龙桥出土庖厨陶俑**

　　采自:中国国家博物馆编:《文物中国史·秦汉时代》(4),山西教育出版社,
　　　　2003 年,第 177 页。

【图 2-143】 **四川汉画像砖叠案线描图**

　　采自:中国国家博物馆编:《文物中国史·秦汉时代》(4),山西教育出版社,
　　　　2003 年,第 234 页。

【图 2-144】 **云南江川西汉墓出土虎牛形铜案线描图**

　　采自:聂菲:《家具鉴赏》,漓江出版社,1998 年,第 76 页,图 39。

【图 2-145】 **四川彭县汉画像砖方桌线描图**

　　采自:孙机:《汉代物质文化资料图说》,文物出版社,1991 年,图 54-14。

【图 2-146】 **辽阳汉墓壁画庖厨图线描图**

　　采自: 李文信:《辽阳发现的三座壁画古墓》,《文物参考资料》1955 年第 5
　　　　期,插图(据此图描绘)。

【图 2-147】 **河南陕县刘家渠东汉墓出土绿釉陶匮线描图**

　　采自:黄河水库考古工作队:《一九五六年河南陕县刘家渠汉唐墓葬发掘简
　　　　报》,《考古通讯》1957 年第 4 期,图版五,4(据此图描绘)。

【图 2-148】 山东沂南汉画像石衣杆线描图

采自:聂菲:《家具鉴赏》,漓江出版社,1998 年,第 79 页,图 45。

【图 2-149】 马王堆 3 号汉墓出土兵器架

采自:湖南省博物馆拍摄。

【图 2-150】 甘肃武威旱滩坡东汉墓出土彩绘独板屏风线描图

采自:武威县文管会:《甘肃武威旱滩坡东汉墓发现古纸》,《文物》1977 年 1
期,第 60 页,图三(据此图描绘)。

【图 2-151】 内蒙古和林格尔汉墓壁画"拜谒图"线描图

采自:内蒙古文物工作队等:《和林格尔发现一座重要的东汉壁画墓》,《文
物》1974 年第 1 期,8-23(据此图描绘)。

【图 2-152】 《三礼图》斧扆线描图

采自:(宋)聂崇义:《新定三礼图》,清华大学出版社,2006 年。

【图 2-153】 广州南越王西汉墓出土漆木大屏风上折叠构件

采自:广州市文物管理委员会等:《西汉南越王墓》,文物出版社,1991 年,彩
版二九。

【图 2-154】 辽阳棒台子屯汉墓壁画线描图

采自:李文信:《辽阳发现的三座壁画古墓》,《文物参考资料》1955 年第 5
期,第 18 页,插图八。

【图 2-155】 山东渚城汉墓画像石 ⌐ 型围屏线描图

采自:聂菲:《家具鉴赏》,漓江出版社,1998 年,第 81 页,图 47。

【图 2-156】 山东安邱县汉墓画像石榻屏线描图

采自:山东省博物馆:《山东汉画像石选集》,齐鲁书社,1982 年,图 540。

【图 2-157】 成都青杠坡出土汉画像砖讲学图

采自:龚廷万等:《巴蜀汉代画像集》,文物出版社,1998 年,图 62。

【图 2-158】 汉代帷幔线描图

采自:孙机:《汉代物质文化资料图说》,文物出版社,1991 年,图 56-4。

【图 2-159】 长沙马王堆 1 号汉墓 T 形帛画局部

采自:湖南省博物馆拍摄。

【图 2-160】 河北满城汉墓出土庑殿顶幄帐支架线描图

采自:中国社会科学院考古研究所等:《满城汉墓发掘报告》,文物出版社,
1980 年,图 123。

【图2-161】 河南密县打虎亭2号东汉墓壁画幄帐线描图

采自:孙机:《汉代物质文化资料图说》,文物出版社,1991年,图56-3。

【图2-162】 辽宁辽阳棒台子汉魏壁画坐帐线描图

采自:王新增:《辽宁辽阳棒台子二号壁画墓》,《考古》1960年第1期,20-23,图三。

【图2-163】 彭州汉画像砖宴集图

采自:高文等:《中国巴蜀汉代画像砖大全》,国际港澳出版社,2002年,图56。

【图2-164】 汉代璧翣线描图

采自:孙机:《汉代物质文化资料图说》,文物出版社,1991年,图56-7-16。

【图2-165】 河北满城1号汉墓出土凭几踞坐玉人

采自:中国社会科学院考古研究所等:《满城汉墓发掘报告》,文物出版社,1980年,彩版一六。

【图2-166】 长沙马王堆1号汉墓出土草席

采自:湖南省博物馆等:《长沙马王堆一号汉墓》,文物出版社,1973年,图二三三。

【图2-167】 北京大葆台1号汉墓出土"黄熊桅枏(神)"漆木床残片

采自:大葆台汉墓发掘组:《北京大葆台汉墓》,文物出版社,1989年,图版五四,1。

【图2-168】 河南灵宝张湾汉墓出土合榻

采自:国家文物局主编:《中国文物精华大辞典》(陶瓷卷),上海辞书出版社,商务印书馆(香港),1996年,第370条。

【图2-169】 长沙马王堆1号汉墓出土云气纹凭几

采自:湖南省博物馆拍摄。

【图2-170】 长沙马王堆3号汉墓出土活动几(复制品)

采自:湖南省博物馆拍摄。

【图2-171】 长沙马王堆3号汉墓出土活动几线描图

采自:湖南省博物馆等:《长沙马王堆二、三号汉墓》(第一卷田野考古发掘报告),文物出版社,2004年,第159页,图七四。

【图2-172】 江苏连云港唐庄汉墓出土八龙纹木雕漆几

采自:罗宗真、秦浩:《中华文物鉴赏》,江苏教育出版社,1990年,第624页。

【图 2-173】 云南江川李家山 24 号汉墓出土虎噬牛祭铜案

采自：国家文物局主编：《中国文物精华大辞典》(青铜卷)，上海辞书出版社，商务印书馆(香港)，1996 年，第 1092 条。

【图 2-174】 长沙马王堆 1 号汉墓出土云气纹漆案

采自：湖南省博物馆拍摄。

【图 2-175】 长沙马王堆 3 号汉墓漆案出土情况

采自：湖南省博物馆拍摄。

【图 2-176】 湖南长沙陈家大山汉墓出土陶案

采自：湖南省博物馆拍摄。

【图 2-177】 河南灵宝张湾汉墓出土原始陶方桌

采自：河南省博物馆：《灵宝张湾汉墓》，《文物》1975 年第 11 期，第 87 页，图二一(据此图描绘)。

【图 2-178】 河南陕县刘家渠 1037 号汉墓出土陶匜

采自：黄河水库考古队：《河南陕县刘家渠》，《考古学报》1965 年第 1 期，图版柒，4。

【图 2-179】 广州西汉南越王墓出土漆木大屏风构件与复原图

采自：广州市文物管理委员会等：《西汉南越王墓》，文物出版社，1991 年，彩版二九。

【图 2-180】 河北定县 43 号中山穆王刘畅墓出土玉座屏

采自：《走向盛唐》图录，2006 年，第 6 页。

【图 2-181】 长沙马王堆 1 号汉墓出土云龙纹漆屏风

采自：湖南省博物馆拍摄。

【图 3-1】 敦煌西魏 285 窟壁画靠背扶手椅线描图

采自：聂菲：《家具鉴赏》，漓江出版社，1998 年，第 86 页，图 53。

【图 3-2】 敦煌西魏 285 窟壁画扶手椅线描图

采自：聂菲：《家具鉴赏》，漓江出版社，1998 年，第 86 页，图 54。

【图 3-3】 山西大同北魏司马金龙墓出土漆画屏风

采自：山西省大同市博物馆等：《山西大同石家寨北魏司马金龙墓》，《文物》1972 年第 3 期，图版 12。

【图 3-4】 安徽马鞍山东吴朱然墓所出彩绘宫宴乐图漆案

采自：陈晶主编：《中国漆器全集·4》，福建美术出版社，1989 年，第 11 页，彩图一一。

【图3-18】 尼雅发现希腊式雕刻木椅线描图

  采自:赵琳等:《绳床、倚床、小床——魏晋南北朝时期的椅子雏形》,《家具与室内装饰》2004年第7期,图3。

【图3-19】 楼兰发现希腊式雕刻木椅线描图

  采自:赵琳等:《绳床、倚床、小床——魏晋南北朝时期的椅子雏形》,《家具与室内装饰》2004年第7期,图2。

【图3-20】 印度旃陀石窟壁画佛像线描图

  采自:黄正建:《唐代的椅子与绳床》,《文物》1990年第7期,图三。

【图3-21】 日本小泉和子《家具》附图"绳床(大乘比丘十八图)"线描图

  采自:黄正建:《唐代的椅子与绳床》,《文物》1990年第7期,图六。

【图3-22】 《萧翼赚兰亭图卷》中的坐具线描图

  采自:黄正建:《唐代的椅子与绳床》,《文物》1990年第7期,图五。

【图3-23】 敦煌西魏285窟壁画中的扶手靠背椅

  采自:董伯信著:《中国古代家具综览》,安徽科学技术出版社,2004年。图3-27。

【图3-24】 敦煌北魏257窟壁画菩萨垂足坐于方凳上线描图

  采自:聂菲:《家具鉴赏》,漓江出版社,1998年,第87页,图56。

【图3-25】 敦煌北魏288窟中心塔柱式洞窟佛像坐具

  采自:敦煌研究院:《中国敦煌》,江苏美术出版社,2000年,第15页。

【图3-26】 龙门石窟莲花洞南壁浮雕北魏圆墩线描图

  采自:聂菲:《家具鉴赏》,漓江出版社,1998年,第87页,图57。

【图3-27】 敦煌西魏275窟壁画中的细腰圆墩

  采自:董伯信著:《中国古代家具综览》,安徽科学技术出版社,2004年,第79页,图3-19。

【图3-28】 山西大同北魏司马金龙墓出土漆屏画中独坐三围屏榻

  采自:董伯信著:《中国古代家具综览》,安徽科学技术出版社,2004年,第89页,图3-56。

【图3-29】 宋人摹北齐《校书图》插图中出现了大型箱形结构式榻线描图

  采自:聂菲:《家具鉴赏》,漓江出版社,1998年,第85页,图52。

【图3-30】 宋人摹北齐《校书图》插图中出现了大型箱形结构式榻

  采自:董伯信著:《中国古代家具综览》,安徽科学技术出版社,2004年,第75

页,图 3-6。

【图 3-31】 传东晋顾恺之作《洛神赋》中的箱形结构式坐榻

采自:李宗山著:《中国家具史图说》(画册),湖北美术出版社,2001 年,第 46 页,图 39。

【图 3-32】 安徽马鞍山东吴朱然墓出土贵族生活纹鎏金铜漆盘

采自:安徽省文物考古研究所:《安徽省马鞍山东吴朱然墓发掘简报》,《文物》1986 年第 3 期,彩色插页 1,上。

【图 3-33】 宁夏固原北魏墓出土彩绘漆画坐榻图

采自:陈晶主编:《中国漆器全集·4》,福建美术出版社,1989 年,第 41、42 页,彩图三九。

【图 3-34】 顾恺之《女史箴图》镜台

采自:董伯信著:《中国古代家具综览》,安徽科学技术出版社,2004 年,第 98 页,图 3-78。

【图 3-35】 湖南醴陵晋墓出土的石榻

采自:作者拍摄。

【图 3-36】 湖南长沙赤峰山 3 号南朝墓出土的低矮型瓷几线描图

采自:聂菲:《家具鉴赏》,漓江出版社,1998 年,第 88 页,图 59。

【图 3-37】 南京西善桥南朝墓砖印《高逸图》线描图

采自:聂菲:《家具鉴赏》,漓江出版社,1998 年,第 84 页,图 50。

【图 3-38】 顾恺之所作《列女仁智图》中三围屏风和灯屏

采自:董伯信著:《中国古代家具综览》,安徽科学技术出版社,2004 年,第 95 页,图 3-69。

【图 3-39】 山西大同北魏司马金龙墓出土漆屏风

采自:陈晶主编:《中国漆器全集·4》,福建美术出版社,1989 年,第 44 页,彩图四〇。

【图 3-40】 安徽马鞍山东吴朱然墓出土三足弧形木凭几

采自:陈晶主编:《中国漆器全集·4》,福建美术出版社,1989 年,第 21 页,彩图二一。

【图 3-41】 河北磁县东魏墓出土持胡床陶俑

采自:磁县文化馆:《河北磁县东陈村东魏墓》,《文物》1977 年第 6 期,图版 9。

【图3-42】　长沙金盆岭9号西晋墓出土青瓷对坐书写俑

　　采自：陈建明主编：《湖南名窑陶瓷陈列》，第6页。

【图3-43】　新疆吐鲁番阿斯塔那东晋墓出土庄园生活纸画图卷

　　采自：国家文物局主编：《中国文物精华大辞典》(书画卷)，上海辞书出版社，
　　　　商务印书馆(香港)，1996年。

【图3-44】　安徽马鞍山东吴朱然墓出土彩绘宫闱宴乐漆案局部

　　采自：马鞍山市博物馆编：《马鞍山文物聚珍》，文物出版社，2006年，第70页。

【图3-45】　南京西善桥南朝墓室出土砖印壁画"竹林七贤"图

　　采自：湖南省博物馆：《走向盛唐》展图录，第11页。

【图3-46】　甘肃武威柏树乡旱滩坡19号前凉墓出土彩绘木连枝灯

　　采自：湖南省博物馆：《走向盛唐》展图录，第17页。

【图3-47】　山东青州龙兴寺遗址出土北齐贴金彩绘思维菩萨坐墩石雕像

　　采自：湖南省博物馆：《走向盛唐》展图录，第43页。

【图4-1】　河南安阳隋代张盛墓出土陶瓷凳线描图

　　采自：聂菲：《家具鉴赏》，漓江出版社，1998年，第90页，图61。

【图4-2】　河南安阳隋代张盛墓出土陶瓷案线描图

　　采自：聂菲：《家具鉴赏》，漓江出版社，1998年，第91页，图63。

【图4-3】　河南安阳隋代张盛墓出土陶瓷单足几线描图

　　采自：聂菲：《家具鉴赏》，漓江出版社，1998年，第91页，图64。

【图4-4】　河南安阳隋代张盛墓出土陶瓷三足弧形凭几线描图

　　采自：聂菲：《家具鉴赏》，漓江出版社，1998年，第91页，图65。

【图4-5】　河南安阳隋代张盛墓出土陶瓷箱线描图

　　采自：聂菲：《家具鉴赏》，漓江出版社，1998年，第91页，图66。

【图4-6】　河南安阳隋代张盛墓出土陶瓷盝顶式箱线描图

　　采自：聂菲：《家具鉴赏》，漓江出版社，1998年，第91页，图67。

【图4-7】　山东嘉祥英山1号隋墓壁画《徐侍郎夫妇宴享行乐图》线描图

　　采自：聂菲：《家具鉴赏》，漓江出版社，1998年，第90页，图60。

【图4-8】　榆林窟第25窟中唐壁画《耕获图》

　　采自：敦煌研究院编：《中国敦煌》，江苏美术出版社，2000年，第136页。

【图4-9】　唐阎立本《历代帝王图》独坐小榻线描图

　　采自：聂菲：《家具鉴赏》，漓江出版社，1998年，第93页，图68。

【图4-23】 敦煌 473 窟唐壁画宴享图长条凳和长条桌线描图

采自:聂菲:《家具鉴赏》,漓江出版社,1998 年,第 96 页,图 73。

【图4-24】 湖南长沙牛角塘初唐墓出土低型陶案线描图

采自:作者摹制。

【图4-25】 敦煌唐代 85 窟壁画《庖厨图》中的桌、架格

采自:李宗山著:《中国家具史图说》(画册),湖北美术出版社,2011 年 6 月,
第 54 页,图 6。

【图4-26】 唐画《六尊者像》中椅、桌

采自:聂菲:《家具鉴赏》,漓江出版社,1998 年,彩色图录第 9 页,附图 20。

【图4-27】 陕西西安何家村出土唐代盝顶箱线描图

采自:陕西历史博物馆等编著:《花舞大唐春——何家村遗宝精粹》,文物出
版社,2003 年,第 197 页。

【图4-28】 陕西扶风法门寺地宫出土置放秘色瓷的漆食柜

采自:陕西省考古研究院等编著:《法门寺考古发掘报告·下》,文物出版社,
2007 年,彩版二四。

【图4-29】 陕西扶风法门寺地宫漆食柜出土的鎏金银棱平脱雀鸟团花纹秘色瓷器

采自:陕西省考古研究院等编著:《法门寺考古发掘报告·下》,文物出版社,
2007 年,彩版一九七,1。

【图4-30】 新疆吐鲁番阿斯塔那 217 号唐墓花鸟六曲屏风图

采自:李宗山著:《中国家具史图说》(画册),湖北美术出版社,2011 年 6 月,
第 56 页,图 9。

【图4-31】 江苏邗江蔡庄五代墓出土木榻线描图

采自:聂菲:《家具鉴赏》,漓江出版社,1998 年,第 102 页,图 80。

【图4-32】 五代周文矩画《宫中图》圈椅线描图

采自:作者摹制。

【图4-33】 五代顾闳中《韩熙载夜宴图》中的靠背椅

采自:朱家溍主编:《故宫珍宝》,紫禁城出版社,2011 年,第 167 页。

【图4-34】 五代王齐翰《勘书图》中扶手靠背椅

采自:董伯信著:《中国古代家具综览》,安徽科学技术出版社,2004 年,第
112 页,图 3-116。

【图 4-35】 五代卫贤画《高士图》方凳线描图

采自:聂菲:《家具鉴赏》,漓江出版社,1998 年,第 103 页,图 81。

【图 4-36】 江苏邗江蔡庄墓出土方凳线描图

采自:聂菲:《家具鉴赏》,漓江出版社,1998 年,第 103 页,图 82。

【图 4-37】 五代周文矩画《宫中图》圆凳线描图

采自:聂菲:《家具鉴赏》,漓江出版社,1998 年,第 103 页,图 83。

【图 4-38】 五代顾闳中《韩熙载夜宴图》中带围屏床、椅、桌、屏风

采自:朱家溍主编:《故宫珍宝》,紫禁城出版社,2011 年,第 167 页。

【图 4-39】 江苏邗江蔡庄墓出土五代三足木案线描图

采自:聂菲:《家具鉴赏》,漓江出版社,1998 年,第 106 页,图 87。

【图 4-40】 五代周文矩《重屏会棋图》中榻、屏、案

采自:李宗山著:《中国家具史图说》(画册),湖北美术出版社,2011 年 6 月,
第 53 页,图 3。

【图 4-41】 江苏邗江蔡庄墓出土衣架线描图

采自:聂菲:《家具鉴赏》,漓江出版社,1998 年,第 106 页,图 86。

【图 4-42】 五代周文矩《宫中图》椅凳装饰

采自:李宗山著:《中国家具史图说》(画册),湖北美术出版社,2011 年 6 月,
第 55 页,图 8。

【图 4-43】 河南安阳隋代张盛墓出土陶瓷椅线描图

采自:聂菲:《家具鉴赏》,漓江出版社,1998 年,第 90 页,图 62。

【图 4-44】 山东嘉祥英山 1 号隋代徐敏行墓出土《宴享伎乐图》

采自:山东省博物馆:《山东嘉祥县英山一号隋墓清理简报——隋代墓室壁画
的首次发现》,《文物》1981 年第 4 期,图版 1。

【图 4-45】 湖北武汉隋墓出土高型陶灶形器

采自:国家文物局主编:《中国文物精华大辞典》(陶瓷卷),上海辞书出版社,
商务印书馆(香港),1996 年,第 426、459 条。

【图 4-46】 陕西富平唐代李凤墓出土三彩釉陶榻

采自:国家文物局主编:《中国文物精华大辞典》(陶瓷卷),上海辞书出版社,
商务印书馆(香港),1996 年,第 426、459 条。

【图 4-47】 陕西西安郊区唐代高元珪墓壁画中的扶手椅

采自:贺梓城:《唐墓壁画》,《文物》1959 年第 8 期,第 33 页。

【图 4—48】　陕西西安王家坟 90 号唐墓出土三彩陶坐墩俑

采自：何汉南：《西安东郊王家坟清理了一座唐墓》，《文物参考资料》1955 年
第 9 期，封底图版。

【图 4—49】　湖南长沙赤岗冲 4 号唐墓出土青瓷翘头案

采自：湖南省博物馆拍摄。

【图 4—50】　湖南长沙烈士公园 4 号唐墓出土青瓷翘头案

采自：湖南省博物馆拍摄。

【图 4—51、4—52、4—53、4—54】　陕西西安南郊何家村窖藏出土唐代鎏金花鸟孔雀纹银方
盒与线描图

采自：陕西历史博物馆等编著：《花舞大唐春——何家村
遗宝精粹》，文物出版社，2003 年，第 197、199、201—
1、201—2 页。

【图 4—55】　江苏苏州瑞光塔塔心窖藏出土螺钿黑漆木胎经箱

采自：《中国文物精华》编辑委员会编：《中国文物精华》，文物出版社，1993
年，版图第 143 条。

【图 4—56】　陕西西安唐墓出土三彩方柜

采自：中国国家博物馆编：《文物中国史·隋唐时代》(6)，山西教育出版社，
2003 年，第 214 页。

【图 4—57、4—58】　新疆维吾尔自治区吐鲁番阿斯塔那 188 号墓出土牧马图八曲屏风画

采自：湖南省博物馆编：《走向盛唐》展图录，第 52 页。

【图 4—59】　江苏邗江蔡庄五代墓出土木榻

采自：陈增弼：《千年古榻》，《文物》1984 年第 6 期，图版第 66 页。

【图 4—60】　五代王齐翰《勘书图》中的屏风

采自：董伯信著：《中国古代家具综览》，安徽科学技术出版社，2004 年，第 129
页，图 3—159。

【图 4—61】　河北曲阳五代壁画墓出土《浮雕女乐图》

采自：河北省文物研究所等：《河北省曲阳五代壁画墓发掘简报》，《文物》1996
年第 6 期，彩色插页 1。

【图 5—1】　山西洪洞县广胜寺水神庙元代壁画《渔民售鱼图》中的带罗锅枨桌线描图

采自：作者摹绘。

【图5-2】 河北宣化下八里辽墓壁画中带矮老桌

采自:李宗山著:《中国家具史图说》(画册),湖北美术出版社,2011年6月,第
66页,图13。

【图5-3】 北宋赵佶《听琴图》琴桌、花几

采自:傅熹年:《中国美术全集·绘画编4·两宋绘画》,文物出版社,1988年,图
版四四。

【图5-4】 宋画《会昌九老图》六开光圆凳线描图

采自:作者摹绘。

【图5-5】 宋代刘松年《四景山水图》中的斜靠背椅线描图

采自:作者摹制。

【图5-6】 山西大同金墓出土四出头椅线描图

采自:聂菲:《家具鉴赏》,漓江出版社,1998年,第112页,图96。

【图5-7】 河南方城宋墓出土宋代箱子线描图

采自:作者摹制。

【图5-8】 河北宣化下八里辽张世卿墓壁画中多层带盖箱

采自:李宗山著:《中国家具史图说》(画册),湖北美术出版社,2011年6月,第
73页,图26。

【图5-9】 宋画《蚕织图》中柜橱线描图

采自:作者摹制。

【图5-10】 宋画《蚕织图》中柜橱、桌案

采自:李宗山著:《中国家具史图说》(画册),湖北美术出版社,2011年6月,
第73页,图27。

【图5-11】 辽宁法库叶茂台辽墓出土靠背椅线描图

采自:聂菲:《家具鉴赏》,漓江出版社,1998年,第112页,图95。

【图5-12】 宋画《消夏图》中的榻、桌、屏风等家具陈设

采自:李宗山著:《中国家具史图说》(画册),湖北美术出版社,2011年6月,
第60页,图2。

【图5-13】 河南禹县白沙1号宋墓壁画《宴饮图》中家具陈设

采自:宿白著:《白沙宋墓》,文物出版社,2002年,图版5。

【图5-14】 内蒙古解放营子辽墓出土箱形结构栏杆式围板木床线描图

采自:翁牛特旗文化馆、昭乌达盟文物工作站:《内蒙古解放营子辽墓发掘简

报》,《考古》1979 年第 4 期,第 332 页,图四,1。

【图 5—15、16】　山西大同金墓出土四足形栏杆式围板床及线描图

采自：大同市博物馆:《大同金代净德源墓发掘简报》,《文物》1978 年 4 期,图版 1。

【图 5—17】　宋代张择端《清明上河图》中的交椅线描图

采自:作者摹制。

【图 5—18】　宋萧照《中兴祯应图》中交椅线描图

采自:聂菲:《家具鉴赏》,漓江出版社,1998 年,第 114 页,图 99。

【图 5—19】　宋画《蕉荫击球图》中交椅线描图

采自:聂菲:《家具鉴赏》,漓江出版社,1998 年,第 114 页,图 100。

【图 5—20】　宋画《春游晚归图》中交椅线描图

采自:聂菲:《家具鉴赏》,漓江出版社,1998 年,第 114 页,图 101。

【图 5—21】　宁波东钱湖南宋史诏墓前仿木结构石椅

采自:作者拍摄。

【图 5—22】　内蒙古解放营子辽墓出土灯挂椅线描图

采自:聂菲:《家具鉴赏》,漓江出版社,1998 年,第 112 页,图 94。

【图 5—23】　河北钜鹿县出土木桌线描图

采自:聂菲:《家具鉴赏》,漓江出版社,1998 年,第 115 页,图 102。

【图 5—24】　内蒙古解放营子辽墓出土木炕桌线描图

采自:聂菲:《家具鉴赏》,漓江出版社,1998 年,第 116 页,图 104。

【图 5—25】　内蒙古解放营子辽墓出土木加矮老桌线描图

采自:聂菲:《家具鉴赏》,漓江出版社,1998 年,第 115 页,图 103。

【图 5—26】　河北宣化下八里辽代张世卿墓壁画中的高、低酒桌

采自:李宗山著:《中国家具史图说》(画册),湖北美术出版社,2011 年 6 月,第 67 页,图 15。

【图 5—27】　河北宣化下八里辽墓壁画中四方桌

采自:李宗山著:《中国家具史图说》(画册),湖北美术出版社,2011 年 6 月,第 65 页,图 12。

【图 5—28】　河北宣化下八里辽墓壁画中的家具陈设

采自:李宗山著:《中国家具史图说》(画册),湖北美术出版社,2011 年 6 月,第 66 页,图 14。

【图 5-29】 山西文水元墓壁画中抽屉桌线描图

采自：山西省文物管理委员会、山西省考古研究所：《山西文水北峪口的一座古墓》，《考古》1961 年第 3 期，第 137 页，图三，2。

【图 5-30】 河南禹县白沙 1 号宋墓壁画镜台线描图

采自：聂菲：《家具鉴赏》，漓江出版社，1998 年，第 118 页，图 109。

【图 5-31】 河南洛阳涧西宋墓壁画浮雕镜架线描图

采自：聂菲：《家具鉴赏》，漓江出版社，1998 年，第 118 页，图 107。

【图 5-32】 河南洛阳涧西宋墓出土灯架线描图

采自：聂菲：《家具鉴赏》，漓江出版社，1998 年，第 118 页，图 110。

【图 5-33】 宋画《孝经图》中多扇直立板屏线描图

采自：作者摹制。

【图 5-34】 元画《倪瓒像》中榻、屏、桌

采自：李宗山著：《中国家具史图说》（画册），湖北美术出版社，2011 年 6 月，第 74 页，图 28。

【图 5-35】 江苏苏州南郊元墓出土银镜架线描图

采自：聂菲：《家具鉴赏》，漓江出版社，1998 年，第 123 页，图 119。

【图 5-36】 元画《消夏图》插图盆架线描图

采自：聂菲：《家具鉴赏》，漓江出版社，1998 年，第 123 页，图 118。

【图 5-37】 内蒙古昭盟赤峰元墓壁画花几线描图

采自：作者摹制。

【图 5-38】 元刻《事林广记》插图围子床线描图

采自：聂菲：《家具鉴赏》，漓江出版社，1998 年，第 120 页，图 112。

【图 5-39】 内蒙古元宝山元墓壁画中圆凳线描图

采自：作者摹制。

【图 5-40】 永乐宫元代壁画中交机线描图

采自：作者摹制。

【图 5-41】 元刘贯道《消夏图》桌、炕桌、榻等

采自：李宗山著：《中国家具史图说》（画册），湖北美术出版社，2011 年 6 月，第 74 页，图 29。

【图 5-42】 孩儿卧榻枕

采自：国家文物局主编：《中国文物精华大辞典》（陶瓷卷），上海辞书出版社，

商务印书馆(香港),1996年,图版第400条。

【图 5-43】 印花三彩陶床

采自:国家文物局主编:《中国文物精华大辞典》(陶瓷卷),上海辞书出版社,
商务印书馆(香港),1996年,图版第570条。

【图 5-44】 山西大同阎德源金墓出土木床

采自:大同市博物馆:《大同金代阎德源泉发掘简报》,《文物》1978年第4期,
图版1,5。

【图 5-45】 河北宣化辽代张文藻墓出土木椅

采自:河北省博物馆:《河北宣化辽张文藻壁画墓发掘简报》,彩色插页玖,
肆,《文物》1996年第9期,彩色插页9,4。

【图 5-46】 山西大同阎德源金墓出土四出头扶手椅

采自:大同市博物馆:《大同金代阎德源发掘简报》,《文物》1978年第4期,图
版1,图一八。

【图 5-47】 传河南偃师出土画像砖高型桌

采自:国家文物局主编:《中国文物精华大辞典》(金银玉石卷),图版第071、
083条,上海辞书出版社、商务印书馆(香港),1996年。

【图 5-48】 河北宣化辽代张文藻墓出土大木桌

采自:河北省博物馆:《河北宣化辽张文藻壁画墓发掘简报》,《文物》1996年
第9期,彩色插页9,4。

【图 5-49】 河北宣化辽代张文藻墓壁画"童嬉图"中的桌、箱

采自:河北省博物馆:《河北宣化辽张文藻壁画墓发掘简报》,《文物》1996年
第9期,彩色插页9,4。

【图 5-50】 山西大同阎德源金墓出土供桌

采自:大同市博物馆:《大同金代阎德源发掘简报》,《文物》1978年第4期,图
版1,2。

【图 5-51】 河北宣化辽代张文藻墓出土盆架

河北省博物馆:《河北宣化辽张文藻壁画墓发掘简报》,《文物》1996年第9
期,彩色插页9,4。

【图 5-52】 山西大同金阎德源墓出土盆座

采自:大同市博物馆:《大同金代阎德源发掘简报》,《文物》1978年第4期,第
9页,图一八。

【图 6-9】　明代梳背椅线描图

　　　采自:聂菲:《家具鉴赏》,漓江出版社,1998 年,第 132 页,图 130。

【图 6-10】　明代瓜墩线描图

　　　采自:聂菲:《家具鉴赏》,漓江出版社,1998 年,第 130 页,图 126。

【图 6-11】　明代茶几线描图

　　　采自:聂菲:《家具鉴赏》,漓江出版社,1998 年,第 138 页,图 144。

【图 6-12】　明代月牙桌线描图

　　　采自:聂菲:《家具鉴赏》,漓江出版社,1998 年,第 136 页,图 141。

【图 6-13】　明代亮格柜线描图

　　　采自:聂菲:《家具鉴赏》,漓江出版社,1998 年,第 139 页,图 147。

【图 6-14】　明代方角柜线描图

　　　采自:聂菲:《家具鉴赏》,漓江出版社,1998 年,第 140 页,图 148。

【图 6-15】　明式凤纹衣架

　　　王世襄编著:《明式家具珍赏》,文物出版社,图 166。

【图 6-16】　明式镶螺钿面盆架

　　　王世襄编著:《明式家具珍赏》,文物出版社,图 171。(据此图描绘)

【图 6-17】　明式雕花高面盆架

　　　王世襄编著:《明式家具珍赏》,文物出版社,图 170。

【图 6-18】　明黄花梨簇云纹架子床

　　　采自:聂菲:《古董拍卖精华·古典家具》,湖南美术出版社,2012 年,第 22 页。

【图 6-19】　明黄花梨簇云纹架子床

　　　采自:聂菲:《古董拍卖精华·古典家具》,湖南美术出版社,2012 年,第 23 页。

【图 6-20】　苏州虎丘王氏墓出土明代拔步床线描图

　　　采自:《苏州虎丘王锡爵墓清理纪略》,《文物》1975 年 3 期,第 53 页,图五。

【图 6-21】　明式榉木红漆大拔步床(正面)

　　　采自:聂菲:《古董拍卖精华·古典家具》,湖南美术出版社,2012 年,第 21 页。

【图 6-22】　明式黄花梨几何纹罗汉床

　　　采自:聂菲:《古董拍卖精华·古典家具》,湖南美术出版社,2012 年,第 28 页。

【图 6-23】　明式黄花梨直扶手四出头官帽椅、黄花梨琴桌

　　　采自:中央工艺美术学院编:《中央工艺美术学院院藏珍品图录第二辑·明式
　　　　家具》,捷艺佳出版公司(香港)出版,1994 年,第 13 页。

【图 6-24】 明式黄花梨四出头官帽椅、黄花梨大翘头案

采自:中央工艺美术学院编:《中央工艺美术学院院藏珍品图录第二辑·明式家具》,捷艺佳出版公司(香港)出版,1994 年,第 12 页。

【图 6-25】 明式黄花梨南官帽椅、黄花梨龙凤纹翘头案

采自:中央工艺美术学院编:《中央工艺美术学院院藏珍品图录第二辑·明式家具》,捷艺佳出版公司(香港)出版,1994 年,第 11 页。

【图 6-26】 明式黄花梨圈椅

采自:中央工艺美术学院编:《中央工艺美术学院院藏珍品图录第二辑·明式家具》,捷艺佳出版公司(香港)出版,1994 年,第 26 页。

【图 6-27】 明式黄花梨寿字背纹玫瑰椅

采自:陈增弼等:《中央工艺美术学院藏明式家具》,捷艺佳出版公司,1994 年,第 20 页。

【图 6-28】 明代紫檀木荷花宝座线描图

采自:聂菲:《家具鉴赏》,漓江出版社,1998 年,第 133 页,图 133。

【图 6-29】 明式榉木灯挂椅

王世襄编著:《明式家具珍赏》,文物出版社,图 51。

【图 6-30】 红酸枝灯挂椅

采自:濮安国:《漫话明清红木家具》,《东南文化》2000 年第 2 期,第 72 页,图 5。

【图 6-31】 明代交椅线描图

采自:聂菲:《家具鉴赏》,漓江出版社,1998 年,第 134 页,图 135。

【图 6-32】 明式紫檀木管脚枨方凳

王世襄编著:《明式家具珍赏》,文物出版社,图 14。

【图 6-33】 山东邹县九龙山明墓出土木雕仪杖俑群

采自:聂菲:《家具鉴赏》,漓江出版社,1998 年,第 129 页,图 124。

【图 6-34】 明成化六年铜像器座

采自:20 世纪 90 年代高至喜先生拍摄于四川省博物馆馆前。

【图 6-35】 明成化六年神像背后纪年款

采自:20 世纪 90 年代高至喜先生拍摄于四川省博物馆馆前。

【图 6-36】 明式春凳线描图

采自:聂菲:《家具鉴赏》,漓江出版社,1998 年,第 130 页,图 127。

【图6-37】 明式红酸枝四开光坐墩

采自:濮安国:《漫话明清红木家具》,《东南文化》2000年第2期,第73页,图9。

【图6-38】 明式五开光坐墩

王世襄编著:《明式家具珍赏》,文物出版社,图27。

【图6-39】 明式束腰瓷面托泥圆凳

王世襄编著:《明式家具珍赏》,文物出版社,图25。

【图6-40】 明代紫檀四开光坐标墩线描图

采自:聂菲:《家具鉴赏》,漓江出版社,1998年,第130页,图125。

【图6-41】 明代"一腿三牙"方桌线描图

采自:聂菲:《家具鉴赏》,漓江出版社,1998年,第135页,图137。

【图6-42】 明代"霸王枨"方桌线描图

采自:聂菲:《家具鉴赏》,漓江出版社,1998年,第135页,图138。

【图6-43】 明式"霸王枨"条桌

采自:濮安国:《漫话明清红木家具》,《东南文化》2000年第2期,第71页,图3。

【图6-44】 明代三弯腿炕桌线描图

采自:聂菲:《家具鉴赏》,漓江出版社,1998年,第178页,图170-7。

【图6-45】 明式束腰三弯腿炕桌

王世襄编著:《明式家具珍赏》,文物出版社,图63。

【图6-46】 明代三弯腿炕桌线描图

采自:聂菲:《家具鉴赏》,漓江出版社,1998年,第178页,图170-3。

【图6-47】 明式内翻马蹄足炕桌

王世襄编著:《明式家具珍赏》,文物出版社,图64。

【图6-48】 明式两卷角牙琴桌

王世襄编著:《明式家具珍赏》,文物出版社,图118。

【图6-49】 明式铁梨木翘头案

采自:董伯信著:《中国古代家具综览》,安徽科学技术出版社,2004年,第
279页,图5-88。

【图6-50】 明代平头画案

采自:董伯信著:《中国古代家具综览》,安徽科学技术出版社,2004年,第280
页,图5-90。

【图 6-51】 明代香几线描图

采自:聂菲:《家具鉴赏》,漓江出版社,1998 年,第 138 页,图 145。

【图 6-52】 明式鸡翅木小圆角柜

采自: 中央工艺美术学院编:《中央工艺美术学院院藏珍品图录第二辑·明式
家具》,捷艺佳出版公司(香港)出版,1994 年,第 52 页。

【图 6-53】 明式方角柜

采自:董伯信著:《中国古代家具综览》,安徽科学技术出版社,2004 年,第 299
页,图 5-134。

【图 6-54】 明式花梨包镶框瘿木门心大四件柜

采自: 中央工艺美术学院编:《中央工艺美术学院院藏珍品图录第二辑·明式
家具》,捷艺佳出版公司(香港)出版,1994 年,第 54 页。

【图 6-55】 明式黄花梨上格券口带栏杆亮格框

采自:聂菲:《家具鉴赏》,漓江出版社,1998 年,部分拍卖图第 24 页。

【图 6-56】 明代连二橱线描图

采自:聂菲:《家具鉴赏》,漓江出版社,1998 年,第 140 页,图 149。

【图 6-57】 明代连三橱线描图

采自:聂菲:《家具鉴赏》,漓江出版社,1998 年,第 141 页,图 150。

【图 6-58】 明代官皮箱线描图

采自:聂菲:《家具鉴赏》,漓江出版社,1998 年,第 141 页,图 151。

【图 6-59】 明代衣架线描图

采自:聂菲:《家具鉴赏》,漓江出版社,1998 年,第 142 页,图 152。

【图 6-60】 宝座式镜台

王世襄编著:《明式家具珍赏》,文物出版社,图 163。

【图 6-61】 明代六足盆线描图

采自:聂菲:《家具鉴赏》,漓江出版社,1998 年,第 142 页,图 153。

【图 6-62】 明代面盆架线描图

采自:聂菲:《家具鉴赏》,漓江出版社,1998 年,第 143 页,图 154。

【图 6-63】 明代固定式灯架线描图

采自:聂菲:《家具鉴赏》,漓江出版社,1998 年,第 143 页,图 155。

【图 6-64】 明代升降式灯架线描图

采自:聂菲:《家具鉴赏》,漓江出版社,1998 年,第 143 页,图 156。

【图 6-65】　明式黄花梨小座屏风
　　　　　　采自：董伯信著：《中国古代家具综览》，安徽科学技术出版社，2004 年，第 308
　　　　　　　　页，图 5-150。

【图 6-66】　明式黄花梨六柱架子床
　　　　　　采自：上海市博物馆编：《上海市博物馆中国明清家具馆》（陈列简介），第 14、
　　　　　　　　15 页。

【图 6-67】　明式黄花梨罗汉床
　　　　　　采自：仲夏、车夫：《古玩鉴赏投资指南》，四川辞书出版社，1993 年，书前彩色
　　　　　　　　插页。

【图 6-68】　明式黄花梨四出头官帽椅
　　　　　　采自：上海市博物馆编：《上海市博物馆中国明清家具馆》（陈列简介），第 5 页。

【图 6-69】　明式紫檀南官帽椅
　　　　　　采自：上海市博物馆编：《上海市博物馆中国明清家具馆》（陈列简介），第 4 页。

【图 6-70】　明式黄花梨圆后背交椅
　　　　　　采自：上海市博物馆编：《上海市博物馆中国明清家具馆》（陈列简介），第 4 页。

【图 6-71】　明代石面心长方木桌
　　　　　　采自：国家文物局主编：《中国文物精华大辞典》（金银玉石卷），上海辞书出版
　　　　　　　　社，商务印书馆（香港），1996 年，第 102 条。

【图 6-72】　明式黄花梨兽面虎爪炕桌
　　　　　　采自：中央工艺美术学院编：《中央工艺美术学院院藏珍品图录第二辑·明式
　　　　　　　　家具》，捷艺佳出版公司（香港）出版，1994 年，第 30 页。

【图 6-73】　明式花梨包镶框瘿木门芯大四件柜
　　　　　　采自：中央工艺美术学院编：《中央工艺美术学院院藏珍品图录第二辑·明式
　　　　　　　　家具》，捷艺佳出版公司（香港）出版，1994 年，第 54 页。

【图 6-74】　明代朱漆戗金团龙纹木箱
　　　　　　采自：中国大百科全书编委会考古学编辑委员会：《中国大百科全书·考古
　　　　　　　　学》，中国大百科全书出版社，1986 年，图版第 57 条。

【图 6-75】　明式黄花梨衣架
　　　　　　采自：罗宗真、秦浩：《中华文物鉴赏》，江苏教育出版社，1990 年，第 640 页。

【图 7-1】　晚清至民国初朱漆贴金雕花床（侧面）
　　　　　　采自：陈建明主编：《湖南省博物馆》，中西书局，2012 年，第 165 页。

【图7-2】 晚清至民国初朱漆贴金雕花床(正面)

采自:陈建明主编:《湖南省博物馆》,中西书局,2012年,第164页。

【图7-3】 清代紫檀罗汉床

采自:罗宗真、秦浩:《中华文物鉴赏》,江苏教育出版社,1990年,彩图197。

【图7-4】 清代紫檀套脚方凳线描图

采自:聂菲:《家具鉴赏》,漓江出版社,1998年,第147页,图157。

【图7-5】 清乾隆梅花凳线描图

采自:聂菲:《家具鉴赏》,漓江出版社,1998年,第148页,图159。

【图7-6】 清代墩线描图

采自:聂菲:《家具鉴赏》,漓江出版社,1998年,第147页,图158。

【图7-7】 清一统碑式靠背椅线描图

采自:聂菲:《家具鉴赏》,漓江出版社,1998年,第149页,图161。

【图7-8】 清代镶木板太师椅线描图

采自:聂菲:《家具鉴赏》,漓江出版社,1998年,第149页,图160。

【图7-9】 清代紫檀双鱼纹玫瑰座椅

采自:董伯信著:《中国古代家具综览》,安徽科学技术出版社,2004年,第363页,图6-16。

【图7-10】 清代红酸枝透雕镶瘿木大方桌

采自:董伯信著:《中国古代家具综览》,安徽科学技术出版社,2004年,第407页,图6-81。

【图7-11】 清晚期广作红酸枝三屉书桌

采自:聂菲:《家具鉴赏》,漓江出版社,1998年,彩色图录第18页,附图41。

【图7-12】 清早期苏作红酸枝高束腰方桌

采自:聂菲:《家具鉴赏》,漓江出版社,1998年,彩色图录第17页,附图40。

【图7-13】 清代紫檀圆桌线描图

采自:聂菲:《家具鉴赏》,漓江出版社,1998年,第151页,图163。

【图7-14】 晚清红酸枝炕桌

采自:湖南长沙市博物馆藏品。

【图7-15】 清代嵌螺钿加金银片黑漆几线描图

采自:聂菲:《家具鉴赏》,漓江出版社,1998年,第152页,图165。

【图 7-16】 清代套几线描图

采自:聂菲:《家具鉴赏》,漓江出版社,1998 年,第 151 页,图 164。

【图 7-17】 清代紫檀雕花书案

采自:聂菲:《家具鉴赏》,漓江出版社,1998 年,部分拍卖图第 26 页。

【图 7-18】 清代花梨木双龙戏珠纹卷书案线描图

采自:聂菲:《家具鉴赏》,漓江出版社,1998 年,第 152 页,图 166。

【图 7-19】 清代紫檀描金多宝格

采自: 李宗山著:《中国家具史图说》(画册), 湖北美术出版社,2001 年,第
131 页。

【图 7-20】 清代黄花梨镰百宝饰面盆架

采自:罗宗真、秦浩:《中华文物鉴赏》,江苏教育出版社,1990 年,彩图 196。

【图 7-21】 清式紫檀嵌螺钿漆镜架

采自:李宗山著:《中国家具史图说》(画册),湖北美术出版社,2001 年,第 93 页。

【图 7-22】 晚清至民国时期木雕人物山水围屏线描图

采自:龚绍祖先生绘制。

【图 7-23】 湘潭博物馆藏清代木雕人物山水围屏局部

采自:湘潭博物馆藏品。

【图 7-24】 清代紫檀嵌螺钿云龙纹宝座

聂菲:《中国古代家具鉴赏》,四川大学出版社,2000 年,彩图 102。

【图 7-25】 清代中期紫檀描金双扶手大宝座

聂菲:《中国古代家具鉴赏》,四川大学出版社,2000 年,彩图 103。

【图 7-26】 清代黄花梨圈椅

采自:仲夏、车夫:《古玩鉴赏投资指南》,四川辞书出版社,1993 年,书前彩色
插页。

【图 7-27】 清乾隆黑漆描金一统碑式靠背椅

采自:聂菲:《中国古代家具鉴赏》,四川大学出版社,2000 年,彩图 105。

【图 7-28】 清雍正粉彩瓷屏太师椅

采自:朱家溍:《漫谈椅凳及其陈设格式》,《文物》1959 年第 6 期,第 2 页,图 12。

【图 7-29】 清康熙梳背椅

采自:朱家溍:《漫谈椅凳及其陈设格式》,《文物》1959 年第 6 期,第 2 页,图 10。

【图 7-30】 **黑漆描金绣墩**

　　采自:聂菲:《中国古代家具鉴赏》,四川大学出版社,2000 年,彩图 108。

【图 7-31】 **黄花梨官皮箱**

　　采自:聂菲:《中国古代家具鉴赏》,四川大学出版社,2000 年,彩图 109。

【图 7-32】 **清代中期紫檀木雕云龙纹嵌玉石座屏风**

　　采自:上海市博物馆编:《上海市博物馆中国明清家具馆》(陈列简介),第 22 页。

【图 7-33】 **清代雕漆大屏风**

　　采自:仲夏、车夫:《古玩鉴赏投资指南》,四川辞书出版社,1993 年,书前彩色
　　插页。